高等职业教育土建类专业"十四五"创新规划教材

装配式混凝土结构识图与深化设计

主　编　万巨波　刘剑勇　胡婷婷
主　审　万小华

中国建材工业出版社
北　京

图书在版编目（CIP）数据

装配式混凝土结构识图与深化设计/万巨波，刘剑勇，胡婷婷主编．--北京：中国建材工业出版社，2024.6

高等职业教育土建类专业“十四五”创新规划教材

ISBN 978-7-5160-4133-8

Ⅰ.①装… Ⅱ.①万… ②刘… ③胡… Ⅲ.①装配式混凝土结构—识图—高等职业教育—教材 ②装配式混凝土结构—结构设计—高等职业教育—教材 Ⅳ.①TU37

中国国家版本馆 CIP 数据核字（2024）第 087171 号

内 容 简 介

本书根据高职高专院校土建类专业的人才培养目标、教学计划、课程标准、装配式混凝土结构识图与深化设计课程教学特点和要求，结合大力发展装配式建筑的国家战略及住房城乡建设部《“十四五”建筑业发展规划》等文件精神，并按照国家颁布的有关新标准、新规范编写而成。

本书共分为 7 部分，主要内容包括绪论，桁架钢筋混凝土叠合板识图与深化设计，预制混凝土外墙板识图与深化设计，预制混凝土内墙板识图与深化设计，预制钢筋混凝土板式楼梯识图与深化设计，预制柱识图与深化设计，预制钢筋混凝土阳台板、空调板和女儿墙识图与深化设计。本书结合高等职业教育的特点，立足概念，结合标准规范，按照装配式混凝土结构体系中的主要预制钢筋混凝土构件的识图与深化设计组织教材内容的编写，课程内容来自真实项目案例，课堂学习结合课后实训，把“真实项目案例教学法”“教中做”“做中学”“学中做”的教学思想融入教材，更具有针对性、先进性、规范性和实用性的特点。

本书可作为高职高专院校建筑工程技术、装配式建筑工程技术、智能建造技术、建设工程管理、工程造价等土木工程类相关专业的教学用书，也可作为应用型本科院校、中职、培训机构及土建类工程技术人员的参考用书。

装配式混凝土结构识图与深化设计

ZHUANGPEISHI HUNNINGTU JIEGOU SHITU YU SHENHUA SHEJI

主　编　万巨波　刘剑勇　胡婷婷

主　审　万小华

出版发行：中国建材工业出版社

地　　址：北京市西城区白纸坊东街 2 号院 6 号楼

邮　　编：100054

经　　销：全国各地新华书店

印　　刷：北京雁林吉兆印刷有限公司

开　　本：787mm×1092mm　1/16

印　　张：11

字　　数：260 千字

版　　次：2024 年 6 月第 1 版

印　　次：2024 年 6 月第 1 次

定　　价：39.80 元

本社网址：www.jccbs.com，微信公众号：zgjcgycbs

本书编委会

主　编　万巨波　刘剑勇　胡婷婷

副主编　秦伶俐　王彦芳　李　锐　王鹏飞

参　编　石　柳　陈冠行　张　坚　冯关星

刘　卓　颜迎胜　殷翠平

主　审　万小华

前　　言

随着我国城市化进程不断加深，各类型建筑需求不断提高，同时，伴随着劳动力减少、文明施工要求不断提高等现实问题，装配式建筑应运而生。装配式建筑是一种新型的建造形式，它具有节能环保、绿色高效、工业化程度高的特点。因此，装配式成为发展建筑产业化的重要途径和有效手段。装配式建筑作为建筑工业化的重要组成部分，不仅契合“双碳”发展目标，也符合我国国情发展的需要。与传统建筑生产方式相比，装配式建筑具有标准化设计、工厂化生产、机械化安装、精益化建造等特点，相对于传统建筑具有节省资源、减少污染、提高效率等优点。

2016年，中共中央、国务院印发了《关于进一步加强城市规划建设管理工作的若干意见》，明确提出：大力推广装配式建筑，加大政策支持力度，力争用10年左右时间，使装配式建筑占新建建筑的比例达到30%。2017年，住房城乡建设部印发了《“十三五”装配式建筑行动方案》《装配式建筑示范城市管理办法》等文件；2020年7月，住房城乡建设部、国家发展和改革委员会、科技部等13部门联合印发了《关于推动智能建造与建筑工业化协同发展的指导意见》，装配式建筑正迎来全新的快速发展期，随之而来的是对设计、生产和施工等各类人才的大量需求。

本书的编写旨在落实党的二十大精神进教材、进课堂、进头脑，发挥教材的铸魂育人功能，发挥教材在提升学生政治素养、职业道德、细致识图、工匠精神等方面的引领作用，创新教材呈现形式，实现“三全育人”。本书的特色如下：

（1）坚持正确的政治导向，融入课程思政元素，弘扬劳动工匠风尚。本书以提高装配式技术人员所需的结构构件识图、构件深化设计能力为主线，培养学生能够适应工程建设艰苦行业和一线技术岗位，融入劳动光荣观念、精细识图观念、精细设计观念和工匠精神。

（2）围绕“真实项目实例分析”架构案例式教材体系。教材实例均来自真实项目，围绕主要问题阅读构件编号，理解构件标注内容，使学生带着目标、疑问学习，激发学生的求知欲。在任务实施环节，充分考虑任务、案例的典型性，采用清晰明了的图文对照形式呈现图中每项内容代表的含义，力求知识点全面融入教材。

（3）实现“岗课赛证”融通。结合深化设计员和装配式施工员岗位技能，“课岗对接”“课赛融合”“课证融通”，本书以国家规范分类构件任务为引领，以装配式混凝土结构识图和深化设计应用能力为主线，倡导学生在任务活动中的熟练识图能力与深化设计能力。

（4）“互联网+”创新系列，建设立体化教学资源。本书以纸质教材为基础，建设了“教材+题库+规范+教学课件+授课录像”的立体化教学资源。通过扫描以下二维码获取本书配套教学课件和教学视频。

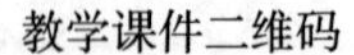

教学课件二维码　　　　教学视频二维码

本书由湖南三一工业职业技术学院万巨波、湖南工程职业技术学院刘剑勇、湖南城建职业技术学院胡婷婷任主编，由北京财贸职业学院秦伶俐、海南职业技术学院王彦芳、湖南交通职业技术学院李锐、湖南高速铁路职业技术学院王鹏飞任副主编；湖南三一工业职业技术学院石柳、陈冠行、张坚、冯关星、刘卓，三一筑工科技股份有限公司颜迎胜，湖南东方红新型建材有限公司工程总监殷翠平参编。本书由湖南工程职业技术学院万小华高级工程师担任主审，并对本书提出很多建设性的宝贵意见，在此深表感谢。

本书在编写过程中参考了国内外同类教材和相关资料，在此一并向原作者表示感谢，并对为本书付出辛勤劳动的编辑同志们表示衷心的感谢！由于编者水平有限，书中难免存在不足之处，敬请各位读者批评指正。联系邮箱：108588111@qq.com。

编　者

2023 年 12 月

目　录

0　绪　　论

学习目标

知识目标：掌握装配式混凝土结构概念、装配式建筑评价标准、装配式混凝土结构的构件组成、构件连接方式。

能力目标：能够掌握装配率的计算、锚固及搭接长度，能够确定装配式建筑评价等级划分；能够确定 SPCS 结构体系构件、SPCS 墙体连接。

素质目标：养成精细识读国家标准图集和规范的良好作风；精研细磨装配式建筑评价标准，培养一丝不苟的工匠精神和劳动风尚，凸显精益求精、严谨踏实的工作作风。

课程思政

培养学生一丝不苟的敬业精神、精益求精的工匠精神、团队协作能力、吃苦耐劳精神、认真负责的工作态度；也可以结合中国装配式建筑的发展、取得的成就，教育学生坚持“四个自信”、培养爱国精神。引导学生执着、不断追求和超越，成就自己的事业。

0.1　装配式混凝土结构概念及装配式建筑评价标准

0.1.1　装配式混凝土结构概念

装配式建筑是指将建筑的部分或全部构件在工厂预制完成，然后运输到施工现场，将构件通过可靠的连接方式组装而建成的建筑。其也是结构系统、外围护系统、设备和管线系统、内装系统的主要部分采用预制部品部件集成的建筑。同时，装配式建筑也拥有自身独有的“六化一体”（标准化、工厂化、装配化、一体化、信息化、智能化）建造方式，如图 0-1 所示。

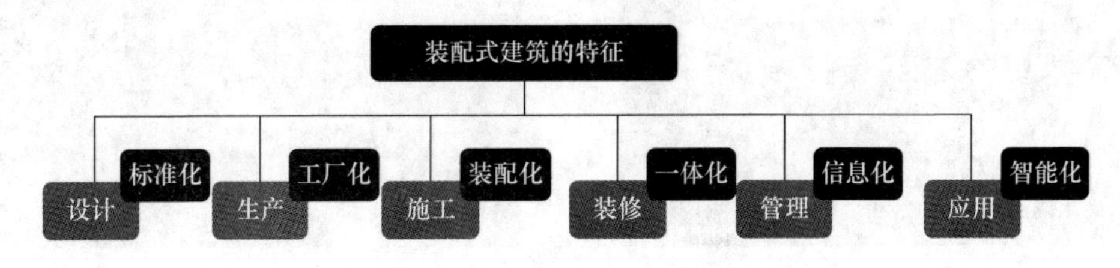

图 0-1　“六化一体”建造方式

装配式混凝土结构作为装配式建筑的骨架，即 PC 结构，是指由预制混凝土构件通过可靠的连接方式装配而成的混凝土结构。PC 结构包括预应力装配式框架结构、非预应力装配式框架结构、内浇外挂-剪力墙结构、预制叠合墙-剪力墙结构、装配整体式剪力墙结构和低多层墙板体系。

装配式混凝土结构按照现场的作业方式主要可分为装配整体式混凝土结构（图 0-2）和全装配式混凝土结构（图 0-3）。装配式混凝土结构有两大特征：一是主要构件是预制的，二是连接方式必须可靠。装配整体式混凝土结构是指预制混凝土构件通过可靠的方式进行连接并与现场后浇混凝土、水泥基灌浆料形成整体的结构。全装配式混凝土结构是指全部构件采用预制形式，节点位置采用灌浆连接、螺栓连接、焊接等处理方式的混凝土结构。

图 0-2　装配整体式混凝土结构

图 0-3　全装配式混凝土结构

装配整体式混凝土结构又可分为框架结构、剪力墙结构、框架-剪力墙等结构，各种结构体系的选择根据工程的高度、平面、体形、抗震等级、设防烈度及功能特点进行确定。

装配整体式混凝土框架结构是利用梁、柱组成的纵横两个方向的框架构成主要受力的结构，如图 0-4 所示。装配整体式混凝土剪力墙结构为部分或全部采用预制承重墙板，通过水平和竖向有效连接，形成具有可靠传力机制，并满足变形和承载力要求的结构，如图 0-5 所示。装配整体式混凝土框架-剪力墙结构是由现浇剪力墙和装配式混凝土框架结构一同承受水平与竖向荷载的结构。

图 0-4　装配整体式剪力墙结构

图 0-5　装配整体式框架结构

装配整体叠合结构（SPCS）体系是全部或者部分抗侧力构件采用叠合剪力墙、叠合柱的装配式混凝土结构体系。以预制部分钢筋混凝土结构承受施工荷载及混凝土浇筑模板，待现浇混凝土达到设计强度后，由预制部分和现浇部分形成整体叠合截面承受使用荷载。SPCS体系预制构件包括预制空腔墙、预制空腔柱、混凝土叠合梁、混凝土预制叠合板等。

预制空腔墙是指由成型钢筋笼及两侧墙板组成、中间为空腔的预制构件，如图0-6所示。预制空腔柱是指由成型钢筋笼与混凝土一体制作而成的中空预制柱构件，如图0-7所示。混凝土叠合梁由现浇和预制两部分组成，如图0-8所示。混凝土预制叠合板包括钢筋桁架预制叠合板、预应力混凝土空心板等，如图0-9所示。

图0-6 预制空腔墙

图0-7 预制空腔柱

图0-8 混凝土叠合梁

图0-9 混凝土预制叠合板

0.1.2 装配式建筑评价标准

1. 装配率的计算

住房城乡建设部对于装配式建筑提出了明确的重点任务和发展要求，按照《装配式建筑评价标准》(GB/T 51129—2017) 的规定，用装配率作为装配式建筑认定指标。装配式建筑是一个系统工程，是将预制部品部件通过系统集成的方法在工地装配，实现建筑主体结构构件预制，非承重围护墙和内隔墙非砌筑并全装修的建筑。

装配率是评价装配式建筑的重要指标之一，也是政府制定装配式建筑扶持政策的主要依据指标。不同于预制率，装配率是单体建筑室外地坪以上的主体结构、围护墙和内隔墙、装修和设备管线等采用预制部品部件的综合比例。预制率是工业化建筑室外地坪以上主体结构和围护结构中预制构件的混凝土用量占对应部分混凝土总量的体积比。简而言之，预制率单指预制混凝土的比例，而装配率除了需要考虑预制混凝土之外还需要考虑其他预制部品部件（如一体化装修、管线分离、干式工法施工等）的综合比例，装配式建筑评分按表 0-1 取值。

表 0-1 装配式建筑评分表

评价项		评价要求	评价分值	最低分值
主体结构（50分）	柱、支撑、承重墙、延性墙板等竖向构件	35%≤比例≤80%	20～30*	20
	梁、板、楼梯、阳台、空调板等构件	70%≤比例≤80%	10～20*	
围护墙和内隔墙（20分）	非承重围护墙非砌筑	比例≥80%	5	10
	围护墙与保温、隔热、装饰一体化	50%≤比例≤80%	2～5*	
	内隔墙非砌筑	比例≥50%	5	
	内隔墙与管线、装修一体化	50%≤比例≤80%	2～5*	
装修和设备管线（30分）	全装修	—	6	6
	干式工法的楼面、地面	比例≥70%	6	—
	集成厨房	70%≤比例≤90%	3～6*	
	集成卫生间	70%≤比例≤90%	3～6*	
	管线分离	50%≤比例≤70%	4～6*	

注：1. 表中带“*”项的分值采用“内插法”计算，计算结果取小数点后 1 位。

2. 集成厨房：地面、吊顶、墙面、橱柜、厨房设备及管线等通过设计集成、工厂生产，在工地主要采用干式工法装配而成的厨房。

3. 集成卫生间：地面、吊顶、墙面和洁具设备及管线等通过设计集成、工厂生产，在工地主要采用干式工法装配而成的卫生间。

装配率的计算方法较为复杂，且国家标准和各地标准均不相同，按照国家标准《装配式建筑评价标准》（GB/T 51129—2017）的规定，装配率应根据表 0-1 中评价项分值按式（0.1）计算：

$$P=\frac{Q_1+Q_2+Q_3}{100-Q_4}\times 100\% \tag{0.1}$$

式中 P——装配率；

Q_1——主体结构指标实际得分值；

Q_2——围护墙和内隔墙指标实际得分值；

Q_3——装修和设备管线指标实际得分值；

Q_4——评价项目中缺少的评价项分值总和。

柱、支撑、承重墙、延性墙板等主体结构竖向构件主要采用混凝土材料时，预制部品部件的应用比例应按式（0.2）计算：

$$q_{1a}=\frac{V_{1a}}{V}\times 100\% \tag{0.2}$$

式中 q_{1a}——柱、支撑、承重墙、延性墙板等主体结构竖向构件中预制部品部件的应用比例；

V_{1a}——柱、支撑、承重墙、延性墙板等主体结构竖向构件中预制混凝土体积之和；

V——柱、支撑、承重墙、延性墙板等主体结构竖向构件混凝土总体积。

梁、板、楼梯、阳台、空调板等构件中预制部品部件的应用比例应按式（0.3）计算：

$$q_{1b}=\frac{A_{1b}}{A}\times 100\% \tag{0.3}$$

式中 q_{1b}——梁、板、楼梯、阳台、空调板等构件中预制部品部件的应用比例；

A_{1b}——各楼层中预制装配梁、板、楼梯、阳台、空调板等构件的水平投影面积之和；

A——各楼层建筑平面总面积。

非承重围护墙中非砌筑墙体的应用比例应按式（0.4）计算：

$$q_{2a}=\frac{A_{2a}}{A_{w1}}\times 100\% \tag{0.4}$$

式中 q_{2a}——非承重围护墙中非砌筑墙体的应用比例；

A_{2a}——各楼层非承重围护墙中非砌筑墙体的外表面积之和，计算时可不扣除门、窗及预留洞口等的面积；

A_{w1}——各楼层非承重围护墙外表面总面积，计算时可不扣除门、窗及预留洞口等的面积。

围护墙采用墙体、保温、隔热、装饰一体化的应用比例应按式（0.5）计算：

$$q_{2b}=\frac{A_{2b}}{A_{w2}}\times 100\% \tag{0.5}$$

式中 q_{2b}——围护墙采用墙体、保温、隔热、装饰一体化的应用比例；

A_{2b}——各楼层围护墙采用墙体、保温、隔热、装饰一体化的墙面外表面积之和，计算时可不扣除门、窗及预留洞口等的面积；

A_{w2}——各楼层围护墙外表面总面积，计算时可不扣除门、窗及预留洞口等的面积。

内隔墙中非砌筑墙体的应用比例应按式（0.6）计算：

$$q_{2c}=\frac{A_{2c}}{A_{w3}}\times 100\% \tag{0.6}$$

式中 q_{2c}——内隔墙中非砌筑墙体的应用比例；

A_{2c}——各楼层内隔墙中非砌筑墙体的墙面面积之和，计算时可不扣除门、窗及预留洞口等的面积；

A_{w3}——各楼层内隔墙墙面总面积，计算时可不扣除门、窗及预留洞口等的面积。

内隔墙采用墙体、管线、装修一体化的应用比例应按式（0.7）计算：

$$q_{2d}=\frac{A_{2d}}{A_{w3}}\times 100\% \tag{0.7}$$

式中 q_{2d}——内隔墙采用墙体、管线、装修一体化的应用比例；

A_{2d}——各楼层内隔墙采用墙体、管线、装修一体化的墙面面积之和，计算时可不扣除门、窗及预留洞口等的面积。

干式工法楼面、地面的应用比例应按式（0.8）计算：

$$q_{3a}=\frac{A_{3a}}{A}\times 100\% \tag{0.8}$$

式中 q_{3a}——干式工法楼面、地面的应用比例；

A_{3a}——各楼层采用干式工法楼面、地面的水平投影面积之和。

集成厨房的橱柜和厨房设备等应全部安装到位，墙面、顶面和地面中干式工法的应用比例应按式（0.9）计算：

$$q_{3b}=\frac{A_{3b}}{A_k}\times 100\% \tag{0.9}$$

式中 q_{3b}——集成厨房干式工法的应用比例；

A_{3b}——各楼层厨房墙面、顶面和地面采用干式工法的面积之和；

A_k——各楼层厨房的墙面、顶面和地面的总面积。

集成卫生间的洁具设备等应全部安装到位，墙面、顶面和地面中干式工法的应用比例应按式（0.10）计算：

$$q_{3c}=\frac{A_{3c}}{A_b}\times 100\% \tag{0.10}$$

式中 q_{3c}——集成卫生间干式工法的应用比例；

A_{3c}——各楼层卫生间墙面、顶面和地面采用干式工法的面积之和；

A_b——各楼层卫生间墙面、顶面和地面的总面积。

管线分离比例应按式（0.11）计算：

$$q_{3d}=\frac{L_{3d}}{L}\times 100\% \tag{0.11}$$

式中 q_{3d}——管线分离比例；

L_{3d}——各楼层管线分离的长度，包括裸露于室内空间以及敷设在地面架空层、非承重墙体空腔和吊顶内的电气、给水排水和采暖管线长度之和；

L——各楼层电气、给水排水和采暖管线的总长度。

2. 装配式建筑评价标准基本规定

（1）装配率计算和装配式建筑等级评价应以单体建筑作为计算和评价单元，并应符合下列规定：

①单体建筑应按项目规划批准文件的建筑编号确认；

②建筑由主楼和裙房组成时，主楼和裙房可按不同的单体建筑进行计算和评价；

③单体建筑的层数不多于3层，且地上建筑面积不超过500m^{2}时，可由多个单体建筑组成建筑组团作为计算和评价单元。

（2）装配式建筑评价应符合下列规定：

①设计阶段宜进行预评价，并应按设计文件计算装配率；

②项目评价应在项目竣工验收后进行，并应按竣工验收资料计算装配率和确定评价

等级。

（3）装配式建筑应同时满足下列要求：

①主体结构部分的评价分值不低于 20 分；

②围护墙和内隔墙部分的评价分值不低于 10 分；

③采用全装修；

④装配率不低于 50％。

（4）装配式建筑宜采用装配化装修。

3. 装配式建筑评价标准其他规定

（1）当符合下列规定时，主体结构竖向构件间连接部分的后浇混凝土可计入预制混凝土体积计算。

①预制剪力墙板之间宽度不大于 600mm 的竖向现浇段和高度不大于 300mm 的水平后浇带、圈梁的后浇混凝土体积；

②预制框架柱和框架梁之间柱梁节点区的后浇混凝土体积；

③预制柱间高度不大于柱截面较小尺寸的连接区后浇混凝土体积。

（2）预制装配式楼板、屋面板的水平投影面积可包括：

①预制装配式叠合楼板、屋面板的水平投影面积；

②预制构件间宽度不大于 300mm 的后浇混凝土带水平投影面积；

③金属楼承板和屋面板、木楼盖和屋盖及其他在施工现场免支模的楼盖和屋盖的水平投影面积。

4. 装配式建筑评价等级划分

（1）当评价项目满足国家标准《装配式建筑评价标准》（GB/T 51129—2017）第 3.0.3 条规定，且主体结构竖向构件中预制构件的应用比例不低于 35％时，可进行装配式建筑等级评价。

（2）装配式建筑评价等级应划分为 A 级、AA 级、AAA 级，并应符合下列规定：

①装配率为 60％～75％时，评价为 A 级装配式建筑；

②装配率为 76％～90％时，评价为 AA 级装配式建筑；

③装配率为 91％及以上时，评价为 AAA 级装配式建筑。

0.2 装配式混凝土结构的构件组成及构件连接方式

0.2.1 装配式混凝土结构的构件组成

装配式混凝土结构分为装配整体式混凝土剪力墙结构和装配整体式混凝土框架结构等。装配整体式混凝土剪力墙结构包括双面叠合板式剪力墙结构和全装配整体式剪力墙结构。双面叠合板式混凝土剪力墙结构是由两“片”混凝土墙板叠合而成的，叠合的方式是由钢筋桁架将两侧的混凝土板联系在一起。在工厂预制完成时，板与板之间留有空腔，现场安装就位后在空腔内浇筑混凝土，由此形成的预制和现浇混凝土整体受力的墙体就是双面叠合板式混凝土剪力墙，又称“双皮墙”。

装配整体式混凝土剪力墙结构（图 0-10），是指由预制混凝土剪力墙墙板构件和现浇混凝土剪力墙构成结构的竖向承重和水平抗侧力体系，通过整体式连接形成的一种钢筋混凝土剪力墙结构形式。装配整体式混凝土剪力墙结构的主要预制构件有预制外墙板、预制内墙板、叠合楼板、预制梁、预制楼梯、预制阳台板、预制空调板，分别如图 0-11～图 0-17 所示。其特点是工业化程度高，房间空间完整，无梁柱外露，施工难度高，成本较高，可选择局部或全部预制，空间灵活度一般；适用于高层、超高层；适用于商品房、保障房等。

图 0-10　装配整体式混凝土剪力墙结构

图 0-11　混凝土预制外墙板

图 0-12　混凝土预制内墙板

图 0-13　混凝土叠合楼板

图 0-14　混凝土预制梁

图 0-15　混凝土预制楼梯

图 0-16 混凝土预制阳台板

图 0-17 混凝土预制空调板

装配整体式混凝土框架结构如图 0-18 所示，是以主要受力构件柱、梁、板全部或部分（如预制柱、叠合梁、叠合板）为预制构件的装配式混凝土结构。装配式框架结构构件可以设计成多种标准化构件，主要预制构件有预制柱、预制梁、叠合楼板、预制外挂墙板、预制楼梯等，混凝土预制柱如图 0-19 所示。预制构件在专业混凝土预制厂进行批量生产，运至现场组装，构件节点部位采用混凝土现浇。

图 0-18 装配整体式混凝土框架结构

图 0-19 混凝土预制柱

0.2.2 构件连接方式

装配整体式混凝土结构是以“湿连接”为主要连接方式，常用的为装配整体式混凝土结构；全装配式混凝土结构的预制混凝土构件靠“干连接”，干连接主要借助金属连接件，如螺栓连接、构件焊接等，主要适用于全装配式混凝土结构的连接或装配整体式混凝土结构中的外挂墙板等非承重构件的连接。装配式建筑混凝土连接方式见表 0-2。

湿连接如图 0-20 所示，主要包括灌浆连接、后浇混凝土钢筋连接、后浇混凝土其他连接和叠合构件后浇混凝土连接。干连接如图 0-21 所示，主要包括螺栓连接和构件焊接。其他连接方式包括预应力干式连接、组合连接和哈芬槽连接。

表 0-2 装配式建筑混凝土连接方式

类别		序号	连接方式	可连接的构件	适用范围
湿连接	1. 灌浆连接	(1)	钢筋套筒灌浆连接	柱、墙	适用各种结构体系高层建筑
		(2)	浆锚螺旋箍筋搭接	柱、墙	房屋高度小于三层或 12m 的框架结构，二、三级抗震的剪力墙结构（非加强区）
		(3)	金属波纹管浆锚搭接	柱、墙	
	2. 后浇混凝土钢筋连接	(4)	螺纹套筒钢筋连接	梁、楼板	适用于各种结构体系高层建筑
		(5)	挤压套筒钢筋连接	梁、楼板	
		(6)	钢筋注浆套筒连接	梁、楼板	
		(7)	环形钢筋绑扎搭接	墙板水平连接	
		(8)	直钢筋绑扎搭接	梁、楼板、阳台板、挑檐板、楼梯板固定端	
		(9)	直钢筋无绑扎搭接	双面叠合板剪力墙、圆孔剪力墙	适用于剪力墙结构体系高层建筑
		(10)	钢筋焊接	梁、楼板、阳台板、挑檐板、楼梯板固定端	适用于各种结构体系高层建筑
	3. 后浇混凝土其他连接	(11)	钢锚环连接	墙板之间竖向连接	多用于多层装配式墙板结构
		(12)	钢筋锚环连接	墙板之间竖向连接	多用于多层装配式墙板结构
		(13)	套环连接	墙板之间竖向连接	适用于各种结构体系高层建筑
		(14)	绳索套环连接	墙板之间竖向连接	适用于多层框架结构和低层板式结构
		(15)	型钢连接	柱与梁	适用于框架结构体系高层建筑
	4. 叠合构件后浇混凝土连接	(16)	钢筋弯折锚固	叠合梁、叠合楼板、叠合阳台等	适用于各种结构体系高层建筑
		(17)	钢筋锚板锚固	叠合梁	
5. 干连接		(18)	螺栓连接	楼梯、墙板、梁、柱	楼梯适用于各种结构体系高层建筑。主体结构构件适用于框架结构或组装墙板结构底层建筑
		(19)	构件焊接	楼梯、墙板、梁、柱	
6. 其他连接		(20)	预应力干式连接	框架、梁、柱	办公室、食堂和框架结构
		(21)	组合连接	框架、梁、柱	
		(22)	哈芬槽连接	砌块墙体与主体连接	砌体结构、剪力墙结构或框架填充墙

图 0-20 湿连接

图 0-21 干连接

灌浆连接包括钢筋套筒灌浆连接、螺旋箍筋浆锚搭接和金属波纹管浆锚搭接。钢筋套筒灌浆连接是一种在预制混凝土构件内预埋成品套筒，从套筒两端插入钢筋并注入灌浆料而实现的钢筋连接方式。钢筋套筒灌浆连接可分为全灌浆套筒连接（图 0-22）和半灌浆套筒连接（图 0-23）。钢筋套筒灌浆连接可以用于框架柱与框架柱连接（图 0-24），也可以用于剪力墙的竖向连接（图 0-25）。

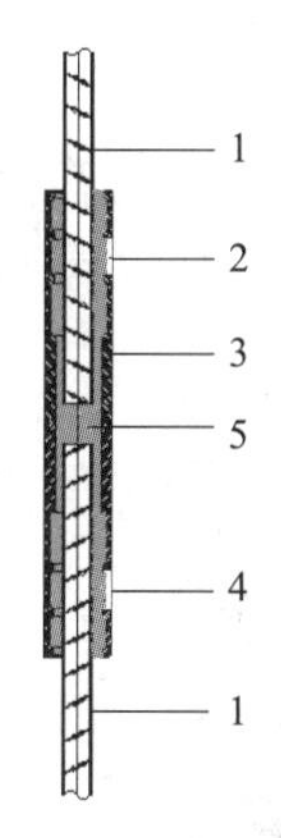

图 0-22 全灌浆套筒连接

1—连接钢筋；2—出浆孔；3—套筒；4—注浆孔；5—灌浆料

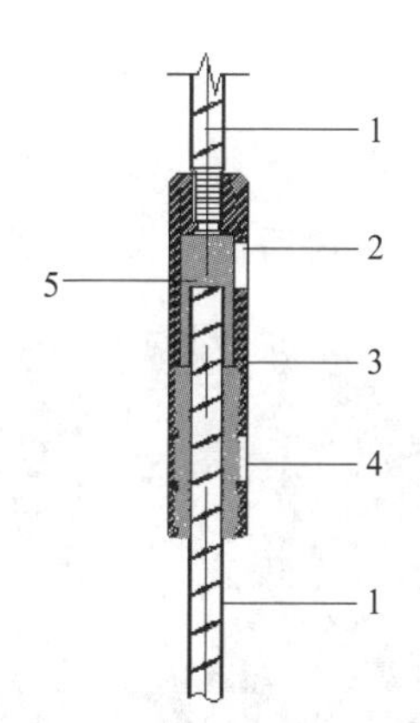

图 0-23 半灌浆套筒连接

1—连接钢筋；2—出浆孔；3—套筒；4—注浆孔；5—灌浆料

图 0-24 框架柱钢筋套筒灌浆连接

图 0-25 剪力墙钢筋套筒灌浆连接

螺旋箍筋浆锚搭接如图0-26所示，是一种通过螺旋箍筋浆加强搭接钢筋预留孔道的预留孔钢筋灌浆连接方式。预留构件后插入钢筋部分增设预留孔道，钢筋插入后灌浆连接。两根搭接的钢筋外圈混凝土用螺旋钢筋加强，混凝土受到约束，从而使钢筋可靠搭接。

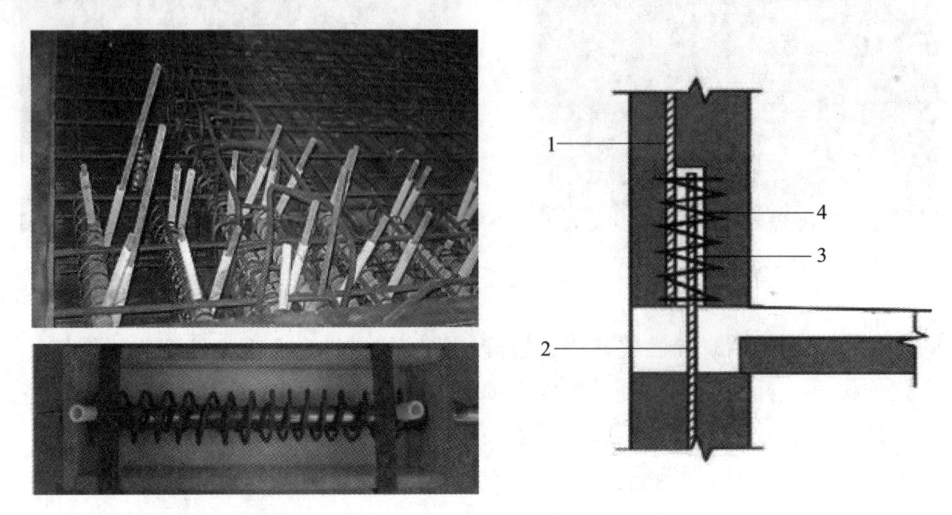

图0-26　螺旋箍筋浆锚搭接

1—上部墙板钢筋；2—下部墙板钢筋；3—插筋孔；4—螺旋箍筋

金属波纹管浆锚搭接连接如图0-27所示，是一种用波纹管加强预留孔道的钢筋灌浆连接方式。波纹管对后插入管内的钢筋和灌入的灌浆料进行约束，实现钢筋的搭接连接。

图0-27　金属波纹管浆锚搭接连接

1—上部墙板预埋钢筋；2—下部墙板待插入钢筋；3—波纹管；4—注浆孔

后浇混凝土钢筋连接包括螺纹套筒钢筋连接（图0-28）、挤压套筒钢筋连接（图0-29）、钢筋注浆套筒连接、环形钢筋绑扎搭接、直钢筋绑扎搭接、直钢筋无绑扎搭接和钢筋焊接。

螺纹套筒钢筋连接要求连接钢筋定位精度高，在预制构件中应用难度大，但是可以同转接的方式一样降低精度要求。

挤压套筒钢筋连接是把带肋钢筋从两端插入套筒内部后，挤压套筒使其筒变形，从而实现钢筋连接的一种钢筋连接方式。其可用于框架梁柱钢筋连接。

钢筋注浆套筒连接是把带肋钢筋从两端插入套筒内部，然后注入专用凝胶，从而实现钢筋连接的一种钢筋连接方式。其可用于梁与梁钢筋连接。

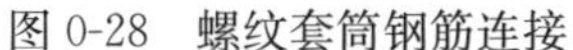
图 0-28 螺纹套筒钢筋连接

图 0-29 挤压套筒钢筋连接

环形钢筋绑扎搭接是装配整体式剪力墙结构墙体与墙体通过现浇段（暗柱）连接的一种连接方式。连接的两片墙体伸出环形锚固钢筋，与暗柱纵筋和箍筋绑扎搭接，后浇混凝土实现钢筋连接。

直钢筋绑扎搭接是指两根钢筋用绑线绑扎搭接到一起，然后浇混凝土实现钢筋的连接。根据结构的抗震等级及构造要求不同，搭接形式也不同。

直钢筋无绑扎搭接连接是一种两根钢无须绑扎，直接搭接到一起，然后浇混凝土形成钢筋连接的方式。钢筋焊接连接是一种采用对焊或搭接焊等把钢筋直接焊接到一起的连接方式。焊接连接多用于低多层剪力墙结构连接。

后浇混凝土其他连接包括钢锚环连接、钢筋锚环连接（图 0-30）、绳索套环连接（图 0-31）和型钢连接。钢锚环连接是一种通过钢锚环插筋后浇筑混凝土的连接方式，即在预制墙板连接面预留槽，在预留槽内埋置螺纹套筒。钢筋锚环连接是一种通过钢筋锚环插筋后浇筑混凝土的连接方式。绳索套环连接是在一侧墙体预埋钢索环，与另一侧墙体的预埋钢索环相交叉，在交叉区域插入钢筋形成钢筋连接，并且两侧墙体在连接部位共同形成空腔，在空腔中注入浆料连接。型钢连接是指在预制构件中预埋型钢，然后通过不同预制构件内型钢焊接或螺栓连接实现预制构件的连接。

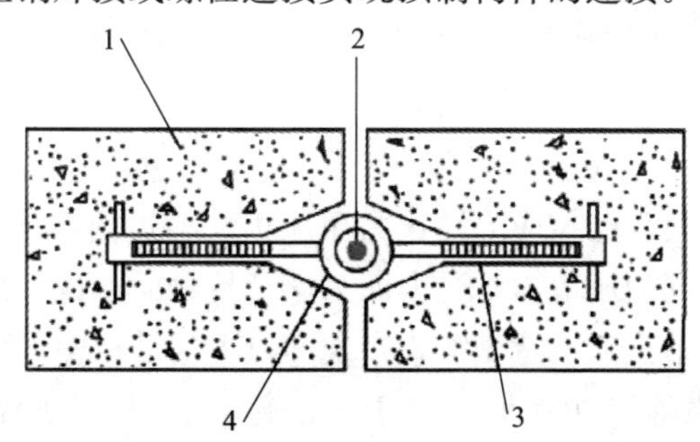

图 0-30 钢筋锚环连接

1—预制墙板；2—钢筋；3—带螺纹的预埋件；4—连接环

叠合构件后浇混凝土连接包括钢筋弯折锚固和钢筋锚板锚固。钢筋弯折锚固是一种钢筋直锚长度不足情况下的常规做法，在混凝土结构中普遍应用。装配式混凝土结构中的双向叠合楼板之间的连接（图 0-32）、叠合梁与端柱之间的连接（图 0-33）、预制剪力墙与叠合梁平面外连接等都有应用。钢筋锚板锚固也是一种钢筋直锚长度不足情况下的常规做法，多用于两端锚固。

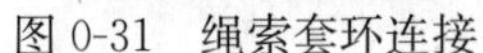

图 0-31　绳索套环连接

图 0-32　双向叠合楼板之间的连接

图 0-33　叠合梁与端柱之间的连接

干连接包括螺栓连接和构件焊接。螺栓连接（图 0-34）是通过螺栓紧固的方式实现与预制构件之间的连接。螺栓连接可以在构件边缘设置螺栓孔和安装手孔，螺栓孔中穿过螺栓实现紧固连接。国外采用螺栓盒或定制的螺栓连接器实现连接。螺栓连接应用范围广，适用于装配式混凝土框架结构和装配式混凝土剪力墙结构，同时还适用于外挂墙板与主体结构的连接和预制楼板与预制楼板的连接等。构件焊接（图 0-35）是通过焊接预埋在不同混凝土构件中的钢板连接件实现连接。构件焊接无湿作业，操作简单方便，可应用于装配式混凝土框架结构和装配式混凝土剪力墙结构。

图 0-34　螺栓连接

图 0-35　构件焊接

其他连接包括预应力干式连接（图 0-36）、组合连接和哈芬槽连接。预应力 PC 建筑在设计中将预先可能发生的拉应力转化为压应力。通过预应力将零散的 PC 构件牢固地紧压在一起，构件之间为压应力，受力面为整个接触面。这种结构体系改变了现有用湿法现浇方式连接各处节点的构造做法，在地面以上的结构中，可以完全取消所有的节点现浇、楼板叠合现浇等湿法作业，属于干法施工。型钢与钢筋套筒灌浆组合连接（图 0-37），多用于框架结构。哈芬槽连接适用于大砌块砌体与构造柱的连接。

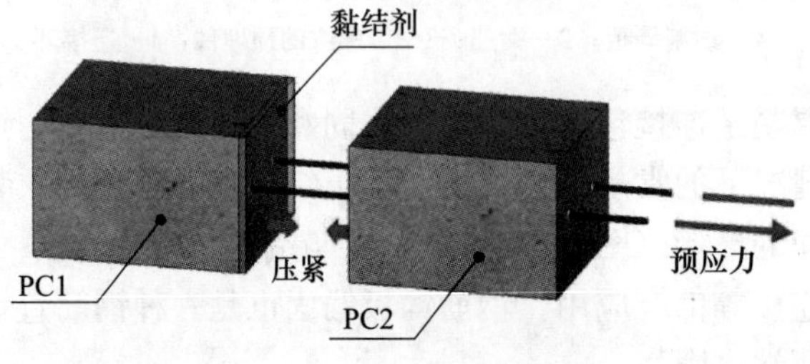

图 0-36　预应力干式连接

图 0-37　型钢与钢筋套筒灌浆组合连接

SPCS 采用竖向叠合与水平叠合于一体的整体叠合结构形式，利用混凝土叠合原理，把竖向叠合构件（柱、墙）、水平叠合构件（板、梁）、墙体边缘约束构件（现浇）等通过现浇混凝土结合为整体，充分发挥预制混凝土构件和现浇混凝土的优点。SPCS 结构体系构件包括叠合柱、叠合梁、叠合楼板、叠合剪力墙。该体系的最大特点是实现了竖向结构和水平结构的整体叠合，实现构件生产的工厂化，连接方式便捷、可靠，施工简单、快速。

SPCS 竖向叠合构件包括混凝土双面叠合剪力墙（图 0-38）和混凝土叠合结构叠合柱（图 0-39）。混凝土双面叠合剪力墙是指由内外两层预制墙和中间的空腔组成安装带格构钢筋（焊接钢筋网片，焊接成笼）的预制墙板，施工过程中将混凝土浇筑在两层板中间，随后浇筑节点处，与预制墙板共同受力。混凝土双面叠合剪力墙与传统预制墙板相比，主要有以下优点：

（1）双面叠合剪力墙可同时将保温板与外叶墙板一次性预制复合，从而实现保温节能一体化、外墙装饰一体化。

（2）双面叠合剪力墙可减小约 50％的自重，便于构件运输、吊装。同时，因构件自重显著减轻，可预制较长、较大墙板，减少墙板拼缝。

（3）双面叠合剪力墙内叶板与外叶板四周无出筋，便于自动化生产与现场安装。

图 0-38　混凝土双面叠合剪力墙

图 0-39　混凝土叠合结构叠合柱

混凝土叠合结构叠合柱在工厂中集成化、按模数生产，由纵筋和箍筋围合，通过四周预制混凝土层形成中心上下贯通的预制柱。预制叠合柱之间钢筋通过直螺纹套筒、挤压套筒或其他专用套筒机械连接，无套筒灌浆工序，有效保证了施工质量。同时配合相应施工工艺，可生产双层叠合柱，进一步提高施工效率。

SPCS墙体连接是指由成型钢筋笼及两侧预制墙板组成空腔预制构件，待预制构件现场安装就位后，在空腔内浇筑混凝土，并通过必要的构造措施，使现浇混凝土与预制构件形成整体，共同承受竖向和水平作用的墙体。SPCS墙体竖向连接过程包括(图0-40)：第一步，工厂预制空腔构件（含钢筋）；第二步，现场通过搭接钢筋快速连接；第三步，空腔现场浇筑混凝土形成受力整体。

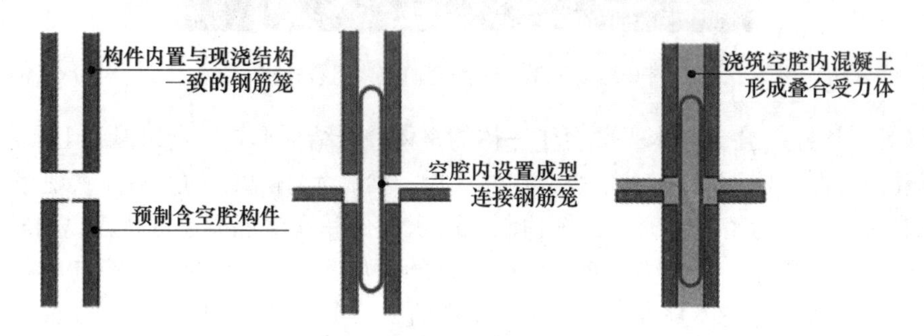

图0-40　SPCS墙体竖向连接过程

SPCS水平叠合构件包括混凝土叠合梁和混凝土叠合楼板。混凝土叠合梁由现浇和预制两部分组成。预制部分由工厂生产完成，运输到施工现场进行安装，再在叠合面上与叠合板共同浇筑上层混凝土，使其形成连续整体构件。预制叠合梁的主要断面形式有U形、倒T形和方形。

混凝土叠合楼板包括预制混凝土叠合楼板（图0-41）、预应力混凝土SP板(图0-42)。预制混凝土叠合楼板与混凝土叠合梁相似，由现浇和预制两部分组成。生产叠合楼板时设置有桁架钢筋，使预制板与现浇板有效连接；同时，将预制板叠合面处理成粗糙面，增加抗剪力，使现浇混凝土与预制部分更加有效地黏结。SP板是一种混凝土预应力结构构件，具有环保、节能、隔声、抗震、阻燃等特点。其延性好，临破坏前有较大挠度，安全度高等。

图0-41　预制混凝土叠合楼板

图0-42　预应力混凝土SP板

小结与启示

（1）装配式建筑是指将建筑的部分或全部构件在工厂预制完成，然后运输到施工现场，将构件通过可靠的连接方式组装而建成的建筑。

（2）装配整体式混凝土结构分为框架结构、剪力墙结构、框架-剪力墙等结构。

（3）装配整体式 SPCS 体系是全部或者部分抗侧力构件采用叠合剪力墙、叠合柱的装配式混凝土结构体系。

（4）装配率是单体建筑室外地坪以上的主体结构、围护墙和内隔墙、装修和设备管线等采用预制部品部件的综合比例。

（5）装配率的计算方法较为复杂，应按国家标准《装配式建筑评价标准》（GB/T 51129—2017）的规定。

（6）装配整体式混凝土剪力墙结构的主要预制构件有预制外墙板、预制内墙板、叠合楼板、预制连梁、预制楼梯、预制阳台板、预制空调板等。

（7）装配式框架结构构件可以设计成多种标准化构件，主要预制构件有预制柱、预制梁、叠合楼板、预制外挂墙板、预制楼梯等。

（8）装配整体式混凝土结构以“湿连接”为主要连接方式，全装配式混凝土结构是指预制混凝土构件靠“干连接”。

（9）SPCS 结构体系构件包括叠合柱、叠合梁、叠合楼板、叠合剪力墙。

（10）SPCS 墙体连接是指由成型钢筋笼及两侧预制墙板组成空腔预制构件，待预制构件现场安装就位后，在空腔内浇筑混凝土，并通过必要的构造措施，使现浇混凝土与预制构件形成整体。

（11）建筑行业在国民经济各行业中所占比重仅次于工业和农业，对我国经济的发展有举足轻重的作用。同时，作为劳动密集型行业，建筑行业提供了大量的就业机会。传统的住房建造技术生产效率低、施工速度慢、建设周期长、材料消耗多且工人劳动强度大，这已经不能满足现代社会对住宅的刚性需求。而装配式建筑具有以下特点：设计多样化，可以根据住房要求进行设计；功能现代化，可以采用多种节能环保等新型材料；制造工厂化，可以使得建筑构配件统一工厂化生产；施工装配化，可以减少劳动力。

习　题

1. 选择题

（1）装配式建筑拥有自身独有的“六化一体”建造方式，以下哪项不属于“六化一体”？（　　）

A. 设计标准化　　　　B. 管理信息化

C. 施工节能化　　　　D. 生产工厂化

（2）装配式建筑评分中主体结构不低于（　　）分。

A. 10　　B. 20　　C. 30　　D. 40

(3) 下列不属于装配式建筑评价等级的是（　　）。

A. A 级　　B. B 级　　C. AA 级　　D. AAA 级

(4) 装配整体式混凝土结构湿连接包括（　　）。

A. 金属连接件　　B. 螺栓连接　　C. 焊接　　D. 套筒灌浆连接

(5)（多选题）SPCS 体系预制构件包括（　　）。

A. 预制空腔墙　　B. 预制空腔柱

C. 混凝土叠合梁　　D. 阳台板

(6)（多选题）装配式混凝土结构按照现场的作业方式主要分为（　　）。

A. 装配整体式结构　　B. 全装配式结构

C. 预制整体式结构　　D. 部分装配式结构

(7)（多选题）装配式建筑应同时满足以下哪些要求？（　　）

A. 主体结构部分的评价分值不低于 10 分

B. 围护墙和内隔墙部分的评价分值不低于 10 分

C. 采用全装修

D. 装配率不低于 10%

2. 简答题

(1) 装配式混凝土结构的两大特征是什么？

(2) 什么是装配率？

(3) 与传统预制墙板相比，混凝土双面叠合剪力墙主要有哪些优点？

(4) SPCS 墙体连接包括哪些步骤？

任务1　桁架钢筋混凝土叠合板识图与深化设计

学习目标

知识目标：掌握桁架钢筋混凝土叠合板及其连接构造节点；熟悉国家建筑标准设计图集《桁架钢筋混凝土叠合板（60mm厚底板）》（15G366-1）；了解桁架钢筋混凝土叠合板的规格、编号及选用方法；读懂桁架钢筋混凝土叠合板构件详图及配筋详图；了解桁架钢筋混凝土叠合板的预制板布置形式。

能力目标：能够正确识读桁架钢筋混凝土叠合板模板图、配筋图、吊点位置布置图、节点详图、钢筋表与底板参数表；能根据预制构件连接节点、预制构件配筋绘制出正确的预制构件模板图和预制构件配筋图。

素质目标：培养学生具备能够独立学习、独立思考、独立分析并解决问题的能力；引导学生提高未来职业责任感，“重流程、强规范”“懂标准、用标准”。

课程思政

我们要以党的二十大精神为指引，在建设教育强国、科技强国、人才强国的新征程上谱写新辉煌。同学们要胸怀远大理想，脚踏实地，培养坚定毅力，以实现中华民族伟大复兴为己任；努力学习，掌握高超本领，将所学知识应用于祖国建设发展的实践中；传承湖湘精神，为建设教育强国、科技强国、人才强国和全面建设社会主义现代化国家做出应有的贡献。

实例1.1　桁架钢筋混凝土叠合板识图

1.1.1　桁架钢筋混凝土叠合板认识

根据规范规定，所谓桁架钢筋混凝土叠合板，即下部采用桁架钢筋预制混凝土板、上部采用现场后浇混凝土形成的叠合板，用于楼板、屋面板，简称桁架叠合板。下部采用的桁架钢筋预制混凝土板是以钢筋桁架作为加劲肋的预制混凝土板，简称桁架预制板，如图1-1所示。

叠合板整体性好，刚度大，可节省模板，而且板的上下表面平整，便于饰面层装修，适用于对整体刚度要求较高的高层建筑和大开间建筑。

底板按受力性能可以分为双向受力叠合板用底板（双向板底板）和单向受力叠合板用底板（单向板底板），如图1-2所示。双向板底板按所处位置的不同又分为边板和中板。

图 1-1 钢筋桁架预制混凝土板示意图

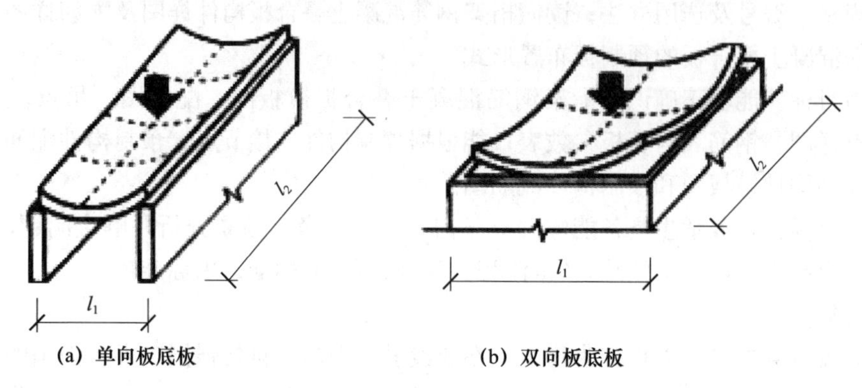

(a) 单向板底板 (b) 双向板底板

图 1-2 叠合板底板受力示意图

1.1.2 叠合板构造、规格及编号

1. 叠合板构造

《装配式混凝土结构技术规程》(JGJ 1—2014) 中对叠合板做出如下规定：

(1) 预制板与后浇混凝土叠合层之间的结合面应设置粗糙面。粗糙面的面积不宜小于结合面的 80%，预制板的粗糙面凹凸深度不应小于 4mm。

(2) 预制构件纵向钢筋宜在后浇混凝土内直线锚固，当直线锚固长度不足时，可采用弯折、机械锚固方式，并应符合现行国家标准《混凝土结构设计规范》(GB 50010) 和《钢筋锚固板应用技术规程》(JGJ 256) 的规定。

(3) 叠合板应按现行国家标准《混凝土结构设计规范》(GB 50010) 进行设计，并应符合下列规定：

①叠合板的预制板厚度不宜小于 60mm，后浇混凝土叠合层厚度不应小于 60mm；

②当叠合板的预制板采用空心板时，板端空腔应封堵；

③跨度大于 3m 的叠合板，宜采用桁架钢筋混凝土叠合板；

④跨度大于 6m 的叠合板，宜采用预应力混凝土预制板；

⑤板厚大于 180mm 的叠合板，宜采用混凝土空心板。

(4) 叠合板可根据预制板接缝构造、支座构造、长宽比按单向板或双向板设计，如图 1-3 所示。当预制板之间采用分离式接缝时，宜按单向板设计。对长宽比不大于

3 的四边支撑叠合板，当其预制板之间采用整体式接缝或无接缝时，可按双向板设计。

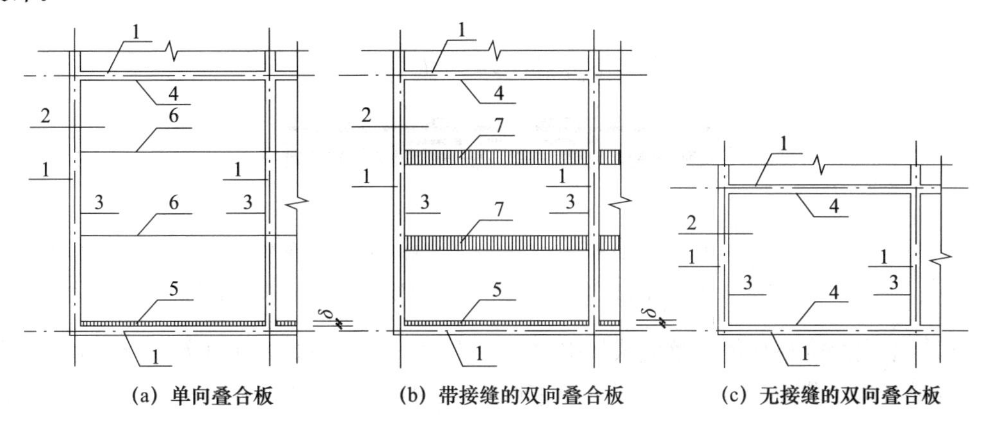

图 1-3　叠合板的预制板布置形式示意图

1—梁或墙；2—预制板；3—预制板板端；4—预制板板侧；5—边板预留现浇带；
6—板侧分离式接缝；7—板侧整体式接缝

(5) 叠合板支座处的纵向钢筋应符合下列规定：

①板端支座处，预制板内的纵向受力钢筋宜从板端伸出并锚入支承梁或墙的后浇混凝土中，锚入长度不应小于 5d（d 为纵向受力钢筋直径），且宜伸过支座中心线，如图 1-4 (a)所示。

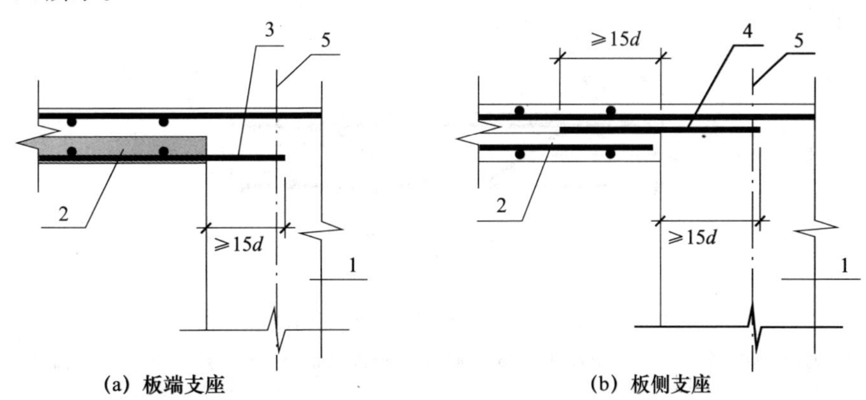

图 1-4　叠合板端及板侧支座构造示意图

1—支承梁或墙；2—预制板；3—纵向受力钢筋；4—附加钢筋；5—支座中心线

②单向叠合板的板侧支座处，当预制板内的板底分布钢筋伸入支承梁或墙的后浇混凝土中时，应符合①的要求；当板底分布钢筋不伸入支座时，宜在紧邻预制板顶面的后浇混凝土叠合层中设置附加钢筋，附加钢筋截面面积不宜小于预制板内同向分布钢筋面积，间距不宜大于 600mm，在板的后浇混凝土叠合层内的锚固长度不应小于 15d，在支座内锚固长度不应小于 15d（d 为附近钢筋直径）且宜伸过支座中心线，如图 1-4 (b) 所示。

(6) 单向叠合板板侧的分离式接缝宜配置附加钢筋（图 1-5），并应符合下列规定：

①接缝处紧邻预制板顶面宜设置垂直于板缝的附加钢筋，附加钢筋伸入两侧后浇混凝土叠合层的锚固长度不应小于 15d（d 为附加钢筋直径）；

②附加钢筋截面面积不宜小于预制板中该方向钢筋面积，钢筋直径不宜小于 6mm、间距不宜大于 250mm。

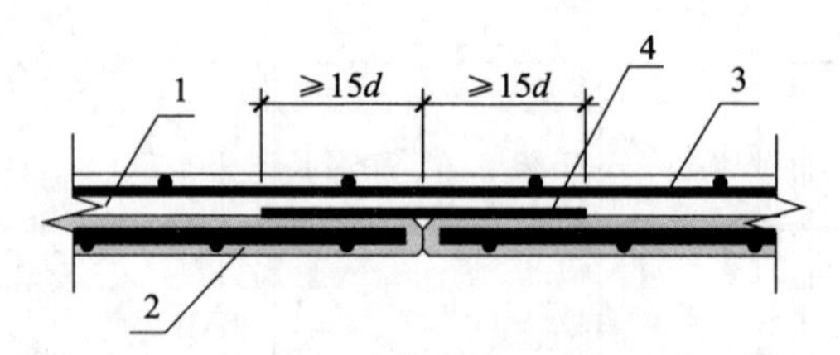

图 1-5　单向叠合板板侧分离式接缝构造示意图

1—后浇混凝土叠合层；2—预制板；3—后浇层内钢筋；4—附加钢筋

（7）双向叠合板板侧的整体式接缝（图 1-6）宜设置在叠合板的次要受力方向上且宜避开最大弯矩截面。接缝可采用后浇带形式，并应符合下列规定：

①后浇带宽度不宜小于 200mm；

②后浇带两侧板底纵向受力钢筋可在后浇带中焊接、搭接连接、弯折锚固；

③当后浇带两侧板底纵向受力钢筋在后浇带中弯折锚固时，应符合下列规定：

a. 叠合板厚度不应小于 10d（d 为弯折钢筋直径的较大值），且不应小于 120mm。

b. 接缝处预制板侧伸出的纵向受力钢筋应在后浇混凝土叠合层内锚固，且锚固长度不应小于 l_a；两侧钢筋在接缝处重叠的长度不应小于 10d。钢筋弯折角度不应大于 30°，弯折处沿接缝方向应配置不少于 2 根通长构造钢筋，且直径不应小于该方向预制板内钢筋直径。

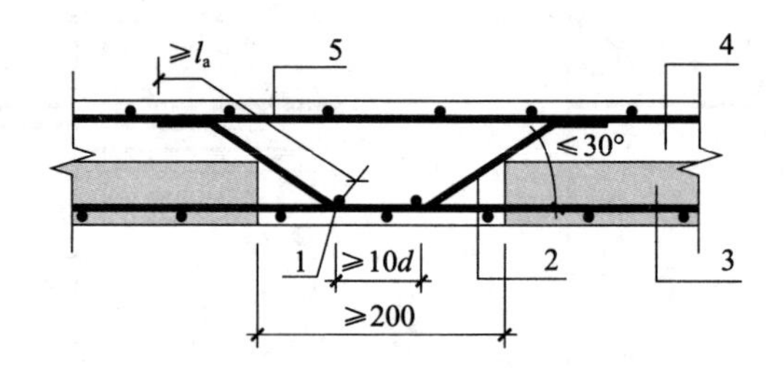

图 1-6　双向叠合板板侧整体式接缝构造示意图

1—通长构造钢筋；2—纵向受力钢筋；3—预制板；4—后浇混凝土叠合层；5—后浇层内钢筋

（8）桁架钢筋混凝土叠合板应满足下列要求：

①桁架钢筋应沿主要受力方向布置；

②桁架钢筋距板边不应大于 300mm，间距不宜大于 600mm；

③桁架钢筋弦杆钢筋直径不宜小于 8mm，腹杆钢筋直径不应小于 4mm；

④桁架钢筋弦杆混凝土保护层厚度不应小于 15mm。

（9）当未设置桁架钢筋时，在下列情况下，叠合板的预制板与后浇混凝土叠合层之间应设置抗剪构造钢筋：

①单向叠合板跨度大于 4.0m 时，距支座 1/4 跨度范围内；

②双向叠合板短向跨度大于 4.0m 时，距四边支座 1/4 短跨范围内；

③悬挑叠合板；

④悬挑板的上部纵向受力钢筋在相邻叠合板的后浇混凝土锚固范围内。

(10) 叠合板的预制板与后浇混凝土叠合层之间设置的抗剪构造钢筋应符合下列规定：

①抗剪构造钢筋宜采用马镫形状，间距不宜大于400mm，钢筋直径d不应小于6mm；

②马镫钢筋宜伸到叠合板上下部纵向钢筋处，预埋在预制板内的总长度不应小于15d，水平段长度不应小于50mm。

2. 叠合板规格

桁架叠合板所用混凝土材料应符合行业标准《装配式混凝土结构技术规程》(JGJ 1—2014) 的有关规定。桁架预制板的混凝土强度等级不宜低于C30。桁架预制板所用混凝土中的粗骨料应采用连续级配，且最大粒径不宜大于20mm。桁架叠合板中的纵向受力钢筋宜采用HRB400、HRB500钢筋，也可采用CRB550、CRB600H钢筋。钢筋桁架的上弦钢筋与下弦钢筋可采用HRB400、HRB500、CRB550或CRB600H钢筋；腹杆钢筋宜采用HPB300、HRB400、HRB500、CRB550或CRB600H钢筋，也可采用CPB550钢筋。同时桁架叠合板中钢筋的公称直径宜符合表1-1的规定。

表1-1　桁架叠合板中钢筋的公称直径 (mm)

类别		热轧钢筋	冷轧带肋钢筋	冷拔光面钢筋
纵向钢筋		6～16	6～12	—
钢筋桁架	上弦钢筋	8～16	8～12	—
	下弦钢筋	6～14	6～12	—
	腹杆钢筋	6～8	6～8	6～8

钢筋桁架宜采用专用自动化机械设备制作。腹杆钢筋与上、下弦钢筋的焊点应采用电阻点焊方式焊接。

钢筋桁架 (图1-7) 的尺寸应符合下列规定：

(1) 钢筋桁架的设计高度H_1不宜小于70mm，不宜大于400mm，且宜以10mm为模数；

(2) 钢筋桁架的设计宽度B不宜小于60mm，不宜大于110mm，且宜以10mm为模数；

(3) 腹杆钢筋与上、下弦钢筋相邻焊点的中心间距P_s，宜取200mm，且不宜大于200mm。

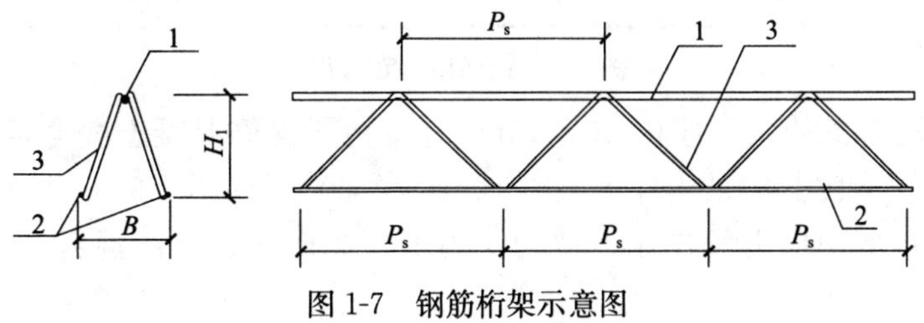

图1-7　钢筋桁架示意图

1—上弦钢筋；2—下弦钢筋；3—腹杆钢筋

在实际项目中，常采用的桁架钢筋共6种规格，见表1-2。A级与B级各3种，差别在于上弦钢筋直径，一般跨度较小选用A级，跨度较大选用B级。

桁架钢筋弦杆钢筋直径不宜小于8mm，腹杆钢筋直径不应小于4mm；桁架钢筋弦杆混凝土保护层厚度不应小于 15mm；平行于钢筋桁架的底板钢筋与桁架下弦钢筋并排放置，垂直于钢筋桁架的底板钢筋放置在桁架下弦钢筋下方。桁架钢筋的高度为叠合楼板厚度减 50mm。

表 1-2　桁架叠合板中桁架钢筋规格（mm）

桁架代号	上弦钢筋 公称直径	下弦钢筋 公称直径	腹杆钢筋 公称直径	桁架设计 高度 H_1	60mm 厚底板 叠合层厚度
A80	8	8	6	80	70
A90	8	8	6	90	80
A100	8	8	6	100	90
B80	10	8	6	80	70
B90	10	8	6	90	80
B100	10	8	6	100	90

桁架预制板的厚度不宜小于 60mm，且不应小于 50mm；后浇混凝土叠合层厚度不应小于 60mm。桁架预制板板边第一道纵向钢筋中线至板边的距离不宜大于 50mm。钢筋桁架的布置应符合下列规定：

（1）钢筋桁架宜沿桁架预制板的长边方向布置；

（2）钢筋桁架上弦钢筋至桁架预制板板边的水平距离不宜大于 300mm；相邻钢筋桁架上弦钢筋的间距不宜大于 600mm，如图 1-8 所示。

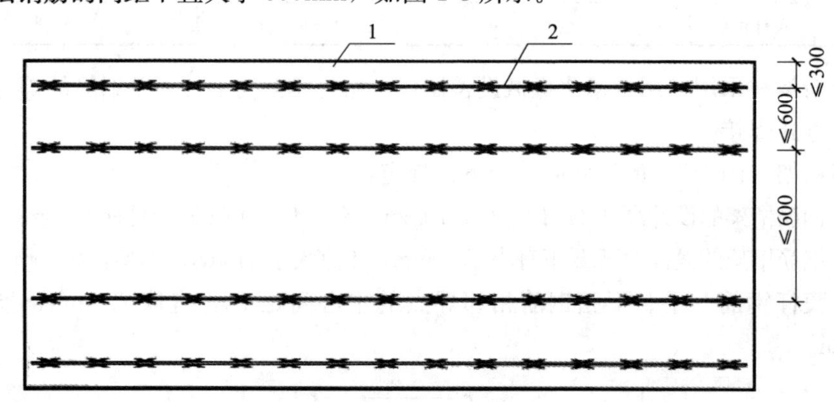

图 1-8　钢筋桁架布置图

预制底板可考虑伸入支座内 10～15mm［《桁架钢筋混凝土叠合板（60mm 厚底板）》（15G366-1）图集中采用伸入支座 10mm 考虑）］，如图 1-9 所示，目的是起到叠合板支座处抵抗剪切应力的作用，剪切应力由预制底板、现浇混凝土层和钢筋共同承担。

为了后浇混凝土与预制板的连接以及预制板的拼缝，叠合板的板边需做成倒角形式，如图 1-10 所示。单向板上下均需倒角，上部倒角 45°，20mm，下部倒角 45°，10mm；双向板仅需上部倒角，45°，20mm。双向叠合板拼接示意如图 1-11 所示。

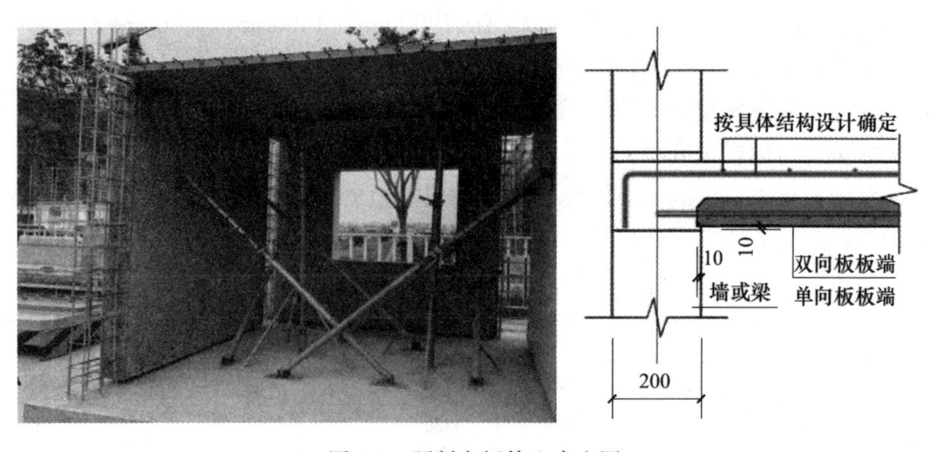

图 1-9　预制底板伸入支座图

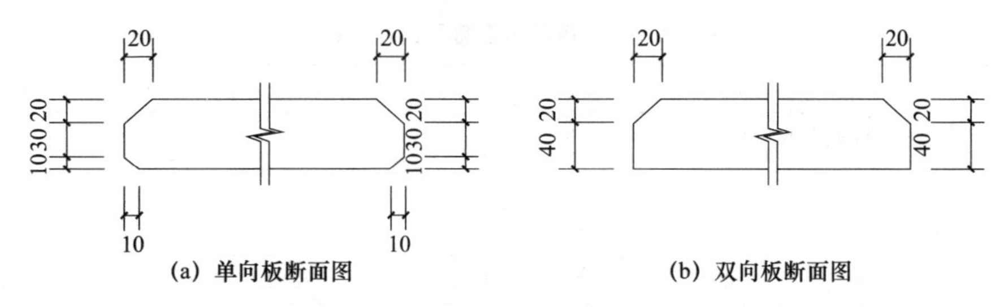

图 1-10　叠合板的板边倒角示意图

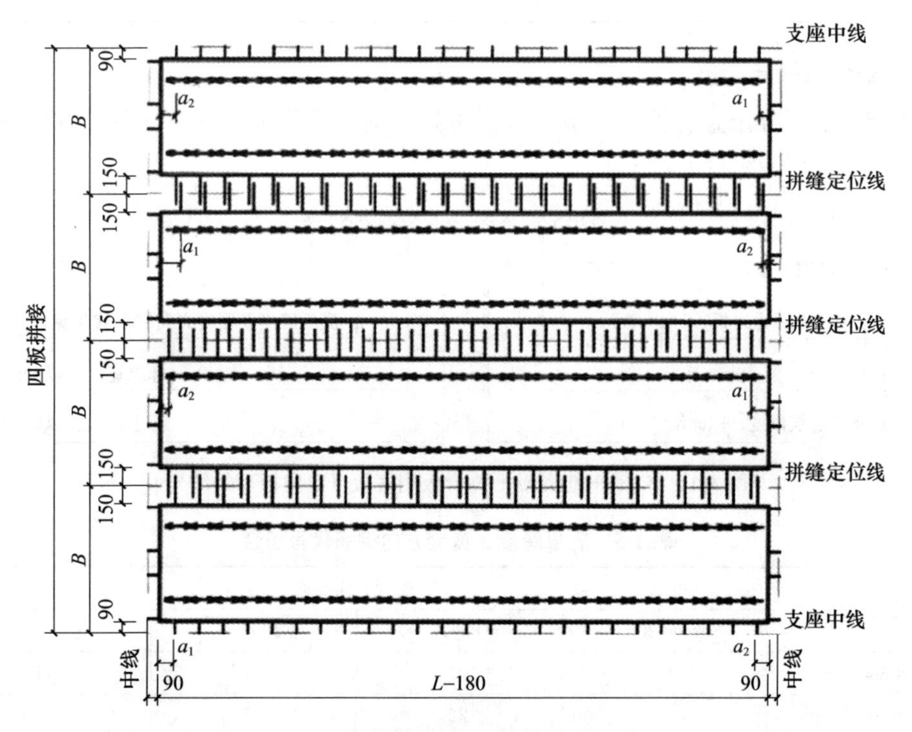

图 1-11　双向叠合板拼接示意图

B—标志宽度；*L*—标志跨度

单、双向板底板的标志宽度均有 1200mm、1500mm、1800mm、2000mm、2400mm 五种，见表 1-3 和表 1-4。

双向板边板实际宽度＝标志宽度－240mm，中板实际宽度＝标志宽度－300mm，单向板实际宽度与标志宽度相同。

单、双向板标志跨度满足 3M 模数，其中双向板的标志跨度为 3000～6000mm，单向板的标志跨度为 2700mm～4200mm，实际跨度＝标志跨度－180mm。

表 1-3　单向板底板宽度及跨度（mm）

宽度	标志宽度	1200	1500	1800		2000	2400
	实际宽度	1200	1500	1800		2000	2400
跨度	标志跨度	2700	3000	3300	3600	3900	4200
	实际跨度	2520	2820	3120	3420	3720	4020

表 1-4　双向板底板宽度及跨度（mm）

宽度	标志宽度	1200	1500	1800		2000	2400
	边板实际宽度	960	1260	1560		1760	2160
	中板实际宽度	900	1200	1500		1700	2100
跨度	标志跨度	3000	3300	3600	3900	4200	4500
	实际跨度	2820	3120	3420	3720	4020	4320
	标志跨度	4800	5100	5400	5700	6000	—
	实际跨度	4620	4920	5220	5520	5820	—

3. 叠合板编号

桁架钢筋混凝土叠合板用底板（双向板）的编号规则如图 1-12 所示。底板跨度、宽度方向钢筋代号组合见表 1-5。

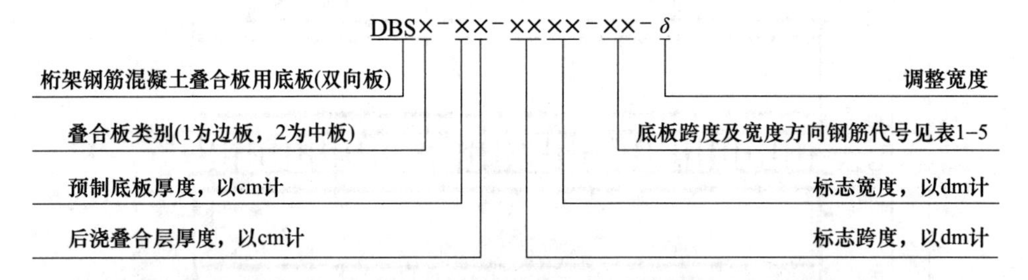

图 1-12　桁架钢筋混凝土叠合板用底板（双向板）的编号

表 1-5　底板跨度、宽度方向钢筋代号组合

宽度方向配筋	跨度方向配筋			
	Φ8@200	Φ8@150	Φ10@200	Φ10@150
Φ8@200	11	21	31	41
Φ8@150	—	22	32	42
Φ8@100	—	—	—	43

例1：底板编号DBS1-67-3620-31，表示双向受力叠合板用底板，拼装位置为边板，预制底板厚度为60mm，后浇叠合层厚度为70mm，预制底板的标志跨度为3600mm，预制底板的标志宽度为2000mm，底板跨度方向配筋为Φ10@200，底板宽度方向配筋为Φ8@200。

例2：底板编号DBS2-67-3620-42，表示双向受力叠合板用底板，拼装位置为中板，预制底板厚度为60mm，后浇叠合层厚度为70mm，预制底板的标志跨度为3600mm，预制底板的标志宽度为2000mm，底板跨度方向配筋为Φ10@150，底板宽度方向配筋为Φ8@150。

桁架钢筋混凝土叠合板用底板（单向板）的编号如图1-13所示。单向叠合板用底板钢筋代号见表1-6。

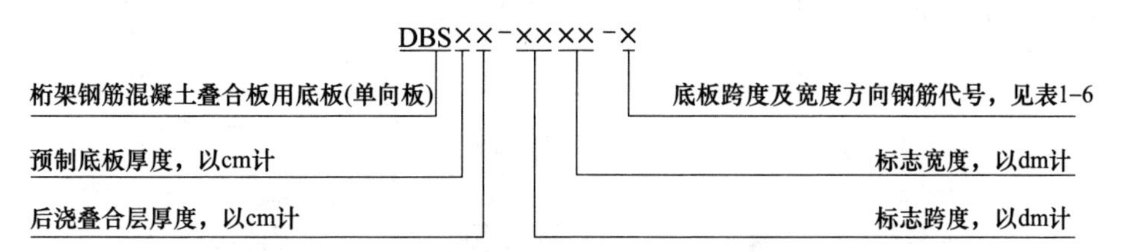

图1-13　桁架钢筋混凝土叠合板用底板（单向板）的编号

表1-6　单向叠合板用底板钢筋代号

代号	1	2	3	4
受力钢筋规格及间距	Φ8@200	Φ8@150	Φ10@200	Φ10@150
分布钢筋规格及间距	Φ6@200	Φ6@200	Φ6@200	Φ6@200

例3：底板编号DBD67-3620-2，表示单向受力叠合板用底板，预制底板厚度为60mm，后浇叠合层厚度为70mm，预制底板的标志跨度为3600mm，预制底板的标志宽度为2000mm，底板跨度方向配筋Φ8@150，分布钢筋为Φ6@200。

叠合板应逐一编号，相同编号的板块可以做集中标注，叠合板编号由叠合板代号和序号组成，见表1-7。

表1-7　叠合板代号和序号

叠合板类型	代号	序号
叠合板面板	DLB	××
叠合屋面板	DWB	××
叠合悬挑板	DXB	××

1.1.3　叠合板的连接构造简介

1. 预制构件端部在支座处放置

预制构件端部均与其支座构件贴边放置，即在图1-14中，$a=0$，$b=0$。当预制构件端部伸入支座放置时，a不宜大于20mm，b不宜大于15mm。当板或次梁搁置在支座构件上时，搁置长度由设计确定。

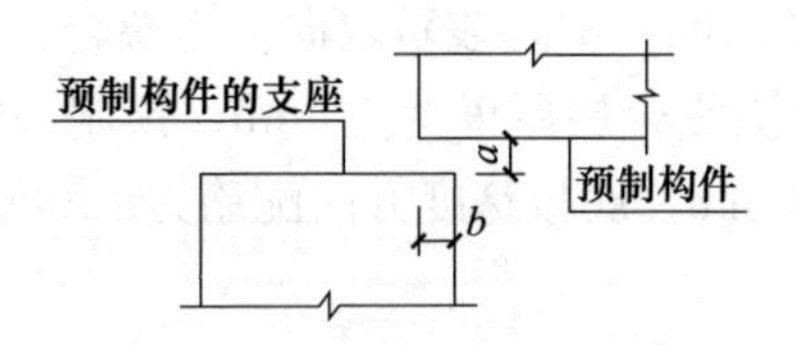

图 1-14　预制构件端部在支座处放置示意图

单向板和双向板板端连接构造按位置不同可分为边支座和中间支座。《装配式混凝土结构技术规程》（JGJ 1—2014）第 6.6.4 条第 1 款规定：板端支座处，预制板内的纵向钢筋宜从板端伸出并锚入支承梁或墙的后浇混凝土中，锚固长度不应小于 5*d*（*d* 为纵向受力钢筋直径），且宜伸过支座中心线，如图 1-15 所示。

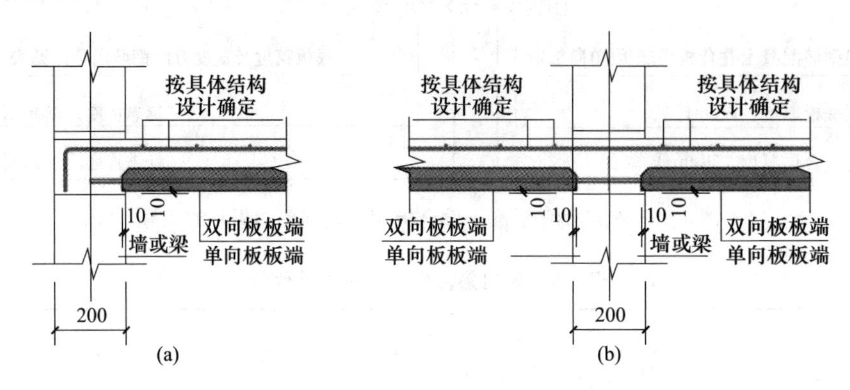

图 1-15　叠合板板端支座构造示意图

1）双向叠合板

板端支座处：叠合板应伸入支座 10mm。

出筋做法：板端支座处预制板内的纵向受力钢筋宜从板端伸出并锚入支承梁或墙的后浇混凝土中，锚固长度不应小于 5*d*（*d* 为纵向受力钢筋直径），且宜伸过支座中心线，如图 1.15（a）所示。

不出筋做法（使用较少）：《装配式混凝土建筑技术标准》（GB/T 51231—2016）第 5.5.3条规定：当桁架钢筋混凝土叠合板的后浇混凝土叠合层厚度不小于 100mm 且不小于预制板厚度的 1.5 倍时，支承端预制板内纵向受力钢筋可采用间接搭接方式锚入支承梁或墙的后浇混凝土中，如图 1-16 所示，并应符合下列规定：

（1）附加钢筋的面积应通过计算确定，且不应少于受力方向跨中板底钢筋面积的 1/3；

（2）附加钢筋直径不宜小于 8mm，间距不宜大于 250mm；

（3）当附加钢筋为构造钢筋时，伸入楼板的长度不应小于与板底钢筋的受压搭接长度，伸入支座的长度不应小于 15*d*（*d* 为附加钢筋直径）且宜伸过支座中心线；当附加钢筋承受拉力时，伸入楼板的长度不应小于与板底钢筋的受拉搭接长度，伸入支座的长度不应小于受拉钢筋锚固长度。

2）单向叠合板

（1）板端：受力钢筋侧，叠合板应伸入支座 10mm，钢筋伸出。板侧：非受力钢筋侧，板侧可不伸入支座，钢筋可不伸出。

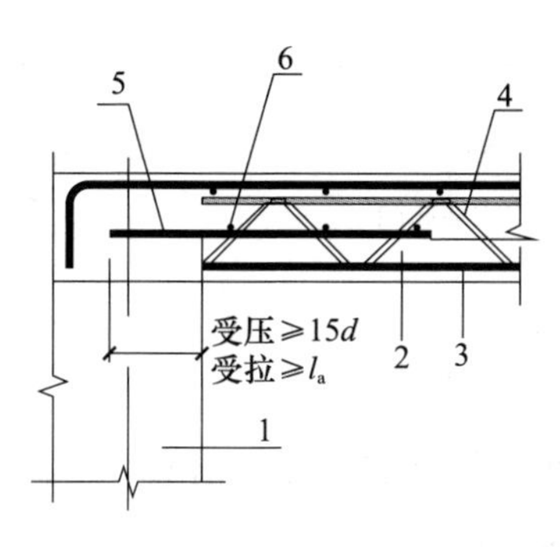

图 1-16　双向板板端不出筋做法

1—支承梁或墙；2—预制板；3—板底钢筋；4—桁架钢筋；5—附加钢筋；6—横向分布钢筋

(2)《装配式混凝土结构技术规程》(JGJ 1—2014) 第 6.6.4 条第 2 款规定：当板底分布钢筋不伸入支座时，宜在紧邻预制板顶面的后浇混凝土叠合层中设置附加钢筋，附加钢筋截面面积不宜小于预制板内的同向分布钢筋面积，间距不宜大于 600mm，在板的后浇混凝土叠合层内锚固长度不应小于 15d，在支座内锚固长度不应小于 15d (d 为附加钢筋直径) 且宜伸过支座中心线，如图 1-15 所示。

(3)《装配式混凝土结构技术规程》(JGJ 1—2014) 第 6.6.5 条规定：单向叠合板板侧的分离式接缝处宜设置附加钢筋，附加钢筋截面面积不宜小于预制板中该方向钢筋面积，钢筋直径不宜小于 6mm，间距不宜大于 250mm，伸入两侧后浇混凝土中的锚固长度不应小于 15d (d 为附加钢筋直径)，如图 1-17 所示。

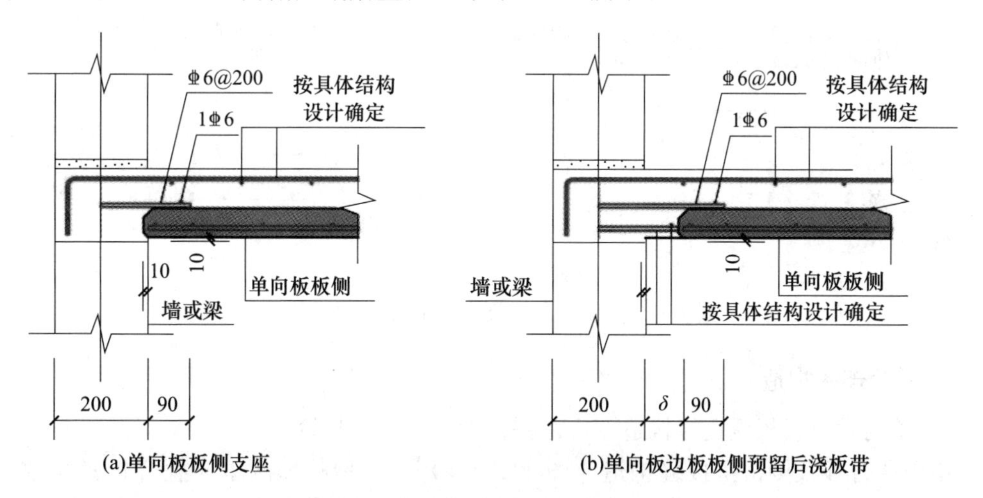

图 1-17　单向板板侧支座连接构造

2. 叠合板板底纵向钢筋排布

叠合板内最外侧板底纵筋距离板边不大于 50mm，后浇带接缝内底部纵筋起始位置距离板边不大于板筋间距的 1/2，如图 1-18 所示。

预制底板钢筋间距规格不宜多，常用间距有 100mm、150mm、180mm、200mm。同一项目中厚度相等的桁架叠合板底板配筋间距应尽量一致，可通过调整钢筋直径调整配筋量，不同直径钢筋隔一配一，以提高模板利用率。当采用自动焊接钢筋网时，同一

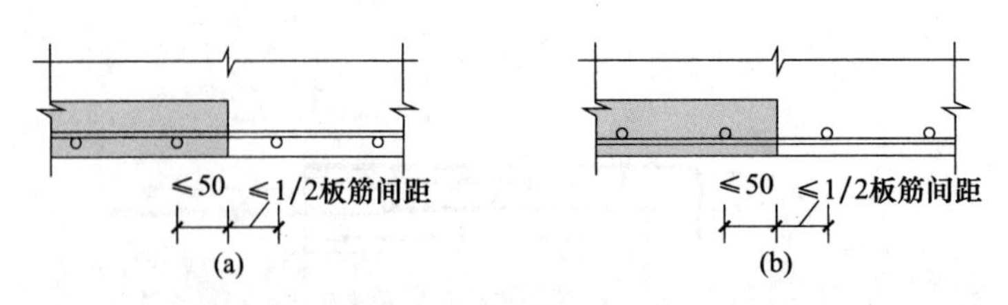

图 1-18 叠合板内最外侧板底纵筋布置

方向钢筋直径应相同，钢筋间距应为 50mm 的倍数，不同配筋量通过调整钢筋间距处理，同一方向配筋间距规格不应超过 2 个。

3. 预制板与后浇混凝土的结合面

预制底板在工厂模台上制作，质量较容易控制，同时采用高强度混凝土，有利于脱模、吊装及运输，强度等级不宜低于 C30。叠合层强度等级一般宜高于预制底板的强度等级，为施工方便，应与支撑叠合板的现浇梁或叠合梁的叠合层强度相同，当设计的叠合层及支承梁强度较低时，预制板强度不应降低。拼缝混凝土与叠合层混凝土等级相同，并与之同时浇筑。

《装配式混凝土结构技术规程》（JGJ 1—2014）第 6.5.5 条规定：预制构件与后浇混凝土、灌浆料、坐浆材料的结合面应设置粗糙面、键槽。当预制板间采用密拼接缝连接时，仅预制板板顶设粗糙面。当结合面设粗糙面时，粗糙面的面积不宜小于结合面的 80%，凹凸深度不应小于 4mm，如图 1-19 所示。

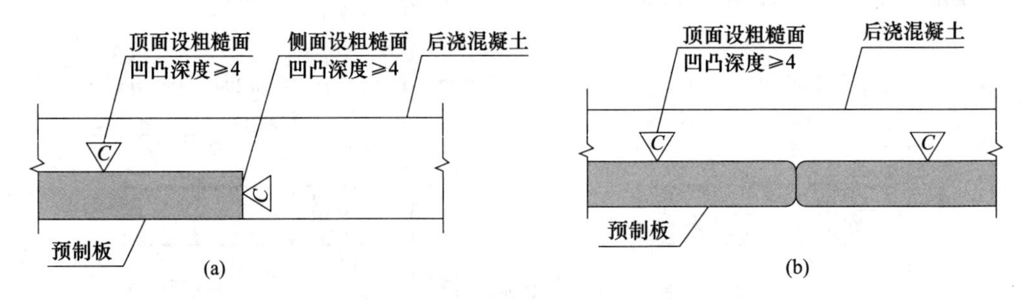

图 1-19 预制板与后浇混凝土的结合面要求

4. 拼缝连接构造

1）单向叠合板板侧连接构造——密拼接缝、后浇小接缝

单向叠合板板侧密拼接缝构造［图 1-20（a)］，是指相邻两单向叠合板紧贴放置，不留空隙的接缝连接形式。单向叠合板板侧密拼接缝处需紧贴叠合板预制混凝土面设置垂直于接缝方向的板底连接纵筋和平行于接缝方向的附加通长构造钢筋，板底连接纵筋在下，附加通长构造钢筋在上，形成密拼接缝网片。

板底连接纵筋需满足与两预制板同方向钢筋搭接长度均不小于 15d 的要求，钢筋级别和直径需经设计确定。附加通长构造钢筋需满足直径不小于 4mm、间距不大于 300mm 的要求。密拼接缝的板面纵筋跨板缝贯通布置。

单向叠合板板侧后浇小接缝构造［图 1-20（b)］，是指相邻两单向叠合板之间不紧贴放置，留 30～50mm 空隙的接缝连接形式。后浇小接缝内设置一根直径不小于

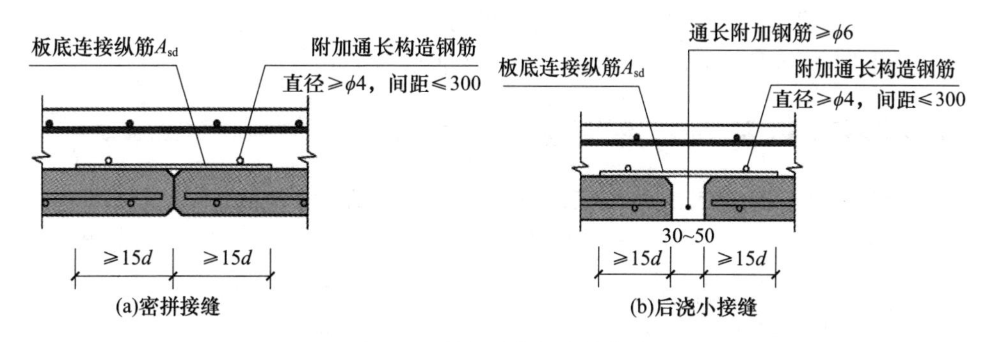

图1-20　单向叠合板连接构造

6mm的顺缝方向通长附加钢筋，且该通长附加钢筋要与叠合板底受力筋位于同一层面上。

除此之外，单向叠合板板侧后浇小接缝构造也需要紧贴预制混凝土面设置板底连接纵筋和附加通长构造钢筋，其构造要求与单向叠合板板侧密拼接缝构造相同，后浇小接缝构造的板面纵筋跨板缝贯通布置。

2）双向叠合板整体式接缝连接构造

后浇带形式的双向叠合板整体式接缝是指两相邻叠合板之间留设一定宽度的后浇带，通过浇筑后浇带混凝土使相邻两叠合板连成整体的连接构造形式。后浇带形式的双向叠合板整体式接缝包括板底纵筋直线搭接、板底纵筋末端带135°弯钩连接、板底纵筋末端带90°弯钩搭接和板底纵筋弯折锚固四种接缝形式，如图1-21（a）～（d）所示。

《装配式混凝土建筑技术标准》（GB/T 51231—2016）第5.5.4条第3款规定：当后浇带两侧板底纵向受力钢筋在后浇带中搭接连接时，应符合下列规定：

（1）预制板板底外伸钢筋为直线形时［图1-21（a）］，钢筋搭接长度应符合现行国家标准《混凝土结构设计规范》（GB 50010）的规定；

（2）预制板板底外伸钢筋端部为135°或90°弯钩时［图1-21（b）、（c）］，钢筋搭接长度应符合现行国家标准《混凝土结构设计规范》（GB 50010）有关钢筋锚固长度的规定，135°和90°弯钩钢筋弯后直段长度分别为5d和12d（d为钢筋直径）。

如图1-21（b）所示，板底纵筋末端带135°弯钩连接构造：两侧板底均预留末端带135°弯钩的外伸纵筋，以交错搭接的形式进行连接。预留弯钩外伸纵筋搭接长度不小于受拉钢筋锚固长度l_a（由板底外伸纵筋直径确定），且外伸纵筋末端距离另一侧板边不小于10mm，总宽度l_h≥200mm。后浇带接缝处设置顺缝板底纵筋，位于外伸板底纵筋以下，与外伸板底纵筋一起构成接缝网片，顺缝板底纵筋具体钢筋规格由设计确定。板面钢筋网片跨接缝贯通布置，一般顺缝方向板面纵筋在上，垂直接缝方向板面纵筋在下。

如图1-21（e）所示，双向叠合板整体式密拼接缝是指相邻两桁架叠合板紧贴放置，不留空隙的接缝连接形式，适用于桁架钢筋叠合板板筋无外伸（垂直桁架方向），且叠合板现浇层混凝土厚度不小于80mm的情况。密拼接缝处需紧贴叠合板预制混凝土面设置垂直于接缝方向的板底连接纵筋和平行于接缝方向的附加通长构造钢筋。板底连接纵筋在下，附加通长构造钢筋在上，形成密拼接缝网片，附加通长构造钢筋需满足直径

≥ϕ4mm、间距≤300mm 的要求。板底连接纵筋与两预制板同方向钢筋搭接长度均不小于纵向受拉钢筋搭接长度 l_l，钢筋级别、直径和间距需经设计确定。

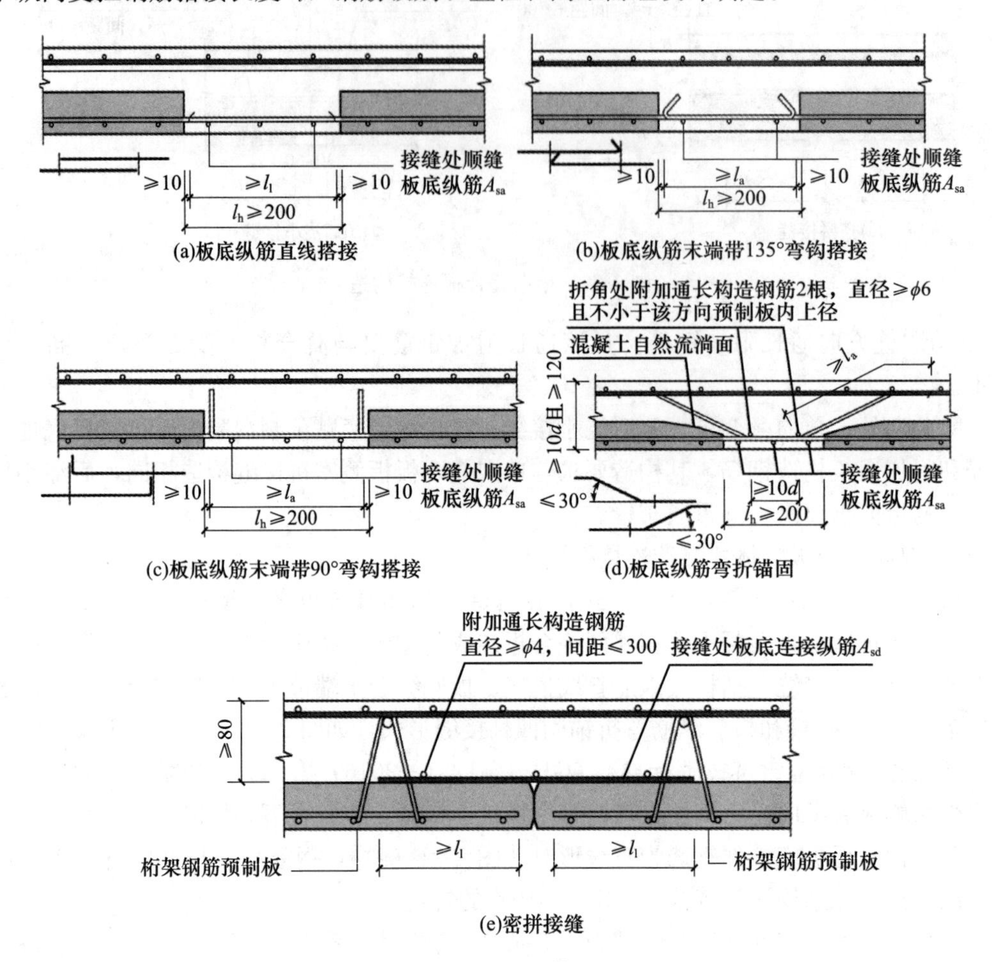

图 1-21　双向叠合板整体式接缝形式

1.1.4　叠合板模板图及配筋图识读

案例 1　双向桁架钢筋混凝土叠合板识读

某工程双向桁架钢筋混凝土叠合板的生产任务，其模板图和配筋图如图 1-22 和图 1-23所示。该工程桁架钢筋混凝土叠合板类型选用图集《桁架钢筋混凝土叠合板(60mm 厚底板)》(15G366-1) 中编号为 DBS1-68-3620-31 的叠合板，其工程概况如下：工程环境类别为一类，剪力墙厚度为 200mm，混凝土强度等级为 C30，底板钢筋及钢筋桁架的上弦、下弦钢筋采用 HRB400，钢筋桁架腹杆钢筋采用 HPB300，底板最外层钢筋混凝土保护层厚度为 15mm，底板混凝土厚度为 60mm，后浇混凝土叠合层厚度为 80mm。

若要完成该叠合板的生产任务，必须先结合标准图集及工程概况完成该叠合板的识图任务。

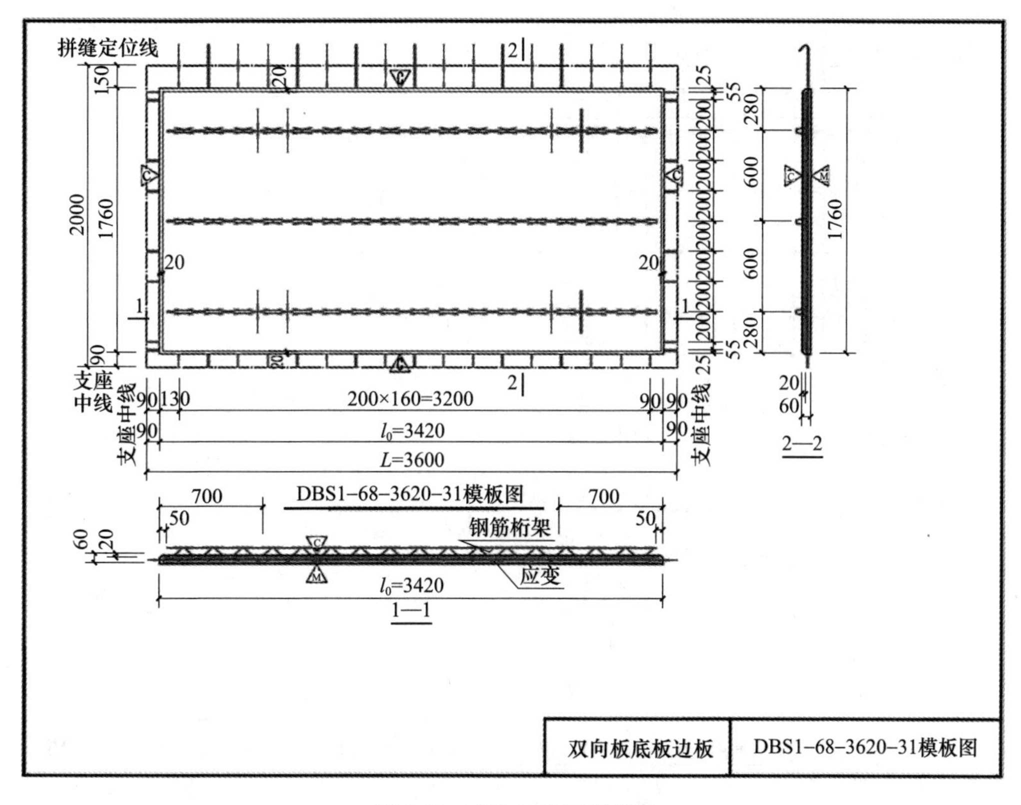

图 1-22　双向叠合板模板图

1. 模板图识读

从图 1-22 和表 1-6 中可以读取出 DBS1-68-3620-31 模板图中的以下内容：

（1）模板长度方向的尺寸：$l_0=3420$mm，$a_1=130$mm，$a_2=90$mm，$n=16$，$l_0=a_1+a_2+200n$，总长度 $l=l_0+90\times2=3600$（mm），两端延伸至支座中线；桁架长度为 $l_0-50\times2=3320$（mm）。

（2）模板宽度方向的尺寸：板实际宽度为 1760mm，标志宽度为 2000mm，板边缘至拼缝定位线 150mm，板边缘至支座中线 90mm，板的四边坡面水平投影宽度均为 20mm；桁架距离板长边边缘 280mm，两平行桁架之间的距离为 600mm，钢筋桁架端部距离板端部 50mm。

（3）叠合板底板厚度为 60mm，后浇叠合层厚度为 80 mm，△M所指方向代表模板面，△C所指方向代表粗糙面。

2. 配筋图识读

从图 1-23 和表 1-4、表 1-7 中可以读取出 DBS1-68-3620-31 配筋图中的以下内容：

（1）①号钢筋为直径为 8mm 的 HRB400 级，一端弯锚 135°，平直段长度为 40mm，间距为 200mm，长度方向两端伸出板边缘 290mm 和 90mm，左侧板边第一根钢筋距离板左边缘 $a_1=130$mm，右侧板边第一根钢筋距离板右边缘 $a_2=90$mm。

（2）②号钢筋为直径为 10mm 的 HRB400 级，两端无弯钩，两端间距为 55mm，中间间距为 200mm，长度方向两端伸出板边缘 90mm。

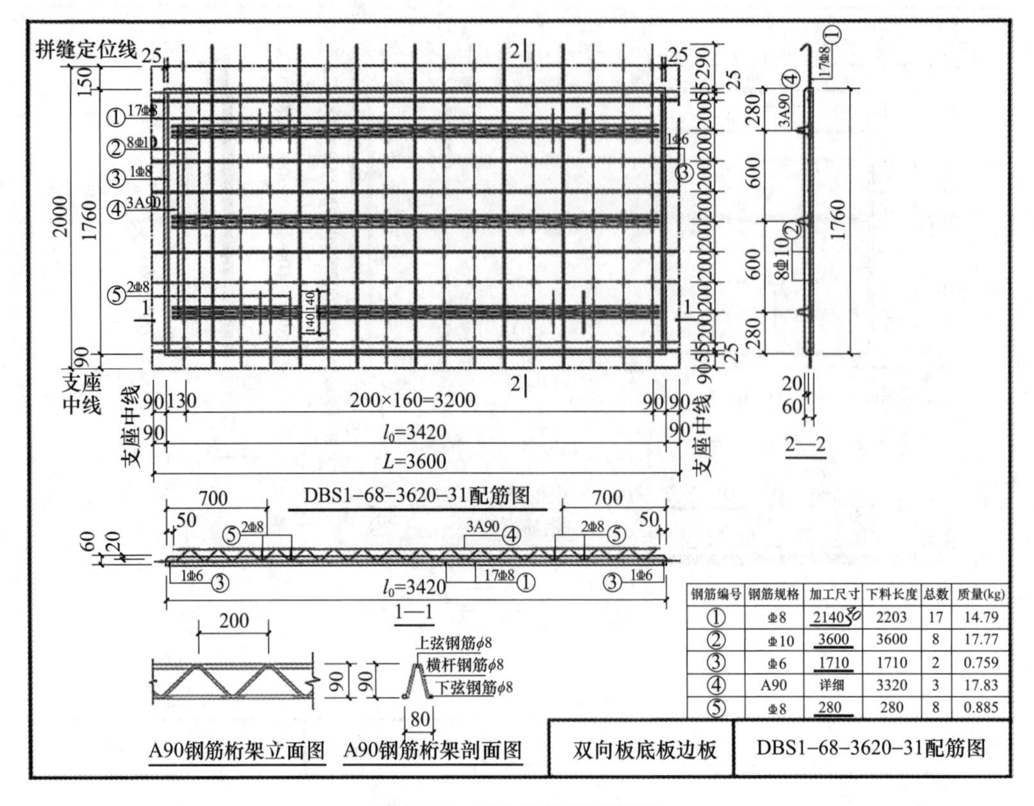

钢筋编号	钢筋规格	加工尺寸	下料长度	总数	质量(kg)
①	⌀8	2140 40	2203	17	14.79
②	⌀10	3600	3600	8	17.77
③	⌀6	1710	1710	2	0.759
④	A90	详细	3320	3	17.83
⑤	⌀8	280	280	8	0.885

图 1-23 双向叠合板配筋图

（3）③号钢筋为直径为 6mm 的 HRB400 级，两端无弯钩，两端与①号钢筋的间距分别为 130－25＝115（mm）和 90－25＝65（mm）。

（4）桁架上弦和下弦钢筋为直径为 8mm 的 HRB400 级，腹杆钢筋为直径为 6mm 的 HPB300 级，长度方向桁架边缘距离板边缘 50mm。

案例 2 单向桁架钢筋混凝土叠合板识读

某工程单向桁架钢筋混凝土叠合板的生产任务，其模板图和配筋图如图 1-24 和图 1-25所示。该工程桁架钢筋混凝土叠合板类型选用图集《桁架钢筋混凝土叠合板（60mm 厚底板）》（15G366-1）中编号为 DBD68-3620-4 的叠合板，其工程概况如下：工程环境类别为一类，剪力墙厚度为 200mm，混凝土强度等级为 C30，底板钢筋及钢筋桁架的上弦、下弦钢筋采用 HRB400 级，钢筋桁架腹杆钢筋采用 HPB300 级，底板最外层钢筋混凝土保护层厚度为 15mm，底板混凝土厚度为 60mm，后浇混凝土叠合层厚度为 80mm。

若要完成该叠合板的生产任务，必须先结合标准图集及工程概况完成该叠合板的识图任务。

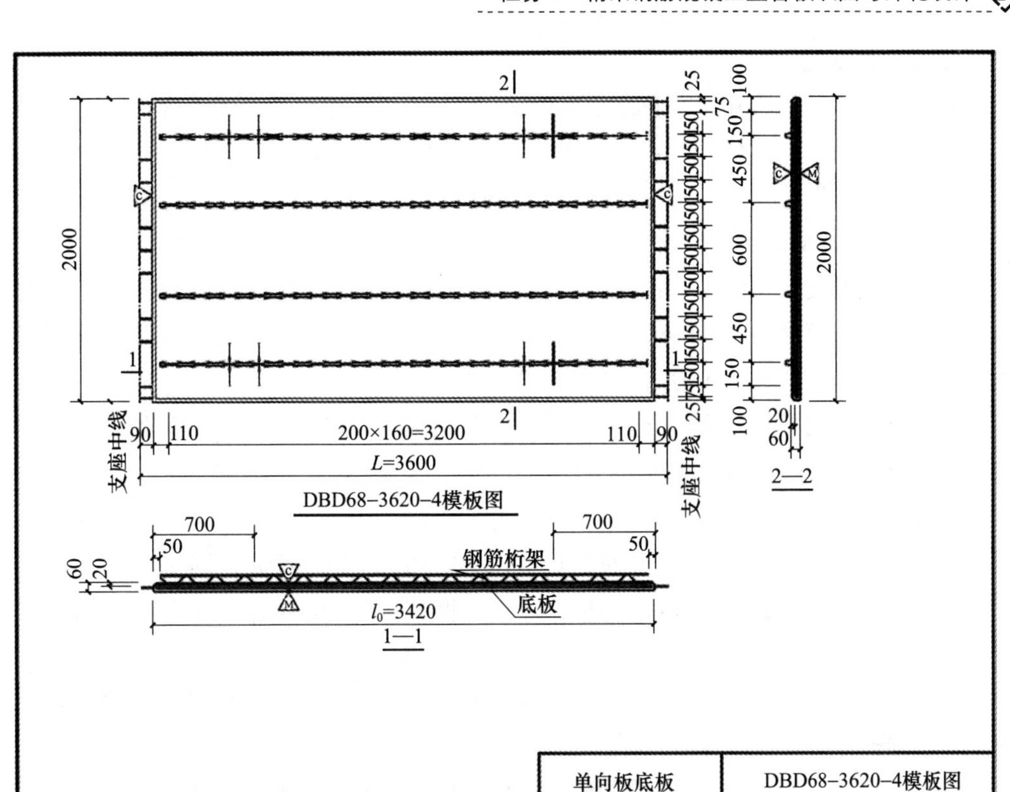

图 1-24　单向叠合板模板图

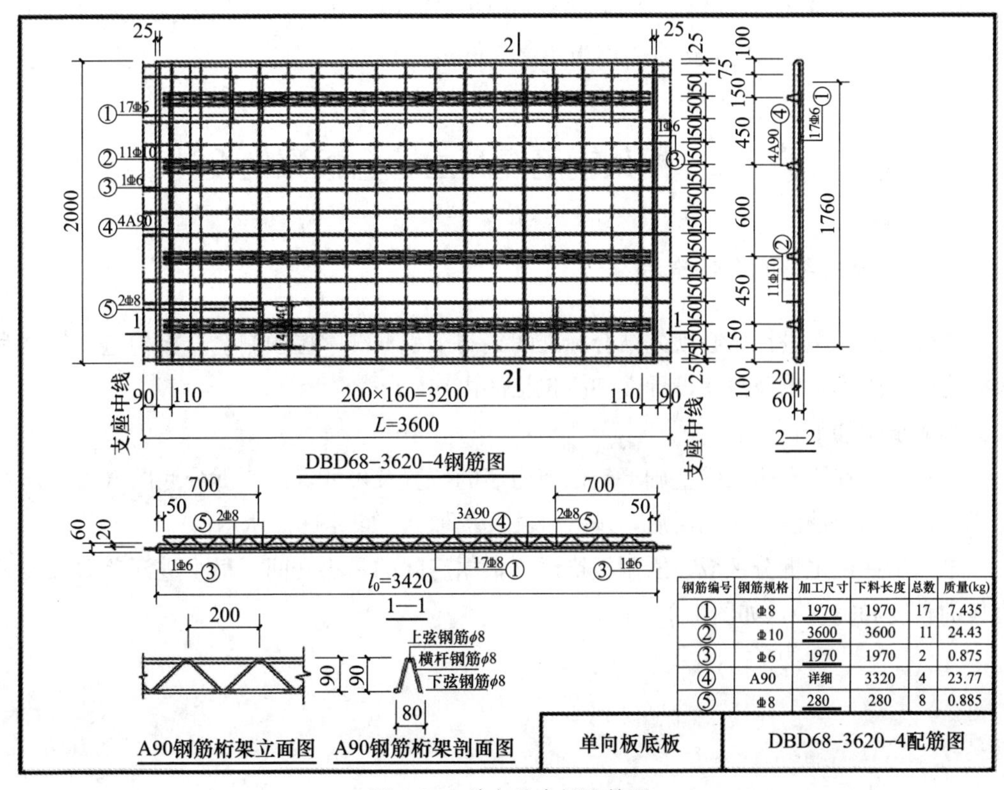

钢筋编号	钢筋规格	加工尺寸	下料长度	总数	质量(kg)
①	Φ8	1970	1970	17	7.435
②	Φ10	3600	3600	11	24.43
③	Φ6	1970	1970	2	0.875
④	A90	详细	3320	4	23.77
⑤	Φ8	280	280	8	0.885

图 1-25　单向叠合板配筋图

1. 模板图识读

从图 1-24 和表 1-5 中可以读取出 DBD68-3620-4 模板图中的以下内容：

（1）模板长度方向的尺寸：$l_0=3420$mm，$a_1=110$mm，$a_2=110$mm，$n=16$，$l_0=a_1+a_2+200n$，总长度 $L=l_0+90\times2=3600$（mm），两端延伸至支座中线；桁架长度为 $l_0-50\times2=3320$（mm）。

（2）模板宽度方向的尺寸：板实际宽度为 2000mm，标志宽度为 2000mm，板的四边坡面水平投影宽度均为 20mm；桁架距离板长边边缘 250mm，两平行桁架之间的距离为 450mm 和 600mm，钢筋桁架端部距离板端部 50mm。

（3）叠合板底板厚度为 60mm，后浇叠合层混凝土厚度为 80mm，Ⓜ所指方向代表模板面，Ⓒ所指方向代表粗糙面。

2. 配筋图识读

从图 1-25 和表 1-4、表 1-8 中可以读取出 DBD68-3620-4 配筋图中的以下内容：

（1）①号钢筋为直径 6mm 的 HRB400 级，两端无弯钩，间距为 200mm，长度方向两端无外伸，左、右两侧板边第一根钢筋距离板边缘 $a_1=a_2=110$mm。

（2）②号钢筋为直径 10mm 的 HRB400 级，两端无弯钩，边缘间距为 75mm，中间间距为 150mm，长度方向两端伸出板边缘 90mm。

（3）③号钢筋为直径 6mm 的 HRB400 级，两端无弯钩，两端与①号钢筋的间距分别为 110－25＝95（mm）。

（4）桁架上弦和下弦钢筋为直径 8mm 的 HRB400 级，腹杆钢筋为直径 6mm 的 HPB300 级，长度方向桁架边缘距离板边缘 50mm。

实例 1.2　桁架钢筋混凝土叠合板深化设计

1.2.1　叠合板图纸绘制流程

叠合板的深化设计，必须先结合标准图集与工程概况掌握预制叠合板构造、规格和连接构造等内容，以及深化设计文件应包括的内容。

具体步骤如下：

第一步：在原有施工图基础上确认剪力墙的位置及尺寸，绘制拆分底图（可以从结构梁、柱、墙配筋图核对无误后，进行合并、提取），如图 1-26 所示。

第二步：确定拆分区域、绘制板格线（根据房间的最小开间、最小进深获取预制叠合板的长度和宽度），如图 1-27 所示。

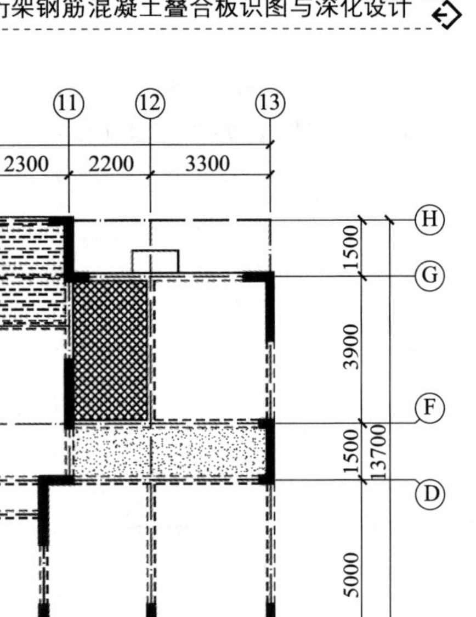

图 1-26　叠合板拆分底图

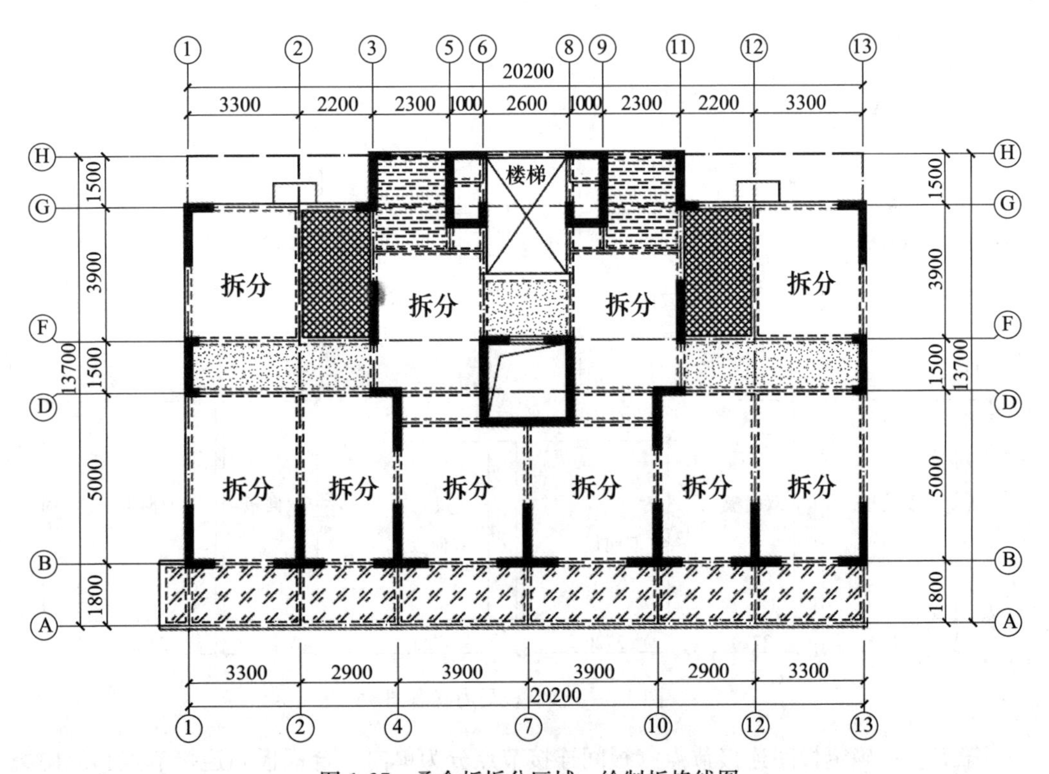

图 1-27　叠合板拆分区域、绘制板格线图

第三步：绘制预制板外边线（将板格线向外偏移 10mm，连接后所得到的矩形框即预制板外边线），如图 1-28 所示。

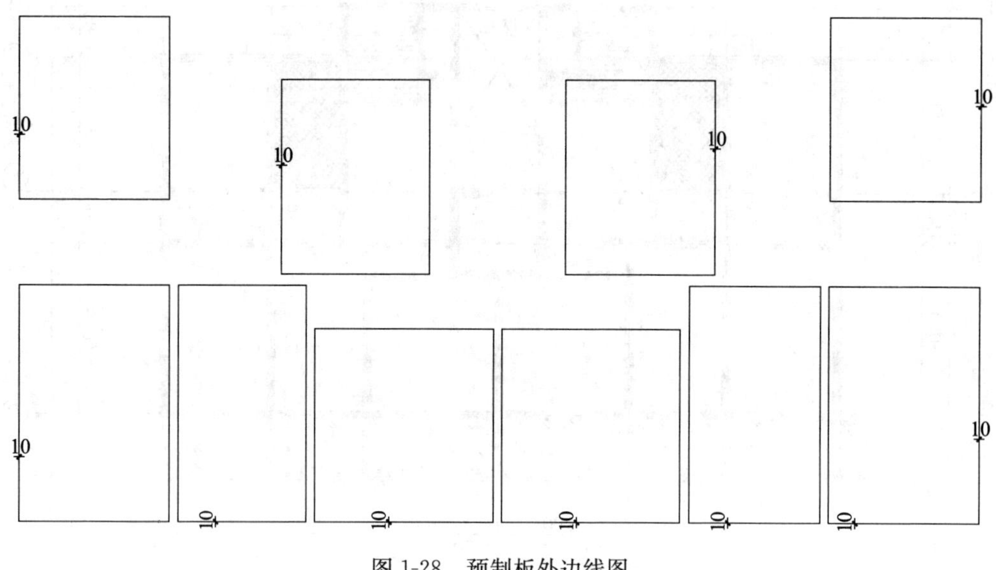

图 1-28　预制板外边线图

第四步：删除内线（板格线），确定板的受力状态（单向板或双向板），如图 1-29 所示。

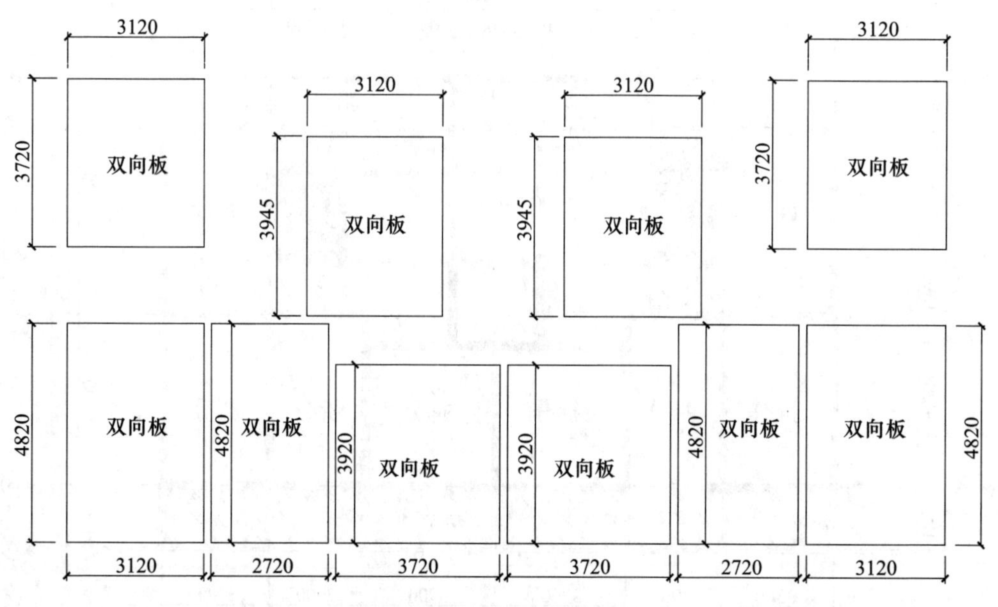

图 1-29　预制板受力状态图

第五步：确定板间连接节点（板间连接节点分为单向叠合板板间连接节点和双向叠合板板间连接节点），绘制现浇带，如图 1-30、图 1-31 所示。

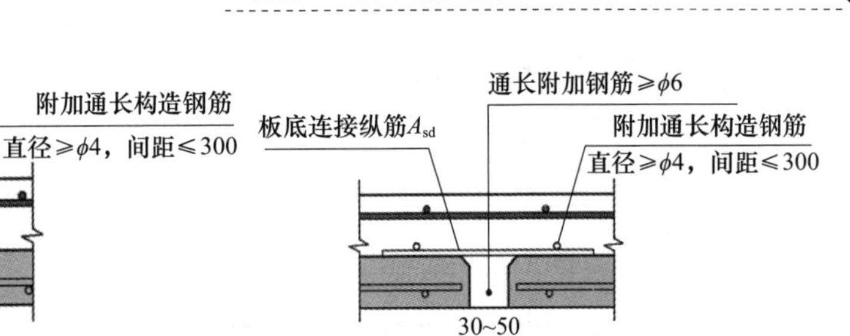

图 1-30 单向叠合板板间连接节点

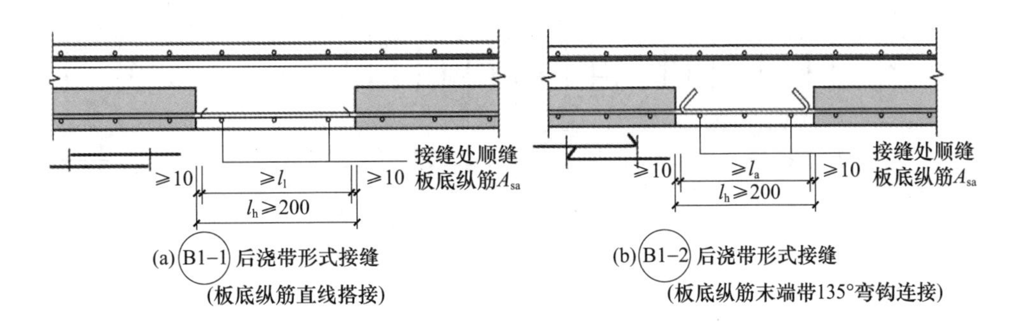

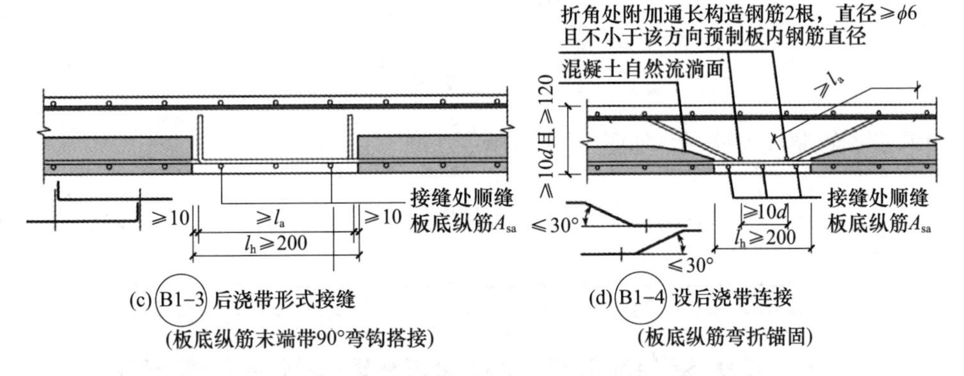

图 1-31 双向叠合板板间连接节点

第六步：确定板端连接节点，如图 1-32 所示。

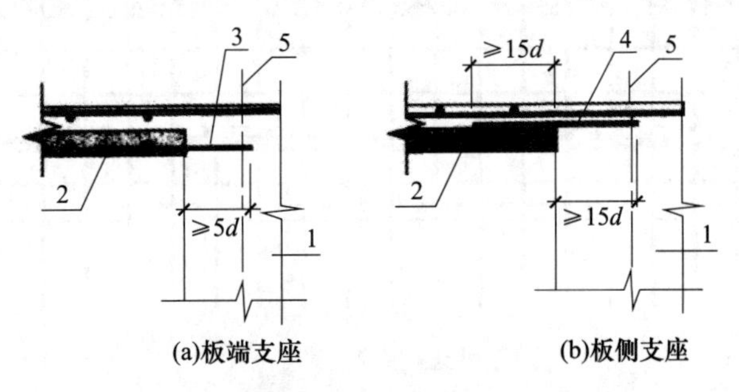

图 1-32 叠合板端及板侧支座构造示意图

1—支承梁或墙；2—预制板；3—纵向受力钢筋；4—附加钢筋；5—支座中心线

第七步：绘制板模板图，如图 1-33 所示。

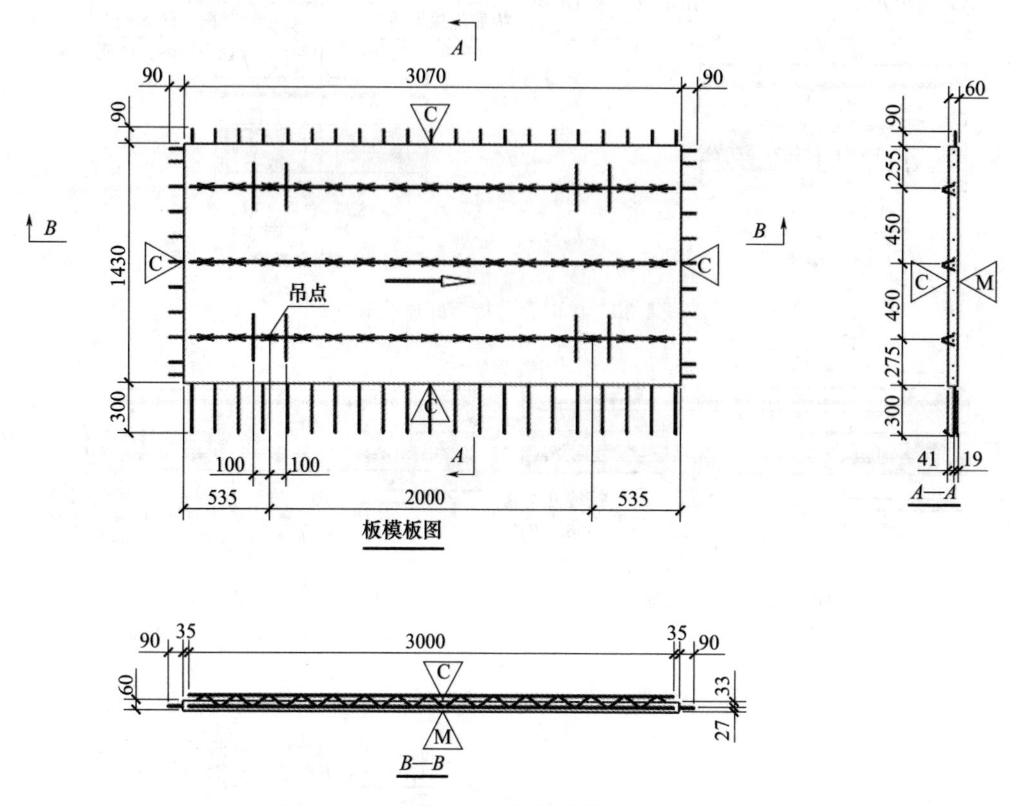

图 1-33　板模板图

第八步：绘制板配筋图，如图 1-34 所示。

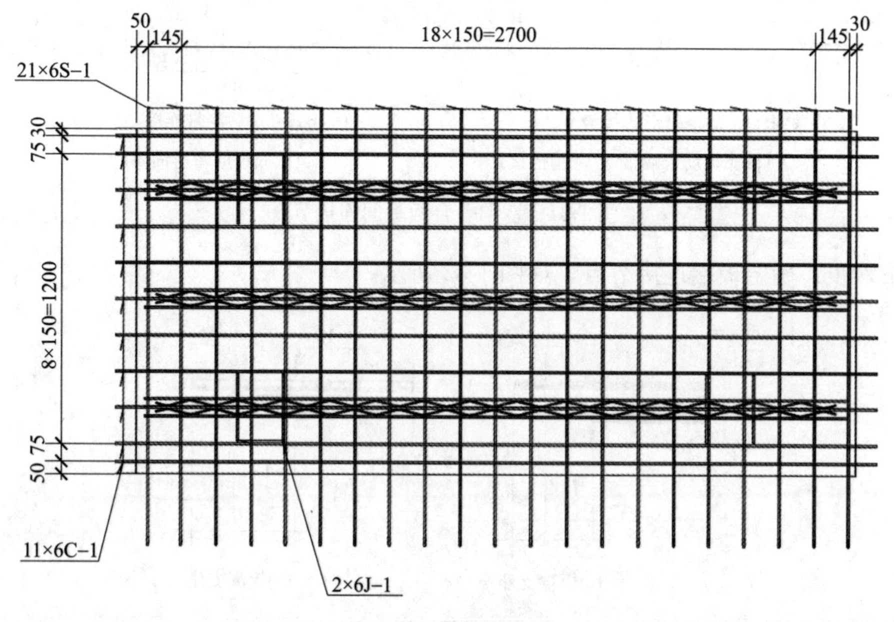

图 1-34　板配筋图

第九步：在板模板图中铺设水、暖、电预埋件点位，如图 1-35 所示。

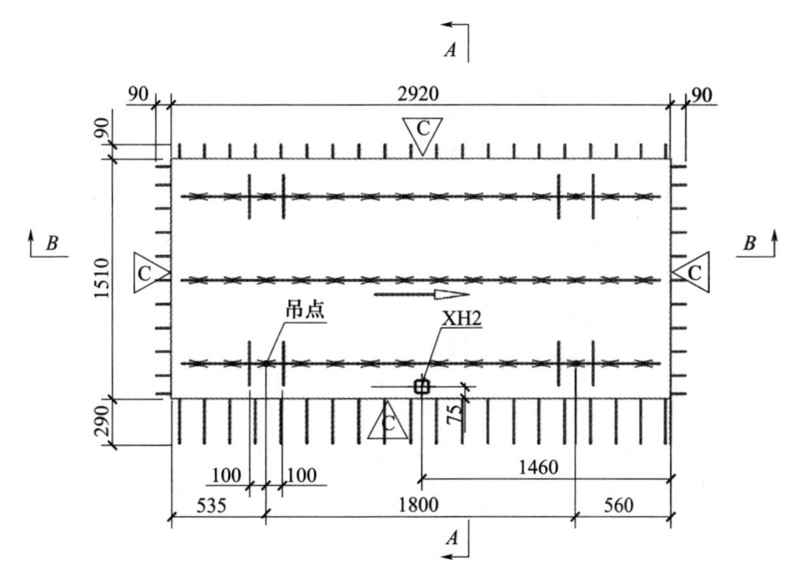

图 1-35　铺设预埋件点位

注：XH2——预埋 PVC 线盒。

不宜拆分预制楼层：结构转换层、屋面层、作为上部结构嵌固部位的楼层、开洞较大的楼层和平面受力复杂的楼层。

宜拆分预制楼层：标准层，标准层属于适宜预制拆分的楼层。标准层中不是每一块板都适合预制，也有不宜拆分预制区域。

标准层中不宜拆分预制区域：

1. 有防水要求的板（卫生间、淋浴间、盥洗室等）。原因：容易漏水。

2. 管线密集的区域（厨房、电梯前室、设备间等）。原因：预制后设计和施工难度大。

1.2.2　叠合板拆分图绘制原则

两对边支承的板是单向板，一个方向受弯；四边支承为双向板，双向受弯。若板两边均布支承，当长边与短边之比≤2 时，应按双向板计算；当 2＜长边与短边之比＜3 时，宜按双向板计算；当长边与短边长度之比≥3 时，可按沿短边方向受力的单向板计算，应沿长边方向布置足够数量的构造筋。

PC 楼盖的划分原则：

（1）在板的次要受力方向分段，板缝应垂直于板的长边。

（2）在板受力小的部位分缝。

（3）板的宽度不超过运输超宽的限制和工厂生产线模台宽度的限制，一般不超过 3.5m。

（4）尽可能统一或减少板的规格，宜取相同宽度。

单向板板底之间采用分离式接缝；双向板板底之间采用整体式接缝；接缝位置宜设

置在叠合板的次要受力方向上且为受力较小处。当预制板不能布满板块时，可在边板板侧预留现浇板带。板带宽度一般用δ表示，如图 1-3 所示。

拆分原则：

（1）当按单向板设计时，应在板的次要受力方向拆分，也就是将板的短跨作为叠合板的支座，板缝垂直于板的长边（避免截断受力钢筋），如图 1-36 所示。

（2）当按双向板设计时，应在板的受力小的部位分缝，尽量避开最大弯矩截面，比如双向板的跨中（当考虑到成本问题时，可不避开直接拆成两块）。如果房间尺寸不大，可直接采用无缝的整块双向板。

（3）运输道路车辆宽度限制和工厂生产线模台宽度的限制（3.5m×12m、3.5m×9m）。根据交通运输部《超限运输车辆行驶公路管理规定》，货车总宽度不能超过 2.55m，所以一般设计时板宽（包括出筋长度）不超过 2400mm。

（4）同一个工程尽可能统一或减少板的规格，宜取相同宽度。比如双向板拆分，可通过调整板缝宽度使叠合板宽相同。比较常用的宽度尺寸有 1200mm、1500mm、1800mm、2000mm、2400mm。单块楼板也不宜大于 3t。

（5）当一个开间单向板无缝拆分为 4 块及以上楼板数量时，设计时楼板宽度应标注负公差（−5mm）。

（6）楼板有管线穿过或板上有预留洞口时，拆分时须考虑避免与钢筋或桁架筋的冲突。

（7）天棚无吊顶时，板缝应避开灯具、接线盒或吊扇位置。

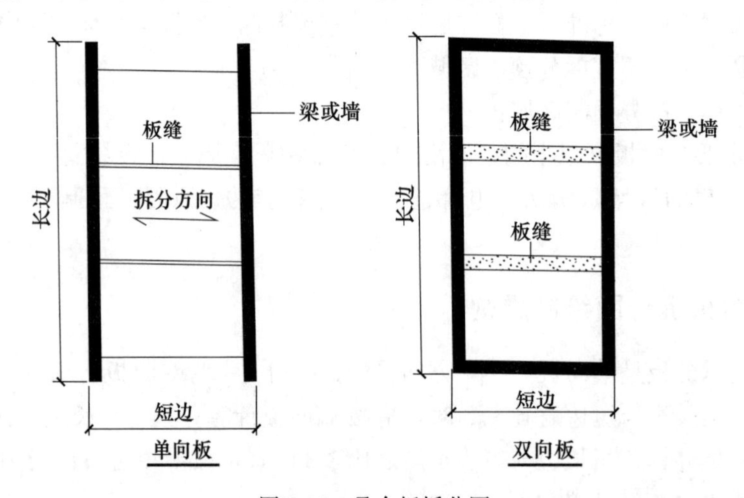

图 1-36　叠合板拆分图

小结与启示

（1）桁架钢筋混凝土叠合板，即下部采用桁架钢筋预制板、上部采用现场后浇混凝土形成的叠合板，用于楼板、屋面板，简称桁架叠合板。

（2）《装配式混凝土结构技术规程》（JGJ 1—2014）中对叠合楼板做出规定。

（3）桁架叠合板所用混凝土材料应符合现行行业标准《装配式混凝土结构技术规程》（JGJ 1—2014）的有关规定。

（4）桁架钢筋混凝土叠合板用底板的编号规则。

（5）预制构件端部在支座、板底纵向钢筋排布，预制板与后浇混凝土的结合面和拼缝连接构造。

（6）桁架钢筋混凝土叠合板识读。

（7）叠合板的深化设计具体步骤。

（8）叠合板的深化设计拆分图绘制原则。

（9）党的二十大报告提出“加快建设教育强国、科技强国、人才强国”，充分体现了党对教育、科技、人才事业内在规律的新认识，将开创教育、科技、人才工作新局面，为现代化建设提供强大人才支撑和强大推动力量。装配式建筑作为建筑行业发展的产物，在推动产业绿色低碳转型和可持续发展的当下，有着很大的发展前景，装配式建筑技术以其优势、应用和未来发展前景，逐渐成为建筑行业的主流技术。在未来，随着技术的进步和社会环境的变化，装配式建筑技术必将继续发挥重要的作用，并对建筑业做出更大的贡献。

习　　题

1. 简答题

（1）简述DBS2-67-3620-31和DBD67-3615-1中各符号的含义。

（2）简述预制底板平面布置图和预制底板表中需要标注哪些内容。

（3）叠合楼盖预制底板接缝需要在平面上标注哪些内容？

（4）双向叠合板与单向叠合板拼缝构造有什么区别？

（5）双向叠合板整体式接缝连接构造有哪几种？

2. 识图题

某工程双向叠合板 DBS1-67-3315-31 底板边板模板图及配筋图如图 1-37 所示，参照前述“任务实施”部分识图要求，试识读该桁架钢筋混凝土叠合板的模板图、配筋图、底板参数表及底板配筋表。

1）模板图识读

从 DBS1-67-3315-31 模板图中可以读出以下内容：

（1）模板长度方向的尺寸：l_0＝__________，a_1＝____ mm，a_2＝____ mm，n＝__________，$l_0=a_1+a_2+200n$，总长度 $L=l_0+90\times2$＝____ mm，两端延伸至支座中线；桁架长度为 $l_0-50\times2$＝____ mm。

（2）模板宽度方向的尺寸：板实际宽度____ mm，标志宽度____ mm，板边缘至拼缝定位线各为____ mm，板的四边坡面水平投影宽度均为____ mm；桁架距离板长边边缘____ mm，两平行桁架之间的距离为____ mm，钢筋桁架端部距离板端部____ mm。

（3）叠合板底板厚度为____ mm，__________所指方向代表模板面，__________所指方向代表粗糙面。

2）配筋图识读

从 DBS1-67-3315-31 配筋图中可以读取出以下内容：

（1）①号钢筋为直径 8mm 的 HRB400 钢筋，一端弯锚____ mm，平直段长度____ mm，间距____ mm，长度方向两端伸出板边缘____ mm＋δ（δ 调整值由设计人员确定），左侧板边第一根钢筋距离板左边缘 a_1＝____ mm、右侧板边第一根钢筋距离板右边缘 a_2＝____ mm。

（2）②号钢筋为直径 10mm 的 HRB400 钢筋，两端无弯钩，两端间距____ mm，中间间距____ mm，长度方向两端伸出板边缘____ mm。

（3）③号钢筋为直径 6mm 的 HRB400 钢筋，两端无弯钩，两端距离①号钢筋间距分别为____ mm 和____ mm。

（4）桁架上弦和下弦钢筋为直径 8mm 的 HRB __________钢筋，腹杆钢筋为直径 6mm 的 HPB __________钢筋，长度方向桁架边缘距离板边缘____ mm。

3）钢筋表与底板参数表识读

从图 1-36 可知，钢筋表主要表达__________、__________以及各编号钢筋的规格、加工尺寸和根数等内容。底板参数表主要表达__________、__________，第一根与最后一根钢筋与板端的距离 a_1（a_2），板筋间距数量 n，桁架型号编号、__________、__________、地板自重等内容。

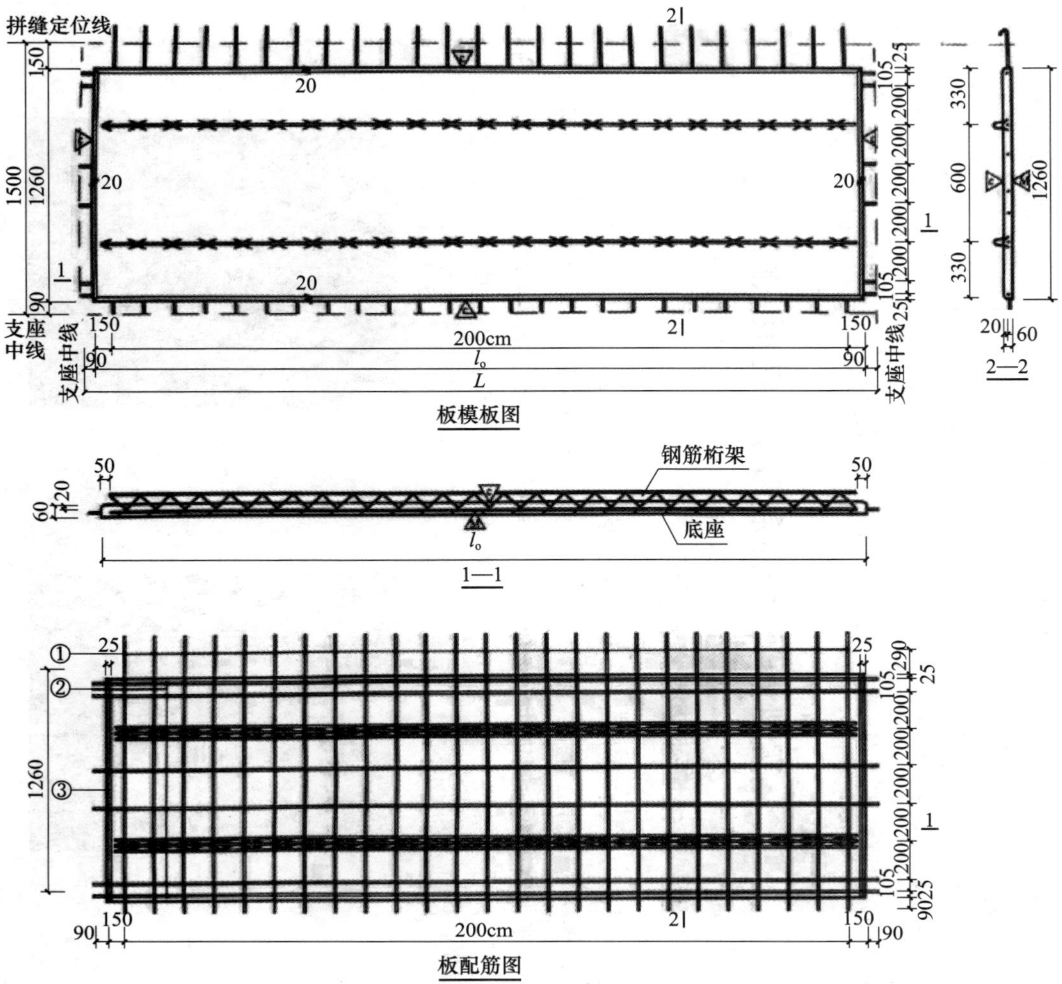

板模板图

1—1

2—2

板配筋图

底板参照表

底板编号 (X代表1.3)	L_1 (mm)	a_1 (mm)	b_1 (mm)	b	桁架编号 编号	长度(mm)	质量(kg)	混凝土体积 (m^3)	底板自重 (t)
DBS1-67-3015-X1	2120	130	130	15	A80	2720	4.79	0.213	0.533
DBS1-68-3015-X1					A90		4.27		
DBS1-67-3315-X1	3120	20	40	15	A80	3020	5.32	0.236	0.560
DBS1-68-3315-X1					A90		5.40		
DBS1-67-3515-X1	3420	130	90	15	A80	3350	5.85	0.259	0.646
DBS1-68-3615-X1					A90		5.94		
DBS1-67-3915-X1	3720	80	40	14	B80	3600	7.18	0.281	0.705
DBS1-68-3915-X1					B90		7.28		
DBS1-67-4215-X1	4000	130	90	19	B80	3920	7.77	0.304	0.760
DBS1-68-4215-X1					B90		7.88		
DBS1-67-4515-X1	4320	80	40	21	B80	4220	7.18	0.327	0.816
DBS1-68-4515-X1					B90		8.43		
DBS1-67-4815-X1	4620	130	90	22	B80	4520	8.96	0.349	0.873
DBS1-68-4815-X1					B90		9.09		
DBS1-67-5115-X1	4920	80	40	24	B80	4820	9.55	0.372	0.930
DBS1-68-5115-X1					B90		9.69		
DBS1-67-5415-X1	5220	130	90	25	B80	5120	10.15	0.395	0.986
DBS1-68-5415-X1					B90		10.29		
DBS1-67-5715-X1	5520	80	40	27	B80	5420	10.74	0.417	1.044
DBS1-68-5715-X1					B90		10.90		
DBS1-67-6015-X1	5820	130	90	28	B80	5720	11.23	0.440	1.100
DBS1-68-6015-X1					B90		11.50		

底板配筋表

底板编号 (X代表7.8)	① 规格	① 加工尺寸	① 根数	② 规格	② 加工尺寸	② 根数	③ 规格	③ 加工尺寸	③ 根数
DBS1-6X-3015-21	⌀8	1640+5 40	14	⌀8	3000	6	⌀6	1210	2
DBS1-6X-3015-31				⌀10					
DBS1-6X-3315-11	⌀8	1640+5 40	16	⌀8	3300	6	⌀6	1210	2
DBS1-6X-3315-31				⌀10					
DBS1-6X-3615-11	⌀8	1640+5 40	17	⌀8	3600	6	⌀6	1210	2
DBS1-6X-3615-31				⌀10					
DBS1-6X-3915-11	⌀8	1640+5 40	19	⌀8	3900	6	⌀6	1210	2
DBS1-6X-3915-31				⌀10					
DBS1-6X-4215-11	⌀8	1640+5 40	30	⌀8	4200	6	⌀6	1210	2
DBS1-6X-4215-31				⌀10					
DBS1-6X-4515-11	⌀8	1640+5 40	22	⌀8	4500	6	⌀6	1210	2
DBS1-6X-4515-31				⌀10					
DBS1-6X-4815-21	⌀8	1640+5 40	23	⌀8	4800	6	⌀6	1210	2
DBS1-6X-4815-31				⌀10					
DBS1-6X-5115-11	⌀8	1640+5 40	25	⌀8	5100	6	⌀6	1210	2
DBS1-6X-5115-31				⌀10					
DBS1-6X-5415-11	⌀8	1640+5 40	26	⌀8	5400	6	⌀6	1210	2
DBS1-6X-5415-31				⌀10					
DBS1-6X-5715-11	⌀8	1640+5 40	28	⌀8	5700	6	⌀6	1210	2
DBS1-6X-5715-31				⌀10					
DBS1-6X-6015-11	⌀8	1640+5 40	29	⌀8	6000	6	⌀6	1210	2
DBS1-6X-6015-31				⌀10					

图1-37　双向叠合板DBS1-67-3315-31底板边板模板图及配筋图

任务 2　预制混凝土外墙板识图与深化设计

学习目标

知识目标：掌握预制外墙板类型与编号规定、预制外墙板列表注写内容、后浇段表示内容；掌握外墙板构造要求、外墙板水平接缝构造、外墙板竖向接缝构造、预制墙竖向钢筋连接构造等。

能力目标：能够正确识读预制混凝土外墙板模板图、配筋图、预埋件布置图、节点详图、钢筋表与预埋件表；熟悉和了解预制混凝土外墙板的深化设计的步骤和方法。

素质目标：培养识读预制混凝土外墙板模板图和施工图的基本能力；熟练掌握预制外墙板构造组成，增加对岗位的认同感；培养精益求精、创新、奋斗的工匠精神。

课程思政

通过装配式建筑案例介绍，培养学生创新意识、创新自信，使学生养成敢于实践、勇于创新的优良个性。激发学生科技报国的爱国情怀和使命担当，为加快实现国家高水平科技自立自强贡献青春力量，把我国从建造大国建设成建造强国。

实例 2.1　预制混凝土外墙板识图

2.1.1　预制剪力墙外墙板初步认识

叠合剪力墙技术源于欧洲，剪力墙从厚度方向划分为三层，内外两侧预制，通过桁架钢筋连接，中间是空腔，现场浇筑混凝土。现场安装后，上下构件的竖向钢筋和左右构件的水平钢筋在空腔内布置、搭接，然后浇筑混凝土形成实心墙体。现阶段预制剪力墙主要有两种体系——三一筑工自主研发的 SPCS 体系和引进德国的双皮墙体系，分别如图 2-1 和图 2-2 所示。

图 2-1　三一筑工 SPCS 体系

图 2-2　德国双皮墙体系

2.1.2　预制剪力墙外墙板构造、规格及编号

1. 预制剪力墙外墙板构造

预制剪力墙外墙板在国内外均有广泛的应用，具有结构、保温、装饰一体化的特点，如图 2-3 所示。预制剪力墙外墙板根据其内、外叶墙板间的连接构造，又可以分为组合墙板和非组合墙板。组合墙板的内、外叶墙板可通过拉结件的连接共同工作；非组合墙板的内、外叶墙板不共同受力，外叶墙板仅作为荷载，通过拉结件作用在内叶墙板上。当预制外墙采用夹心墙板时，外叶墙板厚度不应小于 50mm，且外叶墙板应与内叶墙板可靠连接；夹心外墙板的夹层厚度不宜大于 120mm；当作为承重墙时，内叶墙板应按剪力墙进行设计。预制剪力墙外墙板配筋如图 2-4 所示。

图 2-3　预制剪力墙外墙板

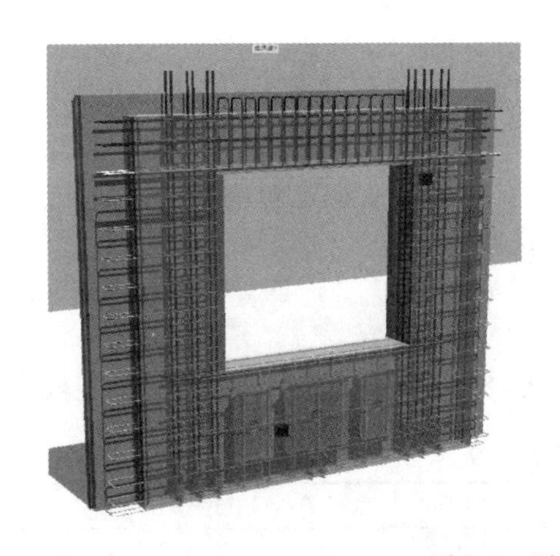

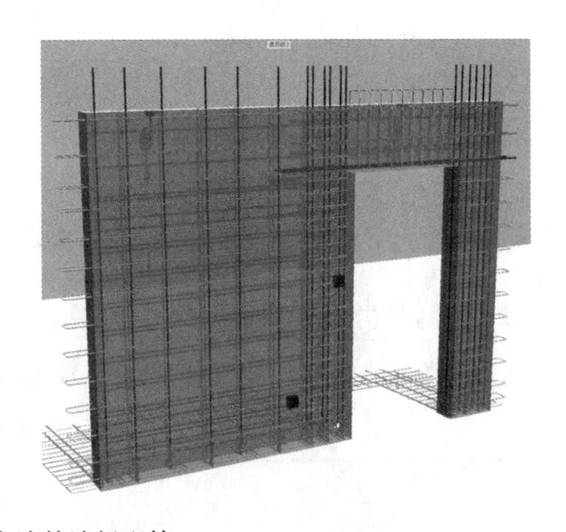

图 2-4　预制剪力墙外墙板配筋

非组合式预制外墙板主要包括内叶墙板、挤塑聚苯板（XPS）保温材料和外叶墙板三部分，保温材料置于内外叶墙板之间，内叶墙板、保温材料一次成型，外叶墙板通过贯穿保温层的拉结件与内叶墙板相连，外叶墙板仅作为荷载，不参与结构受力。

预制剪力墙的顶部和底部与后浇混凝土的结合面应设置粗糙面；侧面与后浇混凝土的结合面应设置粗糙面，也可设置键槽；键槽深度 t 不宜小于 20mm，宽度 w 不宜小于深度的 3 倍且不宜大于深度的 10 倍，键槽间距宜等于键槽宽度，键槽端部斜面倾角不宜大于 30°。粗糙面的面积不宜小于结合面的 80%，粗糙面凹凸深度不应小于 6mm，如图 2-5 和图 2-6 所示。

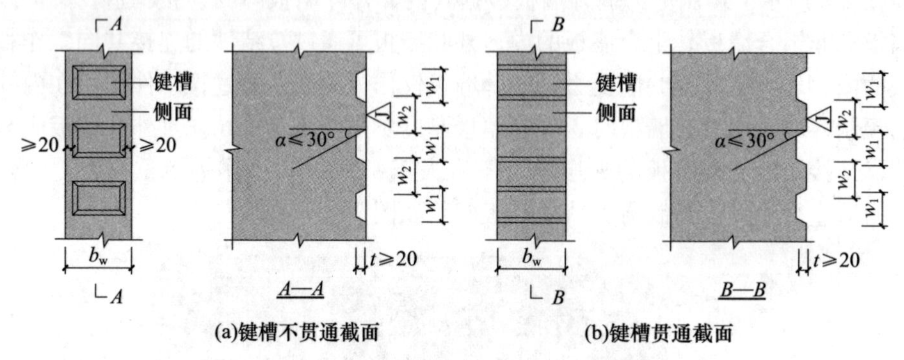

图 2-5　预制外墙板侧面粗糙面和键槽设置

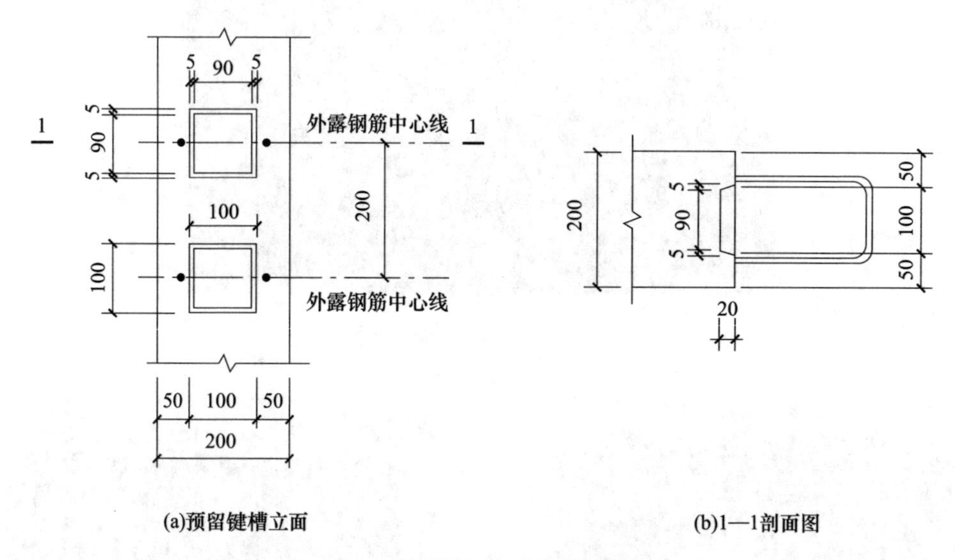

图 2-6　预制外墙两侧键槽设置

2. 预制剪力墙外墙板编号及规格

预制剪力墙编号由墙板代号、序号组成，表达形式应符合表 2-1 的规定。

表 2-1　预制剪力墙编号

预制墙板类型	代号	序号
预制外墙	YWQ	××
预制内墙	YNQ	××

在编号中，如若干预制剪力墙的模板、配筋、各类预埋件完全一致，仅墙厚与轴线的关系不同，也可将其编为同一预制剪力墙编号，但应在图中注明与轴线的几何关系。编号中的序号可为数字或数字加字母。如 YNQ4a 表示某工程有一块预制混凝土内墙板

与已编号的 YNQ4 除线盒、位置外，其他参数均相同，为方便起见，将该预制内墙板序号编为 4a。

预制混凝土剪力墙外墙由内叶墙板、保温层和外叶墙板组成。

（1）内叶墙板。标准图集《预制混凝土剪力墙外墙板》（15G365-1）中的内叶墙板共有 5 种形式，编号规则见表 2-2，示例见表 2-3。

表 2-2　内叶墙板编号规则

内叶墙板类型	示意图	编号
无洞口外墙		WQ-××-×× 无洞口外墙 标志宽度 层高
一个窗洞外墙（高窗台）		WQC1-×× ××-×× ×× 一个窗洞外墙 高窗台 标志宽度 层高 窗宽 窗高
一个窗洞外墙（矮窗台）		WQCA-×× ××-×× ×× 一个窗洞外墙 矮窗台 标志宽度 层高 窗宽 窗高
两个窗洞外墙	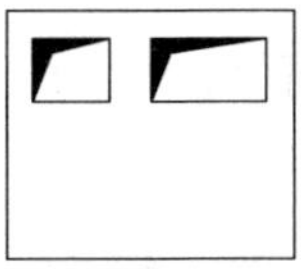	WQC2-×× ×× - ×× ×× - ×× ×× 两个窗洞外墙 标志宽度 层高 左窗宽 左窗高 右窗宽 右窗高
一个门洞外墙		WQM-×× ××-×× ×× 一个门洞外墙 标志宽度 层高 门宽 门高

表 2-3　内叶墙板编号规则示例

内叶墙板类型	示意图	墙板编号	标志宽度（mm）	层高（mm）	门/窗宽（mm）	门/窗高（mm）	门/窗宽（mm）	门/窗高（mm）
无洞口外墙		WQ2428	2400	2800				

续表

内叶墙板类型	示意图	墙板编号	标志宽度（mm）	层高（mm）	门/窗宽（mm）	门/窗高（mm）	门/窗宽（mm）	门/窗高（mm）
一个窗洞外墙（高窗台）		WQC1-3028-1514	3000	2800	1500	1400		
一个窗洞外墙（矮窗台）		WQCA-3029-1517	3000	2900	1500	1700		
两个窗洞外墙		WQC2-4830-0615-1515	4800	3000	600	1500	1500	1500
一个门洞外墙		WQM-3628-1823	3600	2800	1800	2300		

（2）外叶墙板

标准图集《预制混凝土剪力墙外墙板》（15G365-1）中外叶墙板共有两种类型，如图 2-7 所示。

①标准外叶墙板 wyl（a、b），按实际情况标注 a、b，当 a、b 均为 290mm 时，仅注写 wyl；

②带阳台板外叶墙板 wy2（a、b、c_L 或 c_R、d_L 或 d_R），按外叶墙板实际情况标注 a、b、c_L 或 c_R、d_L 或 d_R。

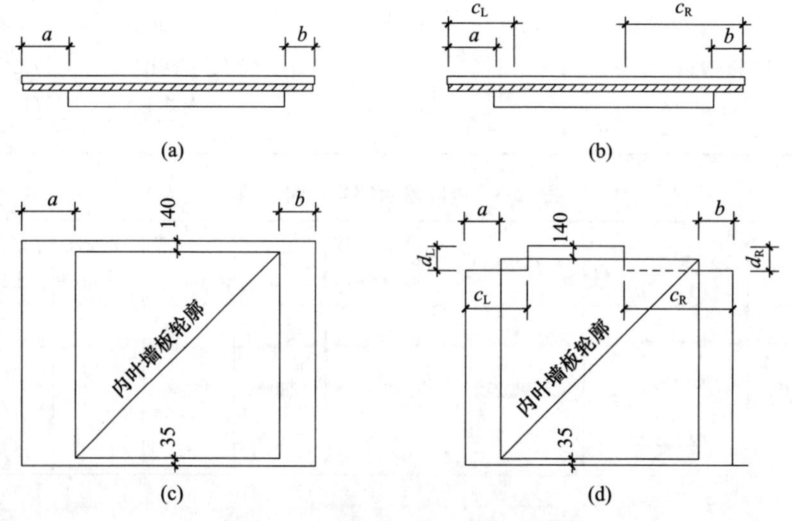

图 2-7　叶墙板类型图（内表面图）

3. 预制外墙板列表注写内容

装配式剪力墙墙体结构可视为由预制剪力墙、后浇段、现浇剪力墙墙身、现浇剪力墙墙柱、现浇剪力墙墙梁等构件构成。其中，现浇剪力墙墙身、现浇剪力墙墙柱和现浇剪力墙墙梁的注写方式应符合《混凝土结构施工图平面整体表示方法制图规则和构造详图（现浇混凝土框架、剪力墙、梁、板）》（22G101-1）的规定。对应于预制剪力墙平面图上的编号，在预制墙板表中应表达如图 2-8 所示的内容。

（1）墙板编号。

（2）各段墙板的位置信息，包括所在轴号和所在楼层号。

所在轴号应先标注垂直于墙板的起止轴号，用“～”表示起止方向；再标注墙板所在轴线、轴号，两者用“/”分隔，如图 2-8 中的 YWQ2，其所在轴号为 A～B/1。如果同一轴线、同一起止区域内有多块墙板，可在所在轴号后用“-1”“-2”等按顺序标注。

（3）管线预埋位置信息。

当选用标准图集时，高度方向可只注写低区、中区和高区，水平方向根据标准图集的参数进行选择；当不可选用标准图集时，高度方向和水平方向均应注写具体定位尺寸，其参数位置所在装配方向为 X、Y，装配方向背面为 X'、Y'，可用下角标编号区分不同线盒，如图 2-9 所示。

（4）构件质量、构件数量。

（5）构件详图页码。当选用标准图集时，需标注图集号和相应页码；当自行设计时，应注写构件详图的图纸编号。

4. 后浇段

（1）后浇段编号。后浇段编号由后浇段类型的代号和序号组成，表达形式见表 2-4。

（2）后浇段表达的内容

①注写后浇段编号，绘制后浇段的截面配筋图，标注后浇段几何尺寸。

②注写后浇段的起止标高，自后浇段根部往上以变截面位置或截面未变但配筋改变处为界分段注写。

③注写后浇段的纵向钢筋和箍筋，注写值应与在表中绘制的截面配筋对应一致。纵向钢筋注写纵筋直径和数量；后浇段箍筋、拉筋的注写方式与现浇剪力墙结构墙柱箍筋的注写方式相同。

④预制墙板外露钢筋尺寸应标注到钢筋中线，保护层厚度应标注至箍筋外表面。

5. 其他说明

1）预制外墙模板编号

预制外墙模板编号由类型代号和序号组成，如 JM2。预制外墙模板表的内容包括平面图中编号、所在层号、所在轴号，外叶墙板厚度，构件质量、数量及构件详图页码（图号）。

层号	标高(m)	层高(m)
21	55.900	2.900
20	53.100	2.800
19	50.300	2.800
18	47.500	2.800
17	44.700	2.800
16	41.900	2.800
15	39.100	2.800
14	36.300	2.800
13	33.500	2.800
12	30.700	2.800
11	27.900	2.800
10	25.100	2.800
9	22.300	2.800
8	19.500	2.800
7	16.700	2.800
6	13.900	2.800
5	11.100	2.800
4	8.300	2.800
3	5.500	2.800
2	2.700	2.800
1	-0.100	2.800
-1	-2.750	2.650
-2	-5.450	2.700
-3	-8.150	2.700

底部加强部位

约束边缘构件区域

结构层楼面标高
结构层高

上部结构嵌固部位：-0.100

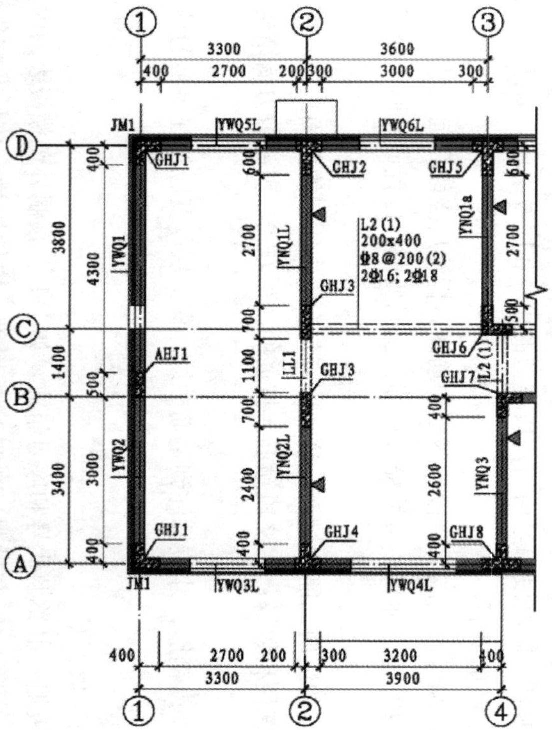

8.300～55.900剪力墙平面布置图

剪力墙梁表

编号	所在层号	梁顶相对标高高差	梁截面 $b\times h$	上部纵筋	下部纵筋	箍筋
LL1	4～20	0.000	200×500	2⌀16	2⌀16	⌀8@100(2)

预制墙板表

平面图中编号	内叶墙板	外叶墙板	管线预埋	所在层号	所在轴号	墙厚（内叶墙）	构件质量（t）	数量	构件详图页码（图号）
YWQ1	——	——	见大样图	4～20	Ⓑ～Ⓓ/①	200	6.9	17	结施-01
YWQ2	——	——	见大样图	4～20	Ⓐ～Ⓑ/①	200	5.3	17	结施-02
YWQ3L	WQC1-3328-1514	wy=1 a=190 b=20	低区X=450 高区X=280	4～20	①～②/Ⓐ	200	3.4	17	15G365-1 60、61
YWQ4L	——	——	见大样图	4～20	②～④/Ⓐ	200	3.8	17	结施-03
YWQ5L	WQC1-3328-1514	wy=2 a=20 b=190 c_R=590 d_R=80	低区X=450 高区X=280	4～20	①～②/Ⓓ	200	3.9	17	15G365-1 60、61
YWQ6L	WQC1-3628-1514	wy=2 a=290 b=290 c_L=590 d_L=80	低区X=450 高区X=430	4～20	②～③/Ⓓ	200	4.5	17	15G365-1 64、65
YNQ1	NQ-2728	——	低区X=150 高区X=450	4～20	Ⓒ～Ⓓ/②	200	3.6	17	15G365-1 16、17
YNQ2L	NQ-2428	——	低区X=450 中区X=750	4～20	Ⓐ～Ⓑ/②	200	3.2	17	15G365-2 14、15
YNQ3	——	——	见大样图	4～20	Ⓐ～Ⓑ/④	200	3.5	17	结施-04
YNQ1a	NQ-2728	——	低区X=150 中区X=750	4～20	Ⓒ～Ⓓ/③	200	3.6	17	15G365-2 16、17

预制外墙模板表

平面图中编号	所在层号	所在轴号	外叶墙板厚度	构件质量（t）	数量	构件详图页码（图号）
JM1	4～20	Ⓐ/① Ⓓ/①	60	0.47	34	15G365-1，228

图2-8　剪力墙平面布置图示例

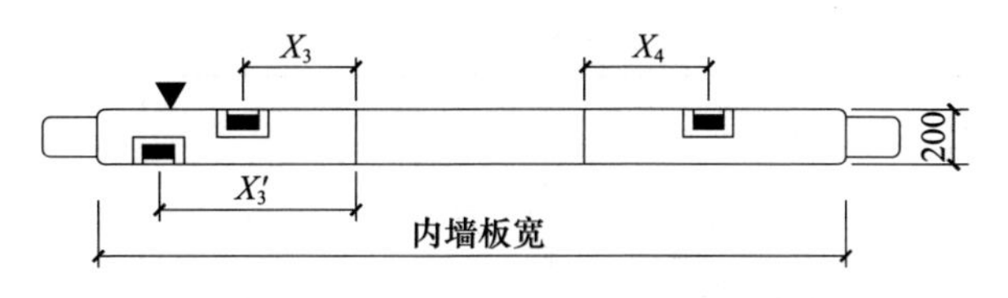

图 2-9　线盒参数含义示例

表 2-4　后浇段编号

后浇段类型	代号	序号
约束边缘构件后浇段	YHJ	××
构造边缘构件后浇段	GHJ	××
非边缘构件后浇段	AHJ	××

注：约束边缘构件后浇段包括转角墙和有翼墙两种，如图 2-10 所示；构造边缘构件后浇段包括转角墙、有翼墙、边缘暗柱三种，如图 2-11 所示；非边缘构件后浇段如图 2-12 所示。

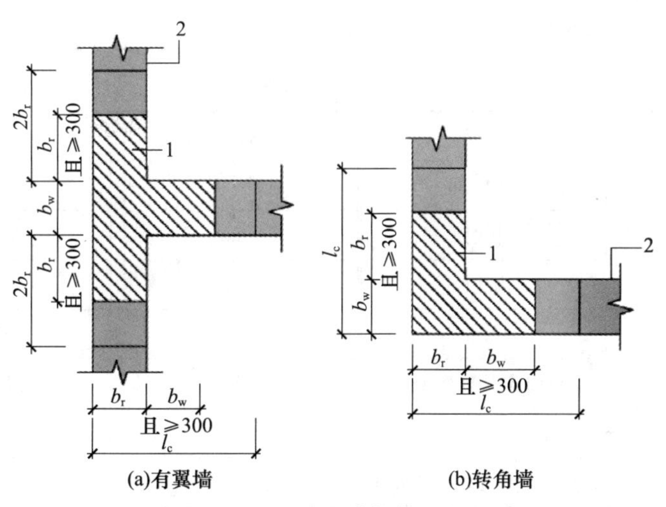

图 2-10　约束边缘构件后浇段

1—后浇段；2—预制剪力墙

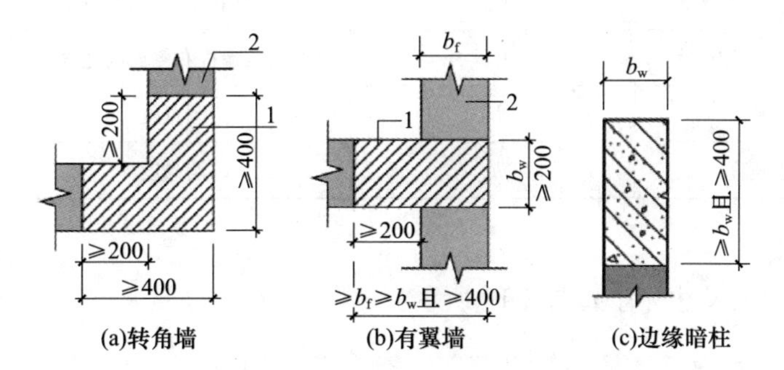

图 2-11　构造边缘构件后浇段

1—后浇段；2—预制剪力墙

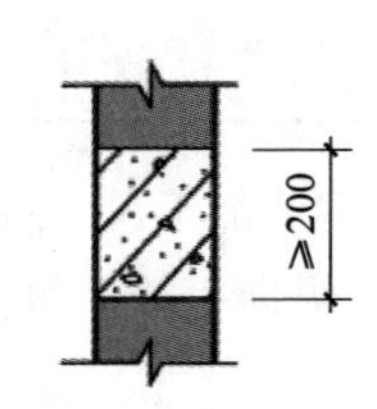

图 2-12　非边缘构件后浇段

2）图例及符号

（1）图例见表 2-5。

表 2-5　图例

名称	图例	名称	图例
预制钢筋混凝土墙体（包括内墙、内叶墙、外叶墙）		后浇段、边缘构件	
		夹心保温外墙	
保温层		预制外墙模板	
现浇钢筋混凝土墙体		防腐木砖	
预埋线盒			

（2）符号及含义见表 2-6。

表 2-6　符号及含义

符号	含义	符号	含义
△C	粗糙面	▽J	键槽
WS	外表面	h_q	内叶墙板高度
NS	内表面	L_q	外叶墙板高度
MJ1	吊件	h_a	窗下墙高度
MJ2	临时支撑预埋螺母	h_b	洞口连梁高度
MJ3	临时加固预埋螺母	L_0	洞口边缘垛宽度
B-30	300 宽填充用聚苯板	L_w	窗洞宽度
B-45	450 宽填充用聚苯板	h_w	窗洞高度
B-50	500 宽填充用聚苯板	L_{w1}	双窗洞墙板左侧窗洞宽度
B-5	50 宽填充用聚苯板	L_{w2}	双窗洞墙板右侧窗洞宽度
H	楼层高度	L_d	门洞宽度
L	标志宽度	h_d	门洞高度

3）钢筋加工尺寸标注说明

（1）纵向钢筋。纵向钢筋加工尺寸标注如图 2-13 所示。

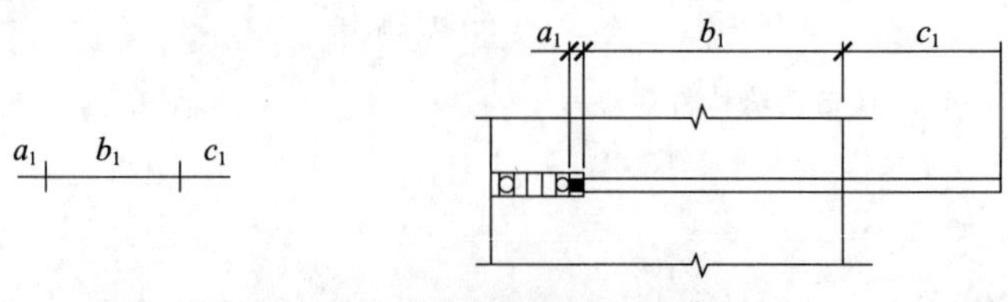

图 2-13　纵向钢筋加工尺寸标注

（2）箍筋。箍筋加工尺寸标注如图 2-14 所示。

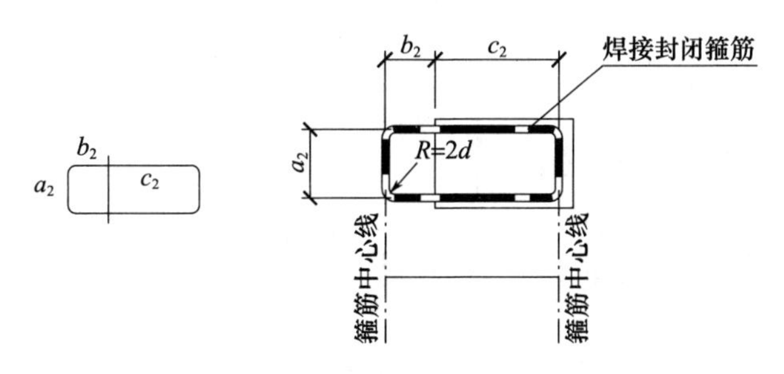

图 2-14　箍筋加工尺寸标注

（3）拉筋。拉筋加工尺寸标注如图 2-15 所示。

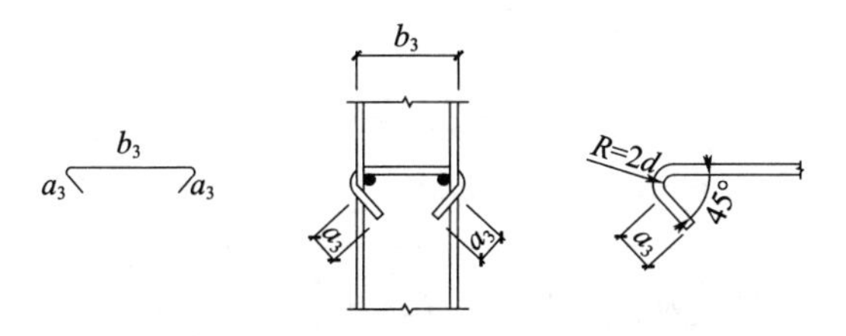

图 2-15　拉筋加工尺寸标注

（4）窗下墙钢筋。窗下墙钢筋加工尺寸标注如图 2-16 所示。

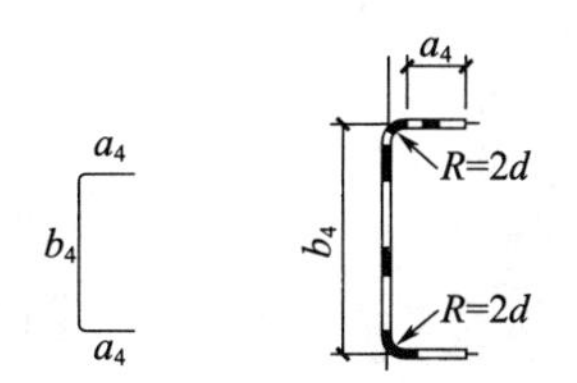

图 2-16　窗下墙钢筋加工尺寸标注

2.1.3　预制剪力墙外墙板模板图以及配筋图识读

1. 带洞口预制混凝土外墙板识图

带洞口预制混凝土外墙板相关图纸如图 2-17～图 2-19 所示。

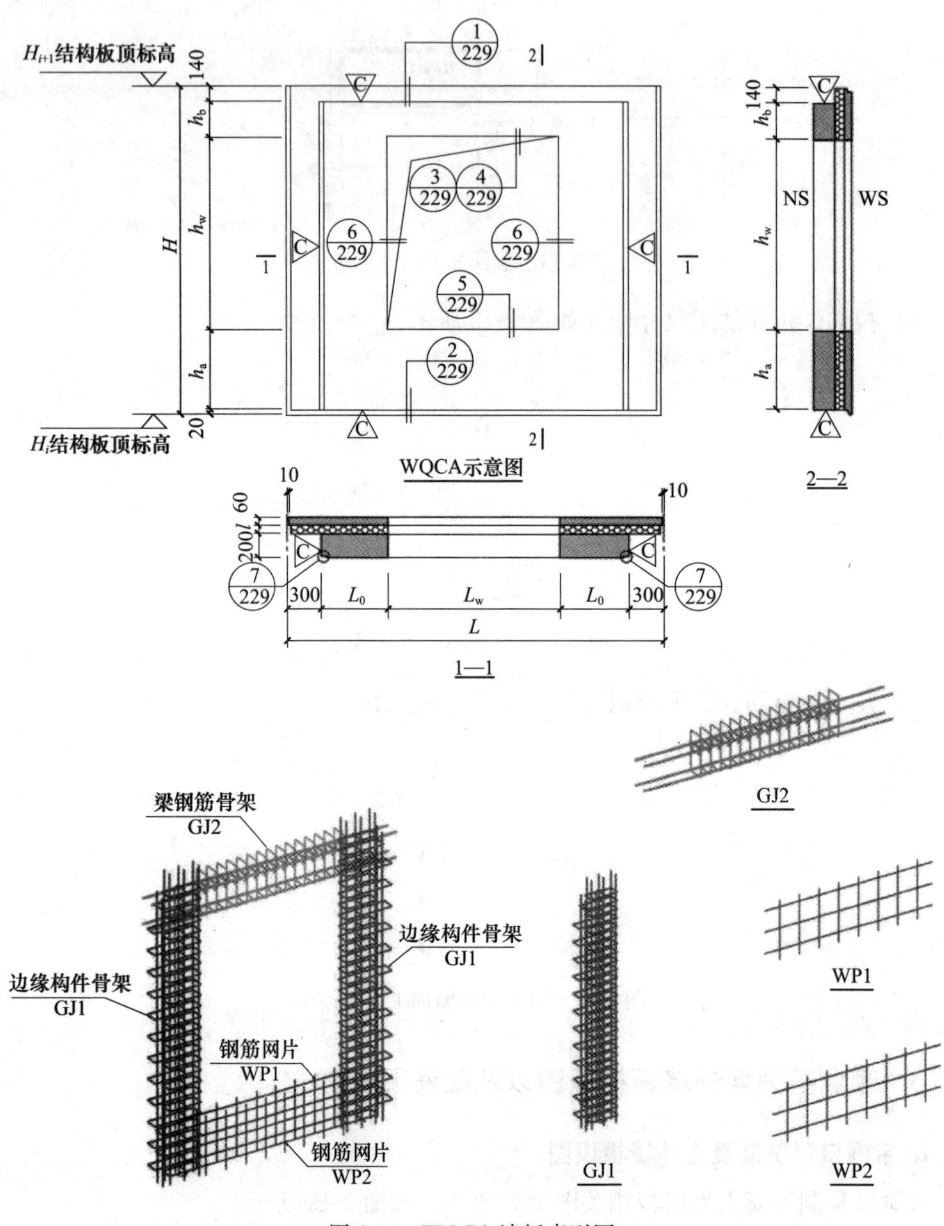

图 2-17　WQCA 墙板索引图

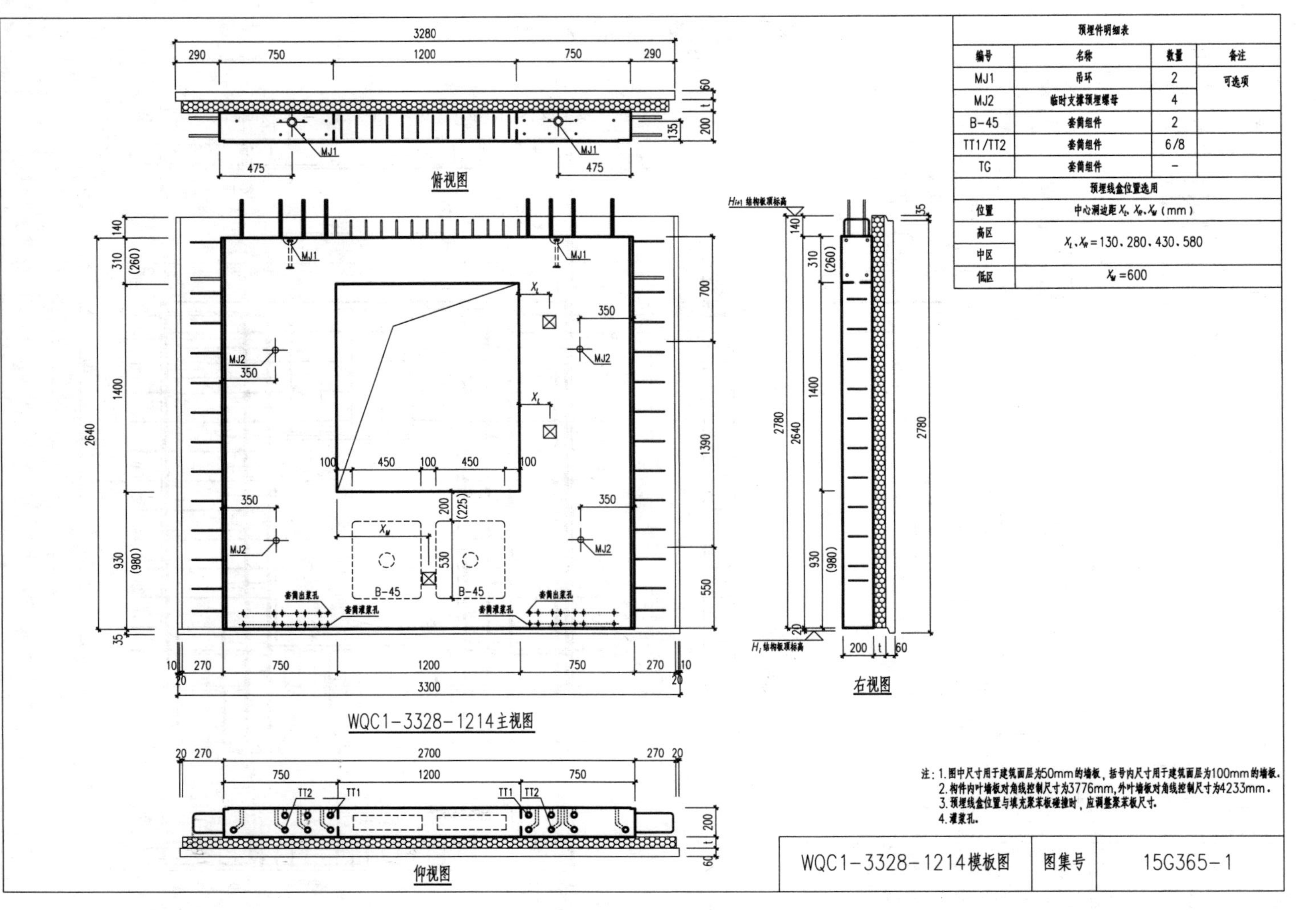

预埋件明细表			
编号	名称	数量	备注
MJ1	吊环	2	可选项
MJ2	临时支撑预埋螺母	4	
B-45	套筒组件	2	
TT1/TT2	套筒组件	6/8	
TG	套筒组件	–	
预埋线盒位置选用			
位置	中心距边距 X_L、X_R、X_M（mm）		
高区	X_L、X_R=130、280、430、580		
中区			
低区	X_M=600		

注：1. 图中尺寸用于建筑面层为50mm的墙板，括号内尺寸用于建筑面层为100mm的墙板。
2. 构件内叶墙板对角线控制尺寸为3776mm，外叶墙板对角线控制尺寸为4233mm。
3. 预埋线盒位置与填充聚苯板碰撞时，应调整聚苯板尺寸。
4. 灌浆孔。

WQC1-3328-1214模板图	图集号	15G365-1

图2-18　WQC1-3328-1214模板图

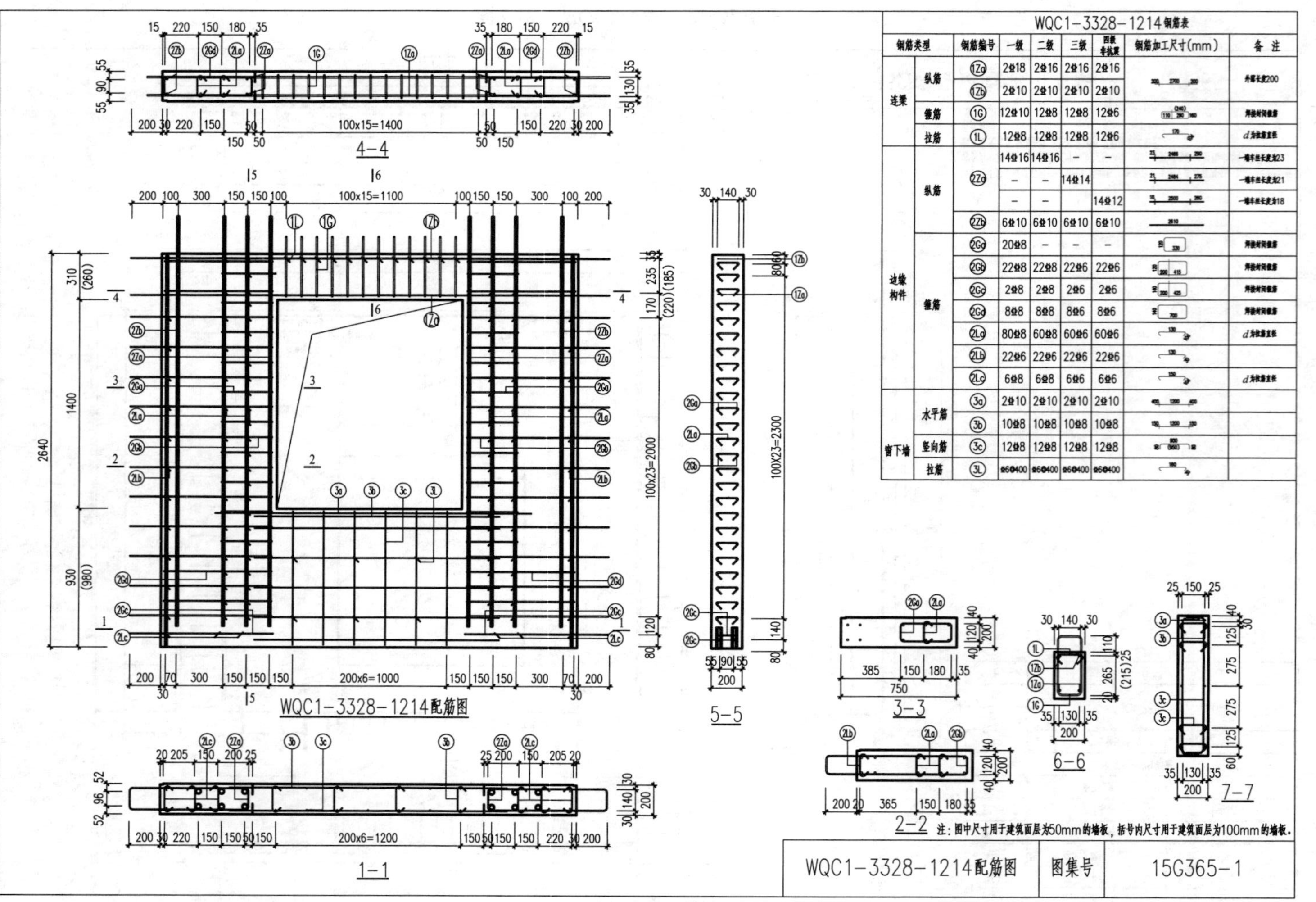

WQC1-3328-1214钢筋表

钢筋类型		钢筋编号	一级	二级	三级	四级非抗震	钢筋加工尺寸(mm)	备注
连梁	纵筋	1Za	2Φ18	2Φ16	2Φ16	2Φ16	200 2700 200	外露长度200
		1Zb	2Φ10	2Φ10	2Φ10	2Φ10		
	箍筋	1G	12Φ10	12Φ8	12Φ8	12Φ6	(240) 110 290 160	焊接封闭箍筋
	拉筋	1L	12Φ8	12Φ8	12Φ8	12Φ6	170	d为拉筋直径
边缘构件	纵筋	2Za	14Φ16	14Φ16	–	–	23 2486 290	一端车丝长度为23
			–	–	14Φ14		21 2484 275	一端车丝长度为21
			–	–		14Φ12	18 2500 280	一端车丝长度为18
		2Zb	6Φ10	6Φ10	6Φ10	6Φ10	2610	
	箍筋	2Ga	20Φ8	–	–	–	330	焊接封闭箍筋
		2Gb	22Φ8	22Φ8	22Φ6	22Φ6	200 415	焊接封闭箍筋
		2Gc	2Φ8	2Φ8	2Φ6	2Φ6	200 425	焊接封闭箍筋
		2Gd	8Φ8	8Φ8	8Φ6	8Φ6	700	焊接封闭箍筋
		2La	80Φ8	60Φ8	60Φ6	60Φ6	130	d为拉筋直径
		2Lb	22Φ6	22Φ6	22Φ6	22Φ6	130	
		2Lc	6Φ8	6Φ8	6Φ6	6Φ6	150	d为拉筋直径
窗下墙	水平筋	3a	2Φ10	2Φ10	2Φ10	2Φ10	400 1200 400	
		3b	10Φ8	10Φ8	10Φ8	10Φ8	150 1200 150	
	竖向筋	3c	12Φ8	12Φ8	12Φ8	12Φ8	800 (850)	
	拉筋	3L	Φ6@400	Φ6@400	Φ6@400	Φ6@400	180	

图2-19 WQC1-3328-1214配筋图

1）模板图识读

从图2-18模板图中读取以下内容：

对于带一个窗的外墙，按照窗户的大小可分为WQC1和WQCA。

WQC1表示普通窗洞外墙，窗台结构完成面相对结构板顶标高为950（1000）mm；WQCA表示矮窗洞外墙，窗台结构完成面相对结构板顶标高为650（700）、750（800）mm。（建筑面层为50mm和100mm两种，括号内为100mm建筑面层对应数值）

（1）预制混凝土外墙板的基本尺寸：

内叶墙板宽2700mm（不含出筋），高2640mm（不含出筋），厚200mm。

保温板宽3240mm，高2780mm，厚度按设计选用确定。

外叶墙板宽3280mm，高2815mm，厚60mm。

窗洞口宽1200mm，高1400mm，宽度方向居中布置，窗台与内叶墙板底间距930mm（建筑面层为100mm时间距为980mm）。

（2）预埋灌浆套筒，墙板底部每侧预埋7个，一共预埋14个灌浆套筒（用TT-X表示灌浆套筒的型号）。

（3）预埋吊件，墙板顶部有2个预埋吊件，主视图表示在外墙板的顶部，编号为MJ1。

（4）预埋螺母，墙板内侧面有4个临时支撑预埋螺母，编号MJ2。

（5）预埋电气线盒，窗洞右侧有2个预埋电气线盒，窗洞下部有1个预埋电气线盒，共计3个。

（6）窗下填充聚苯板：窗台下设置2块B-45型聚苯板轻质填充块。聚苯板轻质填充块主要作用是保温。

（7）灌浆分区：宽度方向平均分为两个灌浆分区，长度均为1350mm，即外墙板底部的套筒灌浆部分。

（8）其他：内叶墙板两侧均预留凹槽30mm×5mm。内叶墙板对角线控制尺寸为3776mm，外叶墙板对角线控制尺寸为4322mm。

2）配筋图识读

由图2-19可以得知预制混凝土外墙的基本形式：墙体内外两层钢筋网片，水平分布筋在外侧，竖向分布筋在内侧。窗洞上设置连梁，窗洞口两侧设置边缘构件，按照四级非抗震进行配筋选取。

（1）洞口上部连梁底部的纵向受力钢筋为2Φ16，配筋图中用符号1Za表示。纵筋的外露长度为200mm。

（2）洞口上部连梁的腰筋为2Φ10，配筋图中用符号1Zb表示。纵筋的外露长度为200mm。

（3）洞口上部连梁的腰筋为12Φ18，配筋图中用符号1G表示。采用焊接封闭箍筋。

（4）洞口上部连梁的拉筋为12Φ8，配筋图中用符号1L表示。d表示拉筋直径。

（5）外墙板底部连接灌浆套筒的竖向纵筋为14Φ16，配筋图中用符号2Za表示。

（6）不连接灌浆套筒的竖向纵筋为6Φ10，配筋图中用符号2Zb表示。

(7) 灌浆套筒处水平分布筋为 2⏀8，配筋图中用符号 2Za 表示。

(8) 墙体水平分布筋为 22⏀8，配筋图中用符号 2Gb 表示。

(9) 套筒顶和连梁处水平加密筋为 8⏀8，配筋图中用符号 2Gd 表示。

(10) 窗洞口边缘构件箍筋为 20⏀8，配筋图中用符号 2Ga 表示。

(11) 窗洞口边缘构件拉结筋为 80⏀8，配筋图中用符号 2La 表示。

(12) 墙端端部竖向构造纵筋拉筋为 22⏀8，配筋图中用符号 2Lb 表示。

(13) 灌浆套筒处拉结筋为 6⏀8，配筋图中用符号 2Lc 表示。

(14) 窗下水平加强筋为 2⏀10，配筋图中用符号 3a 表示。

(15) 窗下墙水平分布筋为 10⏀8，配筋图中用符号 3b 表示。

(16) 窗下墙竖向分布筋为 12⏀8，配筋图中用符号 3c 表示。

以上是带窗洞的外墙板模板图和配筋图中各个部分的识读内容。

2. 不带洞口预制混凝土外墙板识图

不带洞口预制混凝土外墙板相关图纸如图 2-20 和图 2-21 所示。

1) 模板图识读

从图 2-20 模板图中读取以下内容：

(1) 预制混凝土外墙板的基本尺寸：

内叶墙板宽 2400mm（不含出筋），高 2640mm（不含出筋），厚 200mm。

保温板宽 2940mm，高 2780mm，厚度按设计选用确定。

外叶墙板宽 2980mm，高 2780mm，厚 60mm。

(2) 预埋灌浆套筒：墙板底部预埋 7 个灌浆套筒。(用 TT-X 表示灌浆套筒的型号)

(3) 预埋吊件：墙板顶部有 2 个预埋吊件，主视图表示在外墙板的顶部，编号为 MJ1。

(4) 预埋螺母：墙板内侧面有 4 个临时支撑预埋螺母，编号 MJ2。

(5) 预埋电气线盒：墙板共计 3 个预埋电气线盒。

(6) 其他：内叶墙板两侧均预留凹槽 30mm×5mm。内叶墙板对角线控制尺寸为 3568mm，外叶墙板对角线控制尺寸为 4099mm。

2) 配筋图识读

由图 2-21 可以得知预制混凝土外墙的基本形式：墙体内外两层钢筋网片，水平分布筋在外侧，竖向分布筋在内侧，按照四级非抗震进行配筋选取。

(1) 外墙板连接套筒的纵向受力钢筋为 7⏀16，配筋图中用符号 3a 表示。

(2) 外墙板的竖向分布筋设置为 7⏀6，配筋图中用符号 3b 表示。

(3) 外墙板两端设置不连接套筒灌浆的纵向钢筋为 4⏀12，配筋图中用符号 3c 表示。

(4) 外墙板水平分布筋设置为 13⏀8，配筋图中用符号 3d 表示。

(5) 外墙板底部左端 1—1 截面处设置水平分布筋为 1⏀8，配筋图中用符号 3e 表示。

(6) 外墙板底部两端 1—1 截面处设置水平分布筋为 2⏀8，配筋图中用符号 3f 表示。

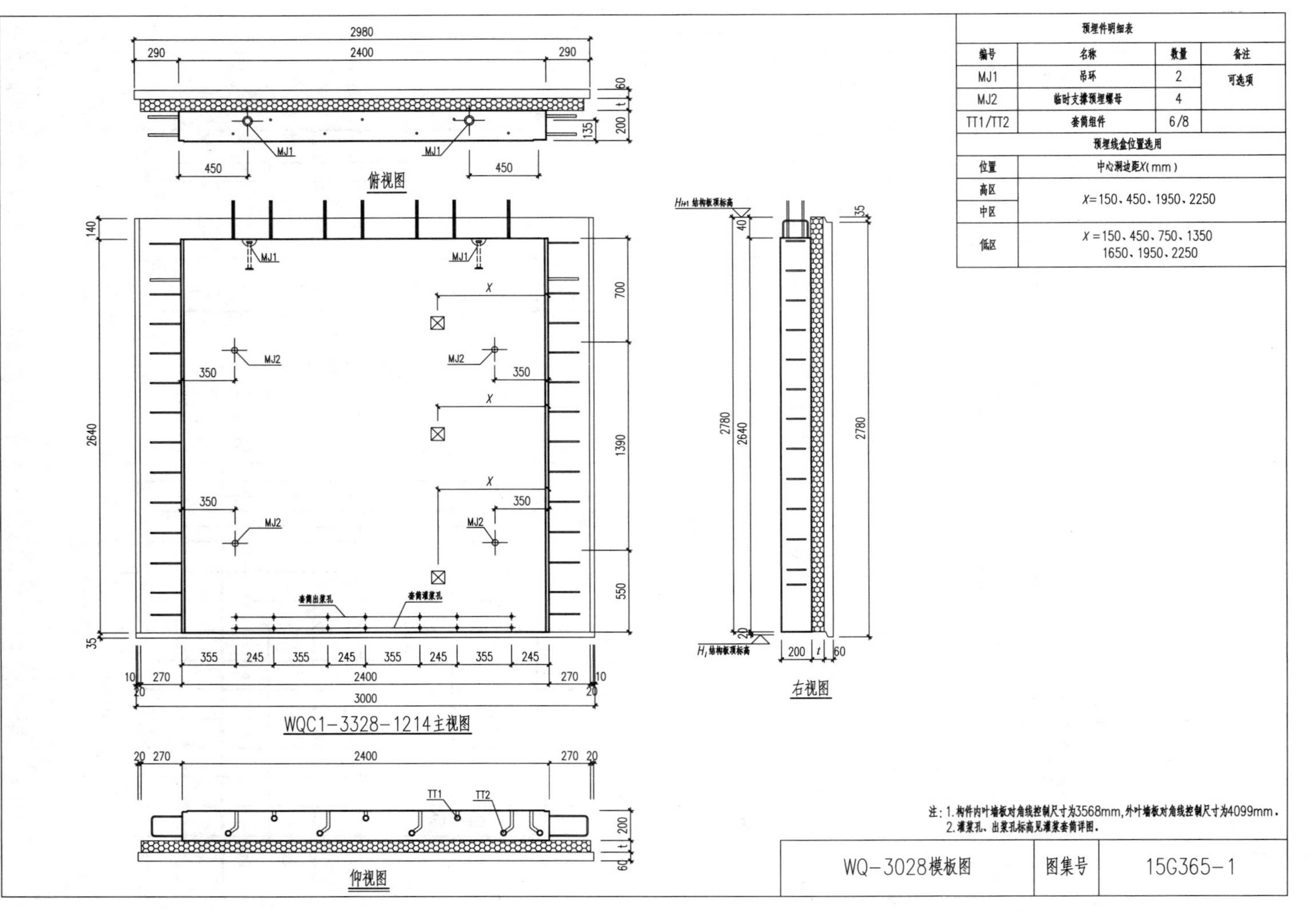

图2-20　WQ-3028模板图

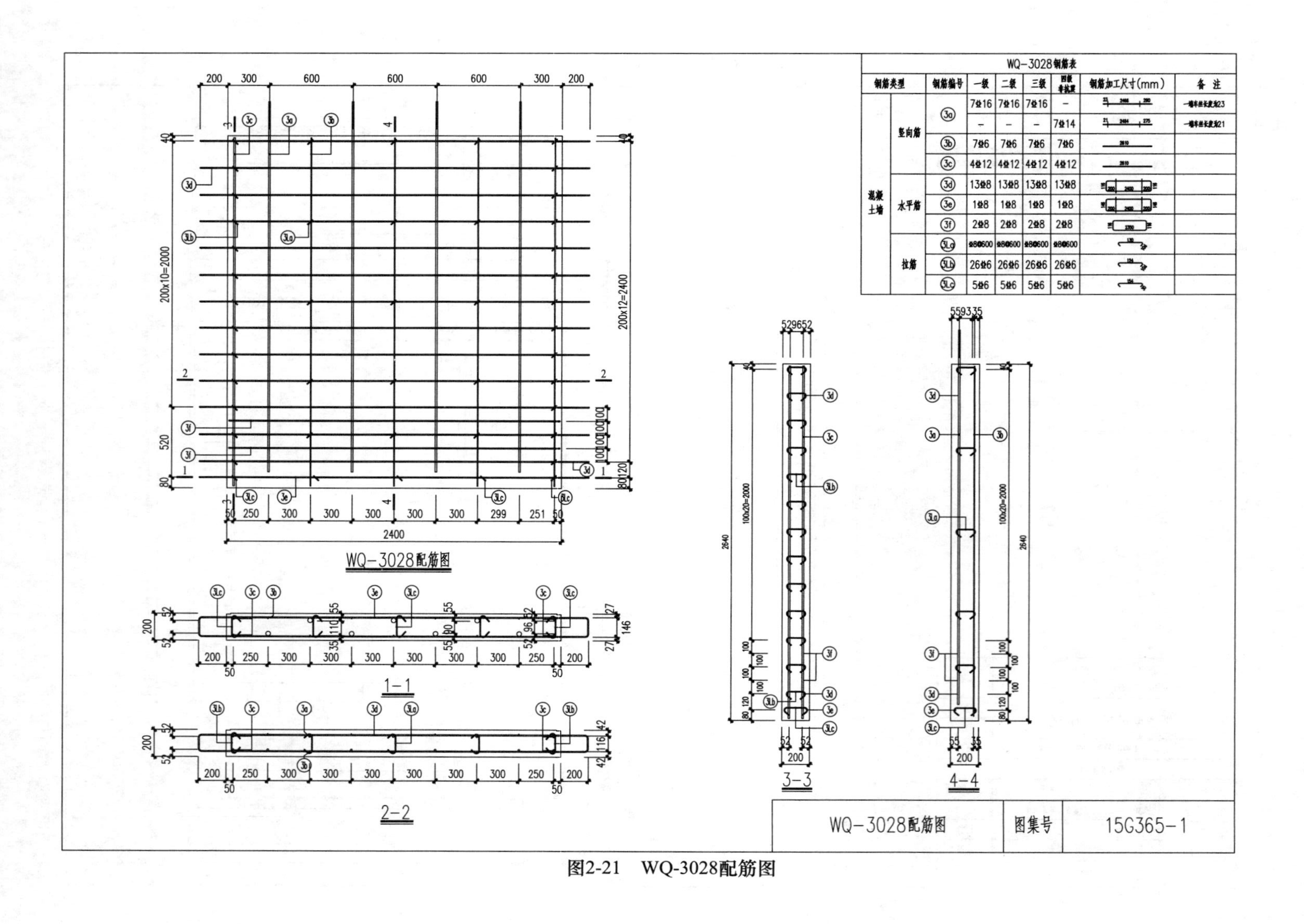

WQ-3028钢筋表								
钢筋类型		钢筋编号	一级	二级	三级	四级非抗震	钢筋加工尺寸(mm)	备注
混凝土墙	竖向筋	3a	7Φ16	7Φ16	7Φ16	–	23 2466 290	一端车丝长度为23
			–	–	–	7Φ14	21 2484 275	一端车丝长度为21
		3b	7Φ6	7Φ6	7Φ6	7Φ6	2610	
		3c	4Φ12	4Φ12	4Φ12	4Φ12	2610	
	水平筋	3d	13Φ8	13Φ8	13Φ8	13Φ8	200 2400 200	
		3e	1Φ8	1Φ8	1Φ8	1Φ8	200 2400 200	
		3f	2Φ8	2Φ8	2Φ8	2Φ8	2350	
	拉筋	3La	Φ8@600	Φ8@600	Φ8@600	Φ8@600	130	
		3Lb	26Φ6	26Φ6	26Φ6	26Φ6	124	
		3Lc	5Φ6	5Φ6	5Φ6	5Φ6	154	

图2-21　WQ-3028配筋图

（7）预制剪力墙外墙板拉结筋采用ф 6@600，配筋图中用符号 3La 表示。

（8）墙端端部竖向构造纵筋拉结筋为 26 ф 6，配筋图中用符号 3Lb 表示。

（9）灌浆套筒处拉结筋为 5 ф 6，配筋图中用符号 3Lc 表示。

以上就是不带窗洞的外墙板模板图和配筋图中各个部分的识读。

3. 装配整体式预制空腔外墙板识图

SPCS 体系中预制空腔墙，是指由成型钢筋笼及两侧墙板组成，中间为空腔的预制构件。中间空腔包含保温层，通过拉结件将内、外叶板可靠连接成为预制夹心保温空腔墙构件，如图 2-22 所示。

图 2-22　预制空腔墙

预制空腔墙主要有以下优点：

（1）预制空腔墙可同时将保温板与外叶墙板一次性预制复合，从而实现保温节能一体化、外墙装饰一体化。

（2）预制空腔墙可减少约 50％的构件自重，便于运输、吊装。同时，因构件自重显著减轻，可预制较长、较大墙板，减少墙板拼缝。

（3）预制空腔墙内叶板与外叶板采用无出筋设计，便于自动化生产与现场安装。

（4）通过生产及建造工艺的改进，可实现门窗洞口免封堵、边缘构件预制等，进一步减少现场安装、支模工作量，改善施工现场条件，提高施工效率。

1）预制空腔墙的一般规定

（1）预制空腔墙结构体系两个主轴方向的抗侧弯刚度不宜相差过大，剪力墙应形成明确的墙肢和连梁。其布置应符合下列规定：

①平面布置宜简单、规则，不应采用仅单向有墙的结构布置；

②宜自下到上连续布置，避免刚度突变；

③ 门窗洞口宜上下对齐、成列布置，洞口两侧墙肢宽度不宜相差过大；抗震等级为一、二、三级剪力墙的底部加强部位不应采用上下洞口不对齐的错洞墙，全高均不宜采用洞口局部重叠的叠合错洞墙。

（2）高层建筑预制空腔墙结构体系底部加强部位的墙体宜采用现浇混凝土，当建筑结构的高宽比满足现行行业标准《高层建筑混凝土结构技术规程》（JGJ 3）的有关要求时，底部加强部位的剪力墙也可采用预制空腔墙。

（3）高层建筑的预制空腔墙及夹心保温预制空腔墙承重部分的墙肢厚度不宜小于200mm。

（4）预制空腔墙之间的连接钢筋宜在后浇混凝土内直线锚固或弯折锚固，并应符合现行国家标准《混凝土结构设计规范》（GB 50010）的有关规定。

（5）预制空腔墙洞口及其补强措施应满足现行行业标准《装配式混凝土结构技术规程》（JGJ 1）的有关要求，且补强钢筋宜与同方向墙体网片筋平行布置，如图2-23所示。

（6）如图2-24所示，含门窗洞口的预制空腔墙构件及预制夹心保温预制空腔墙构件应符合下列规定：

①洞口上方边距b_2、洞口至墙板侧边距a_1均不宜小于250mm；

②窗下墙预制时，洞口至墙板底边高度b_1不宜小于250mm；

③洞口四周墙板内应设置至少两排与洞边平行的水平或竖向钢筋。

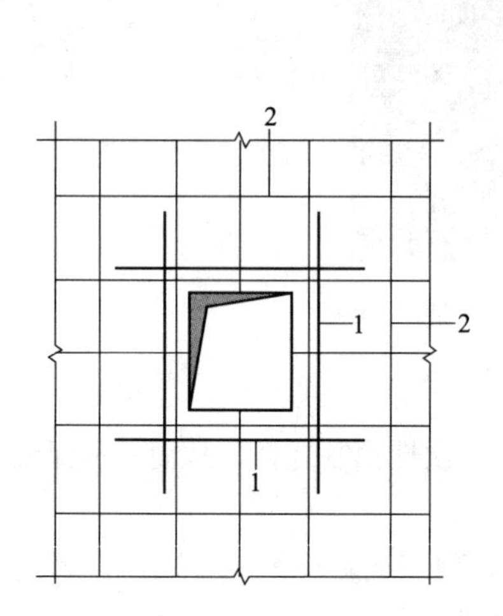

图2-23　预制空腔墙洞口补强钢筋

1—洞口补强钢筋；2—墙体钢筋

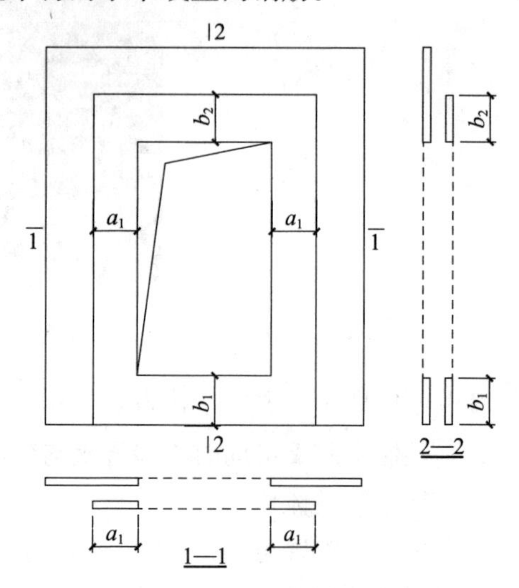

图2-24　洞口四周墙板加强钢筋

（7）预制空腔墙构件及预制夹心保温预制空腔墙构件单侧板厚不应小于50mm，空腔宽度t不应小于100mm，预制夹心保温预制空腔墙构件外叶板厚度不应小于50mm，如图2-25所示。

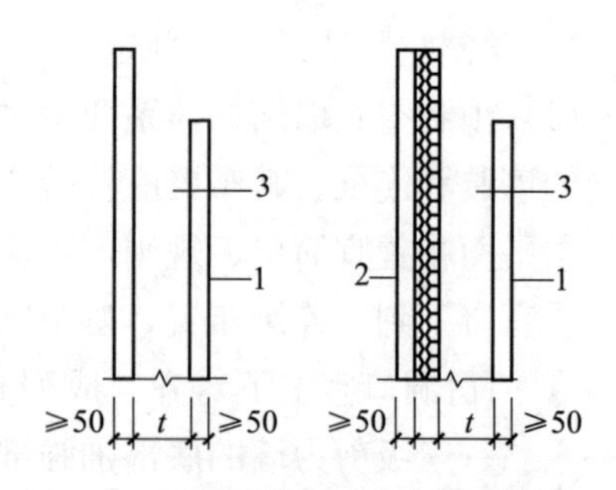

图2-25　预制空腔墙构件及预制夹心保温预制空腔墙构件厚度构造

（8）预制空腔墙宜采用整体成型钢筋笼，如图2-26所示。钢筋笼内梯子形网片纵向钢筋、水平横筋分别满足墙体水平分布钢筋及拉筋的要求，并应符合下列规定：

①墙体竖向钢筋应置于梯子形网片纵筋内侧；

②墙体最下层梯子形网片至墙底端距离a_4不宜大于30mm，最上层梯子形网片至墙顶端距离a_2不宜大于100mm，且应满足钢筋保

护层厚度要求；

③沿墙长方向梯子形网片钢筋端头保护层厚度 c 不应小于 15mm，且不宜大于 30mm；

④梯子形网片之间的竖向间距 a_3 不宜大于 200mm；

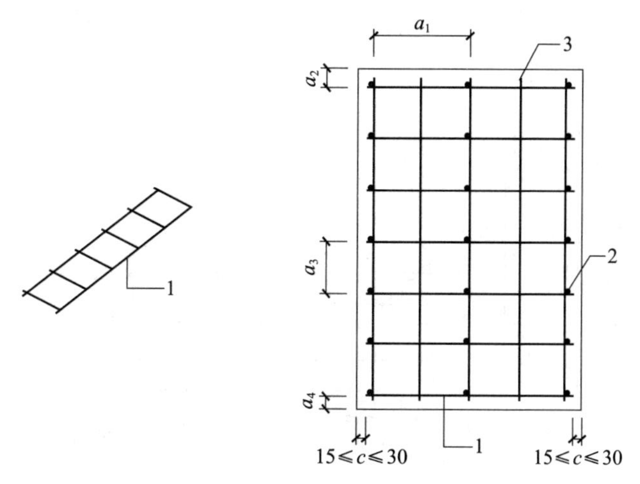

图 2-26　叠合剪力墙钢筋构造

1—梯子形网片；2—水平钢筋；3—墙体竖向钢筋

⑤预制空腔墙上下层连接钢筋保护层厚度不大于 $5d$ 时，连接钢筋高度范围内，梯子形网片的间距不应大于 $10d$，且不应大于 100mm，d 为连接钢筋直径；

⑥梯子形网片水平横筋直径不宜小于 6mm，间距 a_1 不宜大于 600mm。

(9) 预制空腔墙构件及预制夹心保温预制空腔墙构件应进行翻转、脱模、存放、吊运、混凝土浇筑等短暂设计状况下的承载力及裂缝验算；夹心保温预制空腔墙拉结件尚应进行自重、风荷载、地震及温度作用等持久设计状况下的承载力、变形及裂缝验算。

2）SPCS 预制空腔墙识读

SPCS 预制空腔墙相关图纸如图 2-27和图 2-28 所示。

(1) 模板图识读。

从图 2-27 中可以读取以下内容：

对于预制空腔墙外墙板，墙板编号为 YWQ01。

①预制空腔墙外墙板的基本尺寸：

外叶墙板宽 3220mm，高 3070mm（不含出筋），厚 600mm。

保温板宽 3120mm，高 2890mm，厚 40mm。

内叶墙板宽 2550mm，高 2900mm，厚 50mm。

②预埋吊件，墙板顶部有 2 个预埋吊件，主视图表示在外墙板的顶部，编号为 MJ1a。

③预埋螺母，墙板内侧面有 4 个临时支撑预埋螺母，编号为 MJ2a。

④内、外板连接件，在内外页两侧用 6 个连接件，编号为 MJ4。

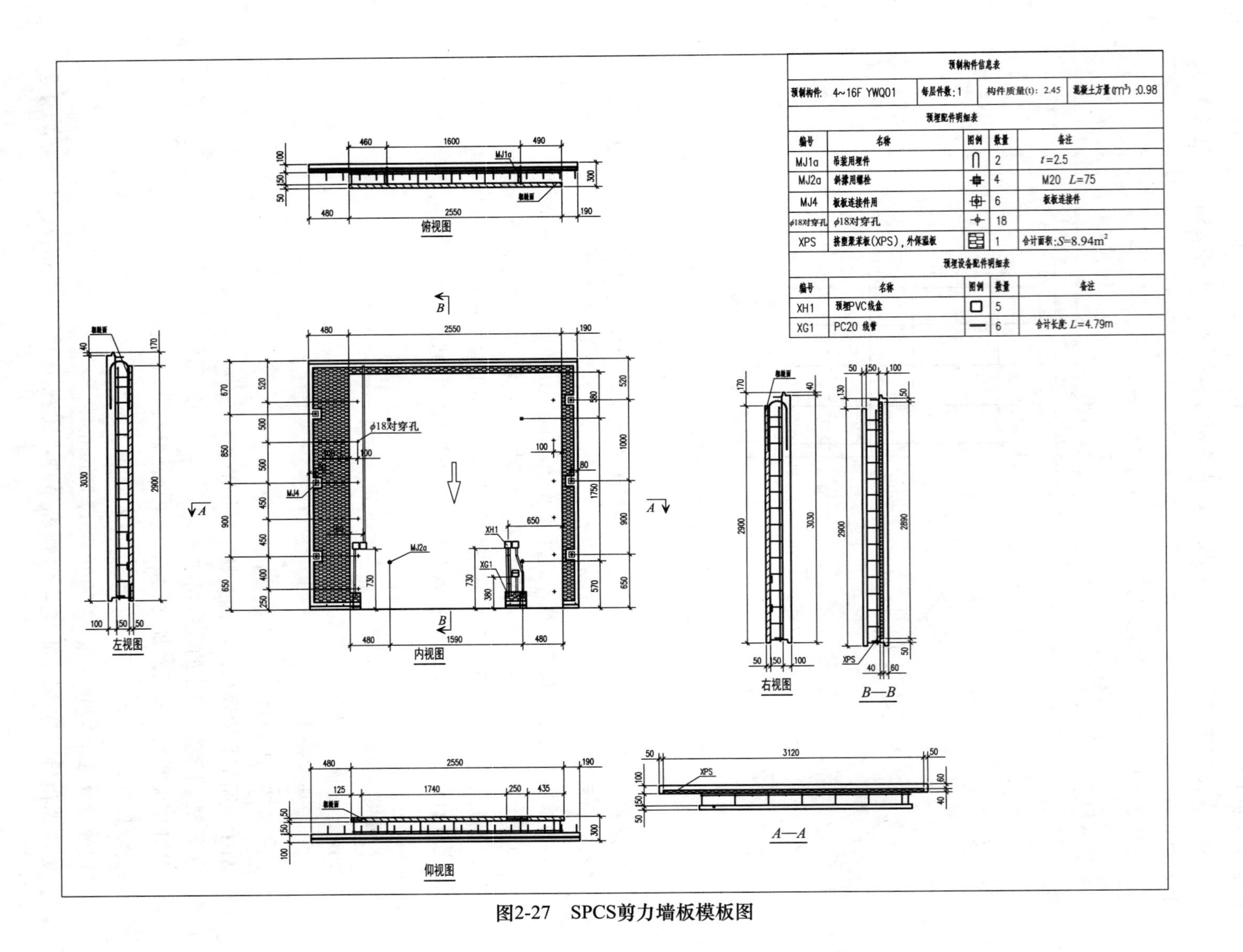

预制构件信息表			
预制构件: 4~16F YWQ01	每层件数:1	构件质量(t): 2.45	混凝土方量(m³) :0.98

预埋配件明细表

编号	名称	图例	数量	备注
MJ1a	吊装用埋件	⋂	2	t=2.5
MJ2a	斜撑用螺栓	╋	4	M20 L=75
MJ4	板板连接件用	⊕	6	板板连接件
ϕ18对穿孔	ϕ18对穿孔	┼	18	
XPS	挤塑聚苯板(XPS)，外保温板	▤	1	合计面积:S=8.94m^2

预埋设备配件明细表

编号	名称	图例	数量	备注
XH1	预埋PVC线盒	□	5	
XG1	PC20 线管	—	6	合计长度 L=4.79m

图2-27　SPCS剪力墙板模板图

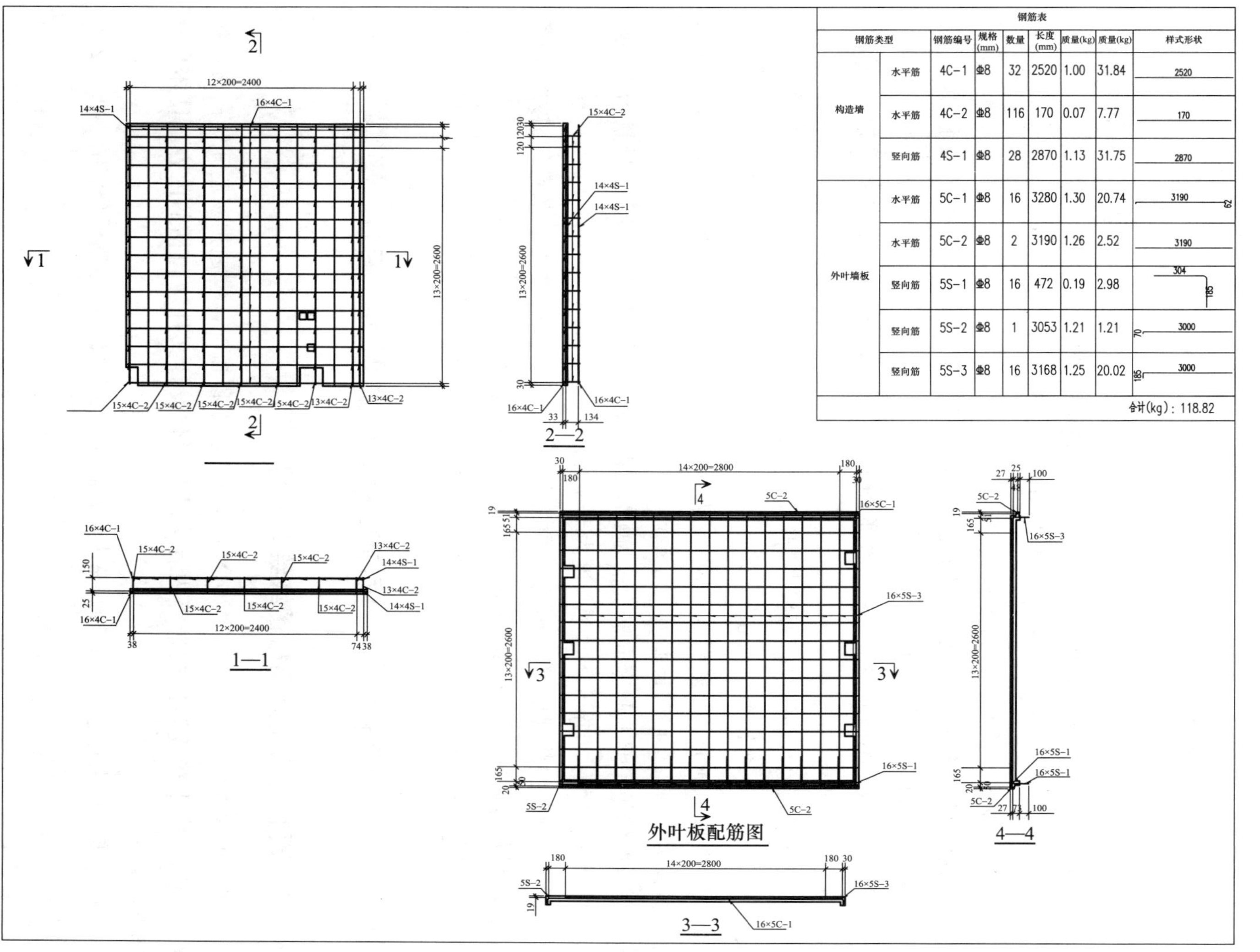

钢筋表

钢筋类型		钢筋编号	规格(mm)	数量	长度(mm)	质量(kg)	质量(kg)	样式形状
构造墙	水平筋	4C-1	Φ8	32	2520	1.00	31.84	2520
	水平筋	4C-2	Φ8	116	170	0.07	7.77	170
	竖向筋	4S-1	Φ8	28	2870	1.13	31.75	2870
外叶墙板	水平筋	5C-1	Φ8	16	3280	1.30	20.74	3190, 62
	水平筋	5C-2	Φ8	2	3190	1.26	2.52	3190
	竖向筋	5S-1	Φ8	16	472	0.19	2.98	304, 185
	竖向筋	5S-2	Φ8	1	3053	1.21	1.21	70, 3000
	竖向筋	5S-3	Φ8	16	3168	1.25	20.02	185, 3000
合计(kg)：118.82								

图2-28　SPCS剪力墙板配筋图

⑤填充聚苯板，聚苯板轻质填充块主要作用是外保温，编号为 XPS。

⑥预埋电气线盒，窗洞两侧各有 2 个预埋电气线盒，窗洞下部有 1 个预埋电气线盒，共计 5 个，编号为 XH1。

⑦线管，用于预埋电线的管道，共 6 个，编号为 XG1。

（2）配筋图识读。

由图 2-28 可以得知，预制空腔墙外墙板的基本形式：墙体由内叶、外叶墙板组成，内叶、外叶墙板均由水平筋和竖向筋组成，中间形成空腔部分。

①内叶墙板水平筋规格为ф8，钢筋的数量为 32 根，配筋图中用符号 4C-1 表示。数量为 32 根，钢筋的长度为 2520mm。

②连接内叶、外叶墙板的水平筋规格为ф 8，配筋图中用符号 4C-2 表示。数量为 116 根，钢筋的长度为 170mm。

③内叶墙板的竖向筋规格为ф 8，配筋图中用符号 4S-1 表示。数量为 28 根，钢筋的长度为 2870mm。

④外叶墙板的水平筋规格为ф 8，配筋图中用符号 5C-1 表示。数量为 16 根，钢筋的长度为 3190mm，弯钩为 62mm。

⑤外叶墙板顶部或底部构造防水位置处水平筋规格为ф 8，配筋图中用符号 5C-2 表示。数量为 2 根，钢筋的长度为 3190mm。

⑥外叶墙板底部 L 形竖向筋规格为ф 8，配筋图中用符号 5S-1 表示。数量为 16 根，钢筋的竖向长度为 304mm，水平长度为 185mm。

⑦外墙板竖向筋规格为ф 8，配筋图中用符号 5S-2 和 5S-3 表示。数量分别为 1 根和 16 根，钢筋的竖向长度为 3000mm，水平长度分别为 70mm 和 185mm。

以上是 SPCS 预制外墙板模板图和配筋图中各个部分的识读内容。

实例 2.2　预制混凝土外墙板深化设计

2.2.1　预制剪力墙外墙板图纸绘制流程

外墙板的深化设计，必须先结合标准图集与工程概况，掌握预制墙间竖向接缝构造、预制墙水平接缝连接构造等内容，以及深化设计文件应包括的内容。具体步骤如下：

第一步，在原有施工图基础上确认剪力墙的位置及尺寸，绘制拆分底图，如图 2-29 所示；

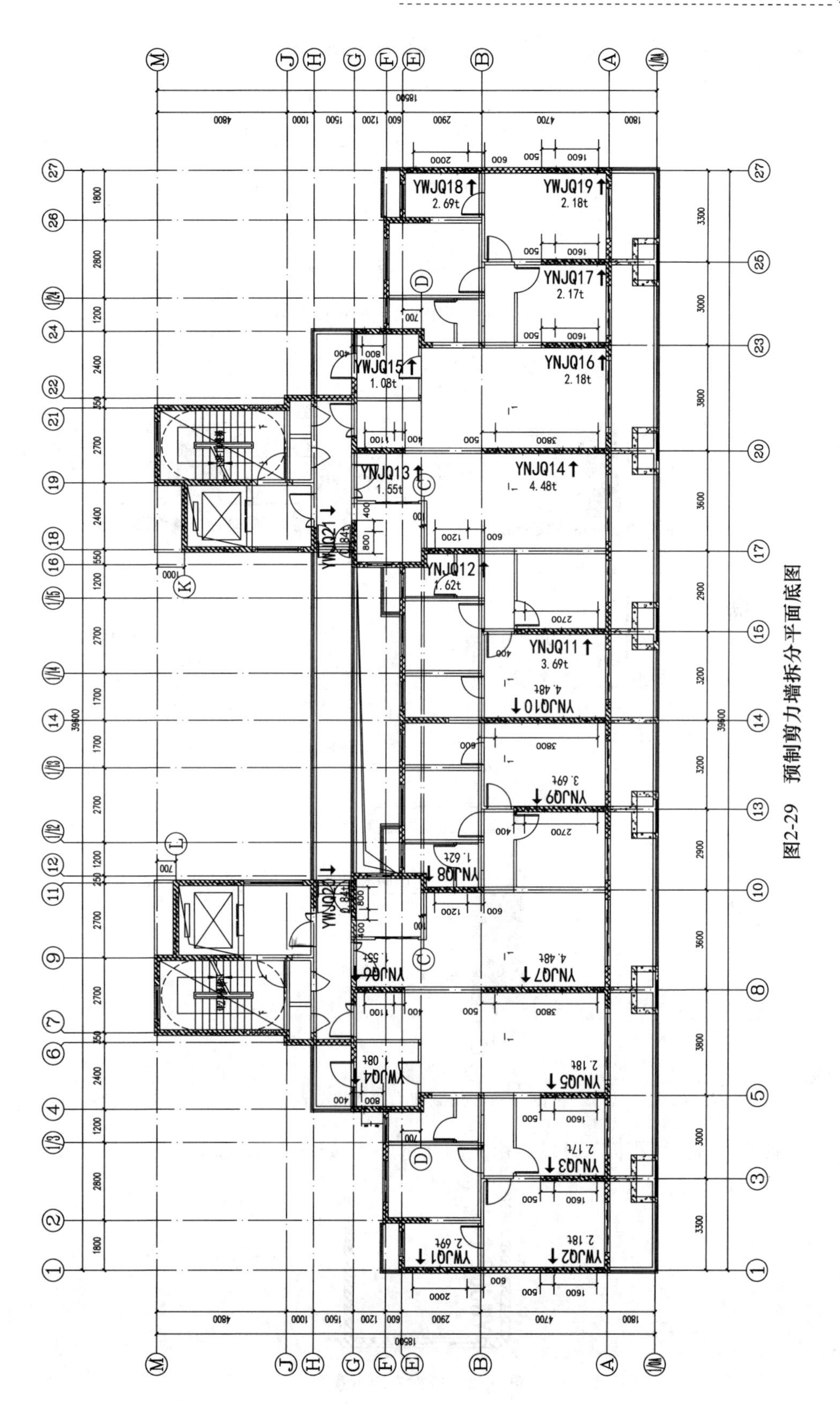

图2-29　预制剪力墙拆分平面底图

第二步，确认套筒的定位钢筋位置，如图 2-30 所示；

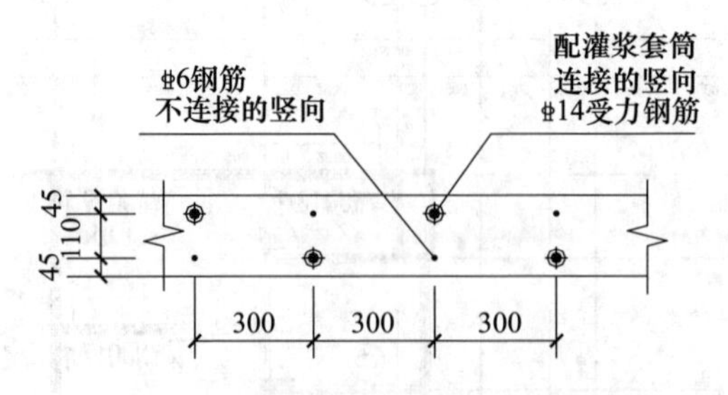

图 2-30　预制剪力墙套筒的定位钢筋图

第三步，确认连接节点，如图 2-31 所示；

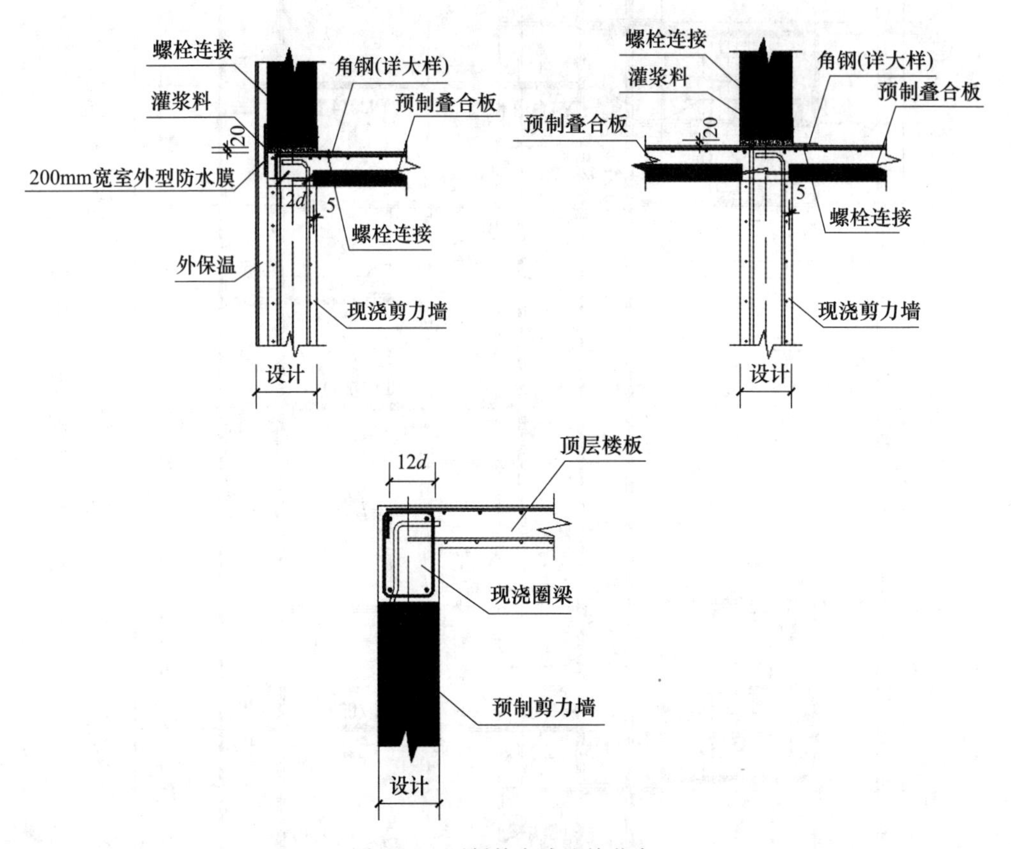

图 2-31　预制剪力墙连接节点

第四步，确定可视面（外墙：由室内往室外），如图 2-32 所示；

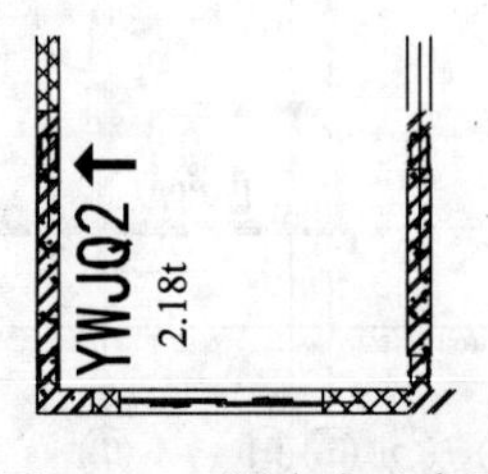

图 2-32　可视方向示意图

第五步，剪力墙外墙板高度计算，考虑是否有降板要求，如图 2-33 所示；

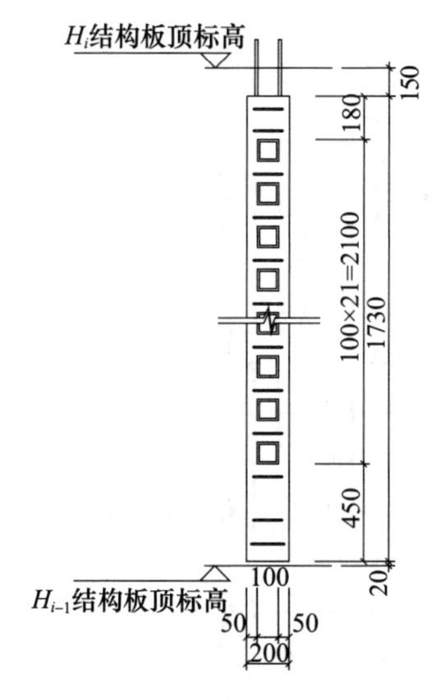

图 2-33　外墙板侧视图

第六步，绘制模板图，如图 2-34 所示；

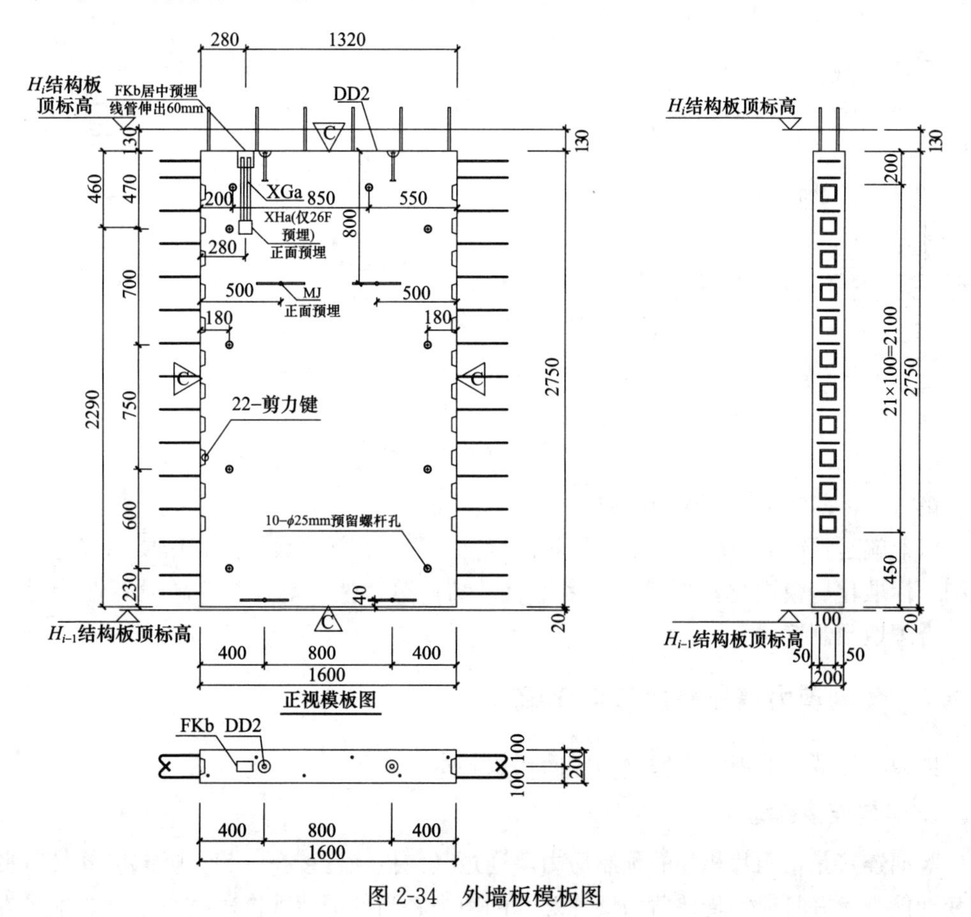

图 2-34　外墙板模板图

第七步，绘制配筋大样图，如图 2-35 所示；

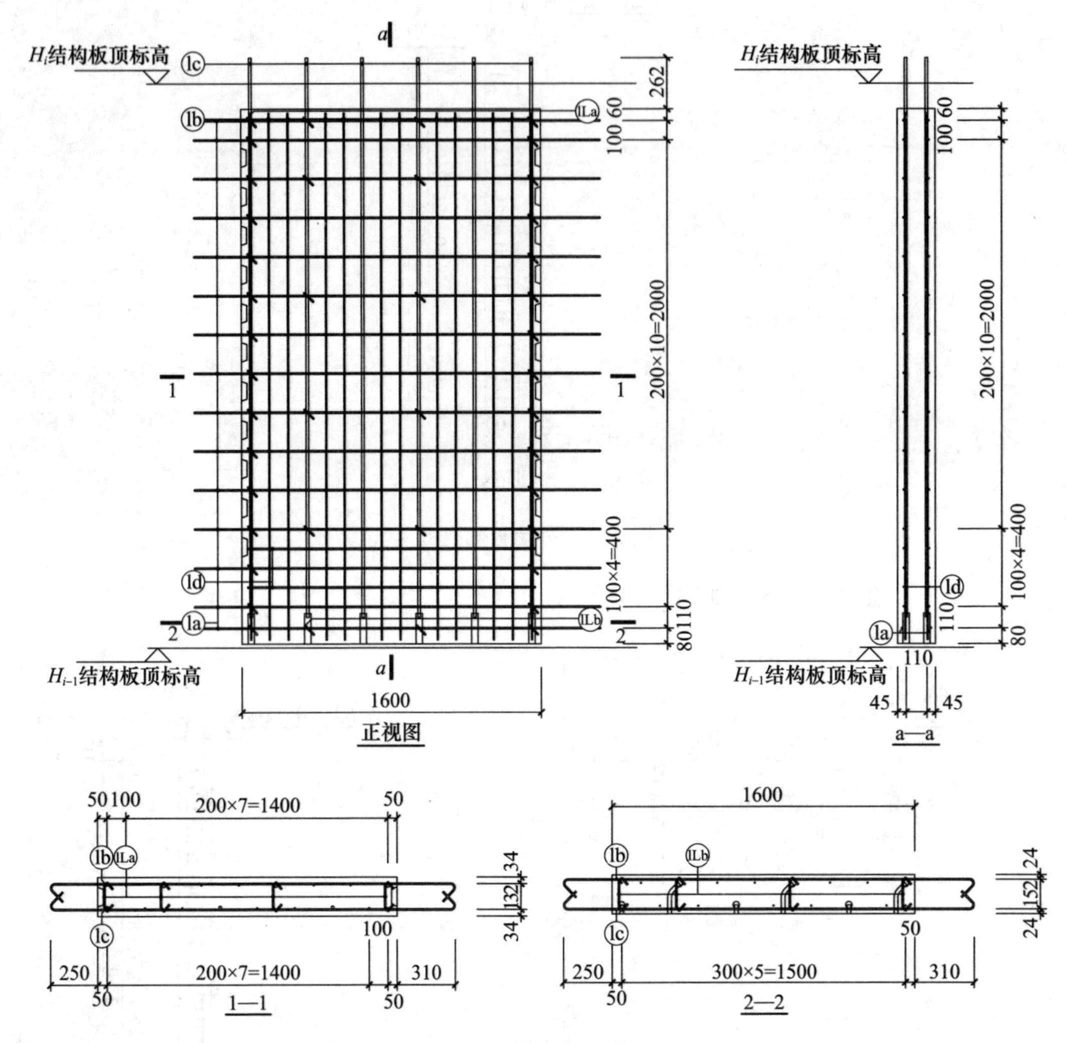

图 2-35　外墙板配筋图

第八步，落实水电、暖通装修条件。

以上就是预制剪力墙外墙板的深化设计全过程。在深化设计过程中要始终遵循设计原则：标准化、模数化，少规格、多组合，结构整体性、耐久性，高强高性能材料应用，合理地预制拆分。

2.2.2　预制剪力墙外墙板节点介绍

剪力墙外墙板的连接主要分为竖向连接和水平连接。

1. 竖向连接接缝

竖向连接是指两片相邻的预制剪力墙通过竖向接缝连接在一起。竖向接缝具有良好的变形能力，并且能够传递剪力墙片之间的剪力，当外部荷载作用时，通过在水平方向

和竖直方向的变形，来影响结构的变形和耗能能力。当不同大小的外部荷载作用到相邻墙板时，竖向接缝可以起到传递剪力的作用，足够的抗剪承载力能够使相邻两片预制剪力墙协同工作，共同抵抗弯矩。

楼层内相邻预制剪力墙之间应采用整体式接缝连接。后浇段的类型主要有 L 形后浇段（LJZ）、T 形后浇段（LYZ）、一字形后浇段（LAZ），如图 2-36 所示。

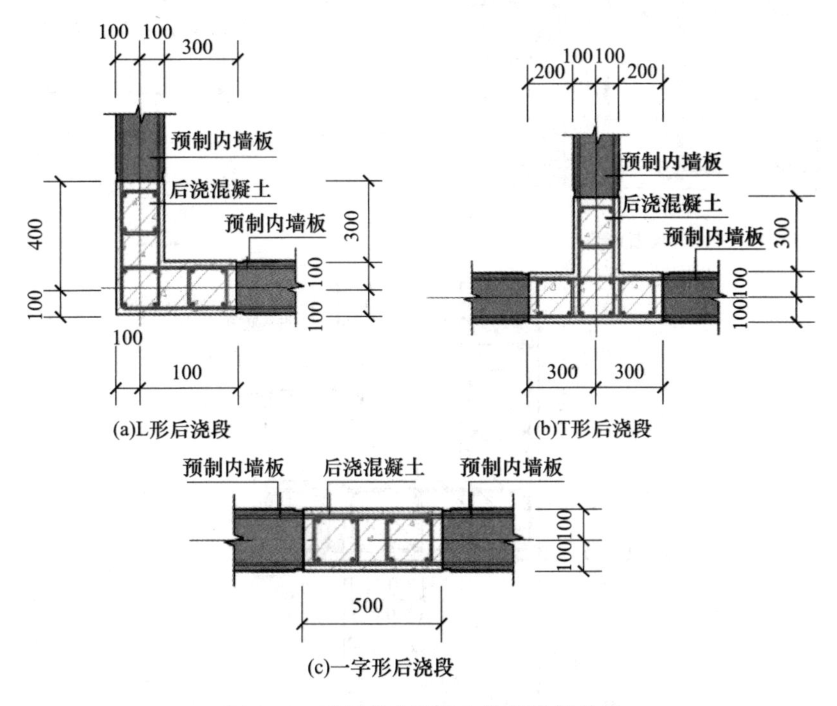

图 2-36 预制剪力墙竖向接缝连接构造

结合标准图集《装配式混凝土结构连接节点构造（剪力墙）》（15G310-2），外墙板竖向接缝构造包括预制墙间的竖向接缝构造、预制墙与现浇墙间的竖向接缝构造、预制墙与后浇边缘暗柱（端柱）间的竖向接缝构造、预制墙在转角墙处的竖向接缝构造、预制墙在有翼墙处的竖向接缝构造及预制墙在十字形墙处的竖向接缝构造等。下面以约束边缘构件后浇段、非边缘构件后浇段为例，介绍其竖向接缝构造。

1）结束边缘转角墙竖向接缝构造

如图 2-37 所示，水平方向剪力墙厚度为 b_w，竖直方向剪力墙厚度为 b_f，水平方向墙肢总长度≥400mm，向右延伸长度≥b_w且≥300mm；竖直方向墙肢总长度≥400mm，向上延伸长度≥b_f且≥300m；边缘构件附加钢筋（箍筋）与预制墙内延伸出钢筋搭接长度≥$0.6l_{aE}$（$0.6l_a$），且与预制墙边缘距离≥10mm。约束边缘转角墙的竖向钢筋、箍筋详见具体设计。

2）约束边缘翼墙竖向接缝构造

如图 2-38 所示，水平方向剪力墙厚度为 b_f，竖直方向剪力墙厚度为 b_w；水平方向墙肢向左、右各延伸长度≥b_f且≥300mm；竖直方向墙肢向上延伸长度≥b_w且≥300mm；边缘构件水平方向附加钢筋（箍筋）与预制墙内延伸出钢筋搭接长度≥$0.6l_{aE}$

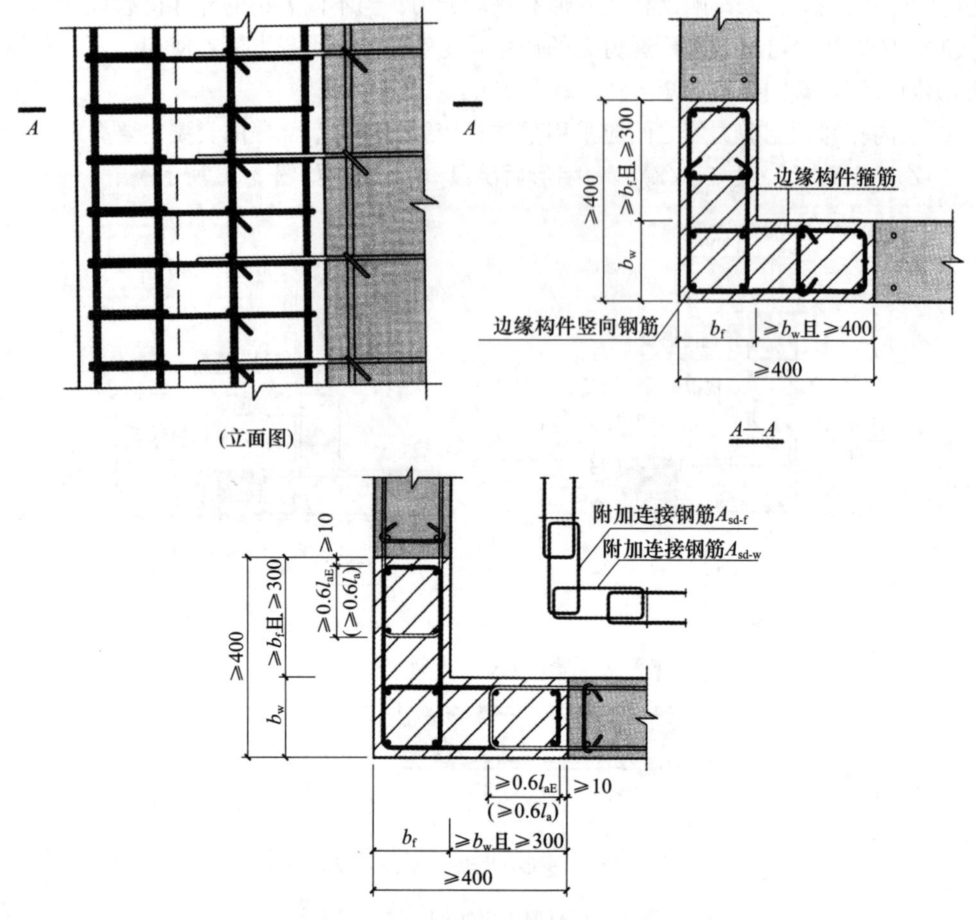

图 2-37　约束边缘转角墙竖向接缝构造示意

(0.6l_a)，且与预制墙边缘距离≥10mm；竖直方向剪力墙内预留长 U 形钢筋延伸至水平墙段外边缘。约束边缘转角墙的竖向钢筋、箍筋详见具体设计。

3）非边缘构件竖向接缝构造

如图 2-39 所示，水平方向剪力墙厚度为 b_w；两侧剪力墙预留 U 形钢筋之间距离＞20mm；非边缘构件水平方向附加钢筋（箍筋）与预制墙内延伸出钢筋搭接长度＞0.6l_{aE}（0.6l_a），且与预制墙边缘距离＞10mm；后浇段宽度 l_g＞200mm。竖向分布钢筋、箍筋详见具体设计。

4）外墙板竖向接缝构造节点示例

（1）L 形后浇段竖向接缝构造节点示例如图 2-40～图 2-42 所示，预制外墙模板构件详图阅读方法参见本书 1.1 和 1.2 部分相应内容。结构抗震等级为一级时，后浇段的混凝土强度等级不低于 C35，结构抗震等级为二、三、四级时，后浇段的混凝土强度等级不低于 C30，图中箍筋及纵筋均按钢筋中心线定位；后浇段连接钢筋兼作边缘构件箍筋时，一级抗震等级选用Φ 8@100，二、三、四级抗震等级选用Φ 8@200，预制外墙模板与预制外墙板之间接缝处的保温采用现场粘贴方式。

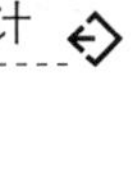

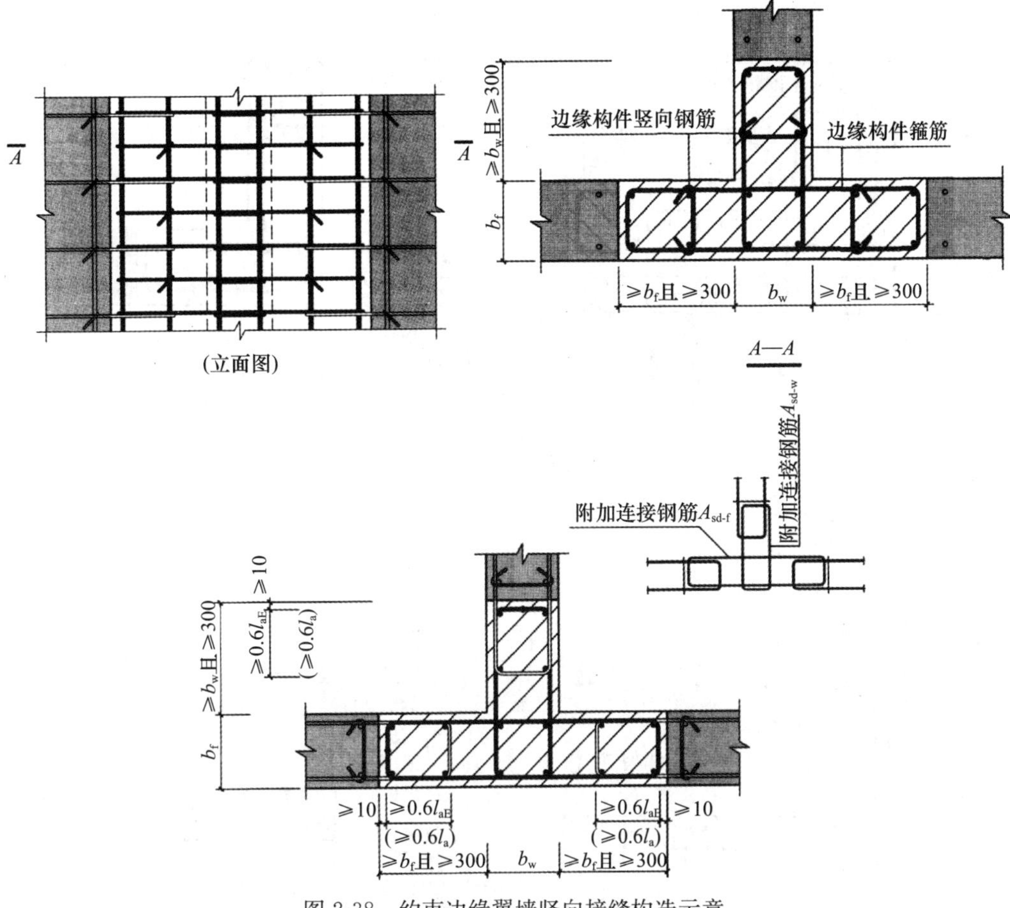

图 2-38　约束边缘翼墙竖向接缝构造示意

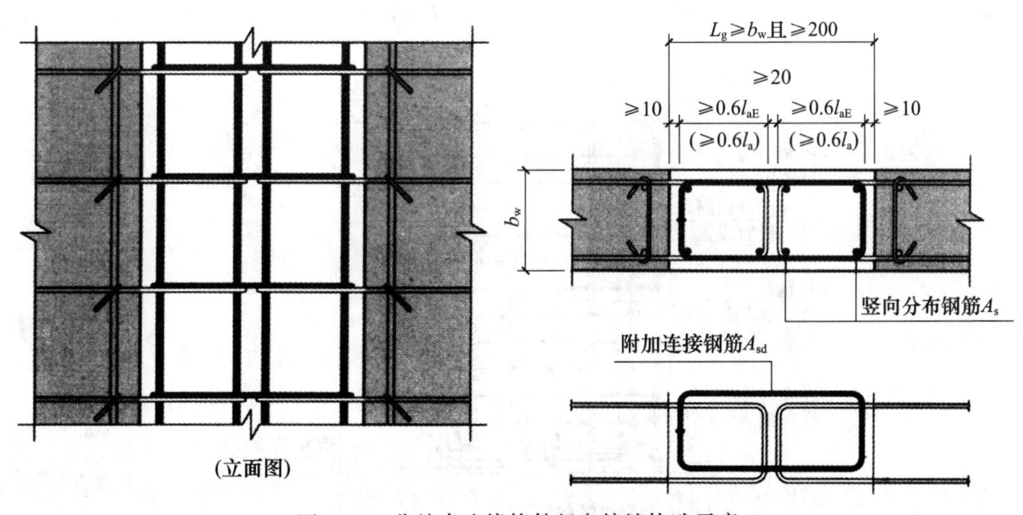

图 2-39　非约束边缘构件竖向接缝构造示意

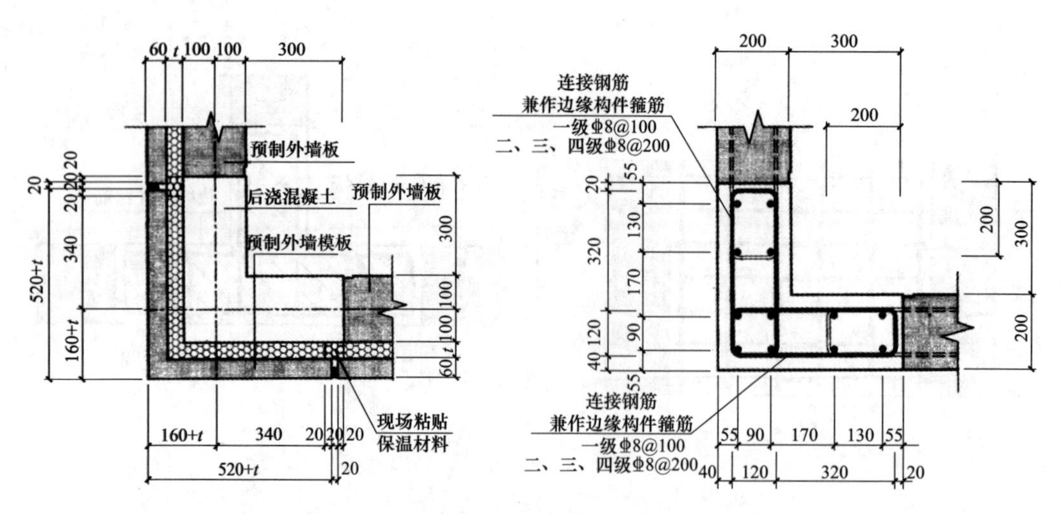

图 2-40　L 形后浇段竖向接缝构造（LJZ1）

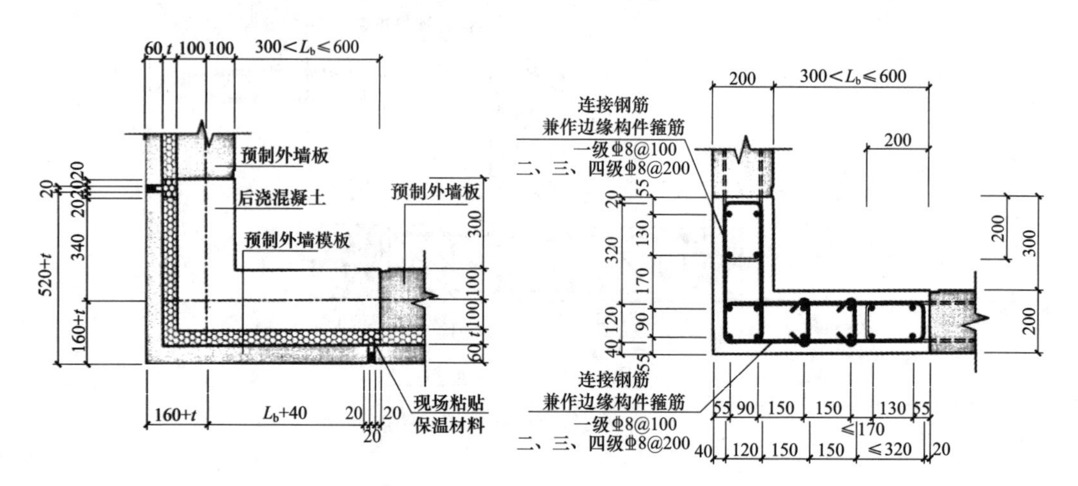

图 2-41　L 形后浇段竖向接缝构造（LJZ2）

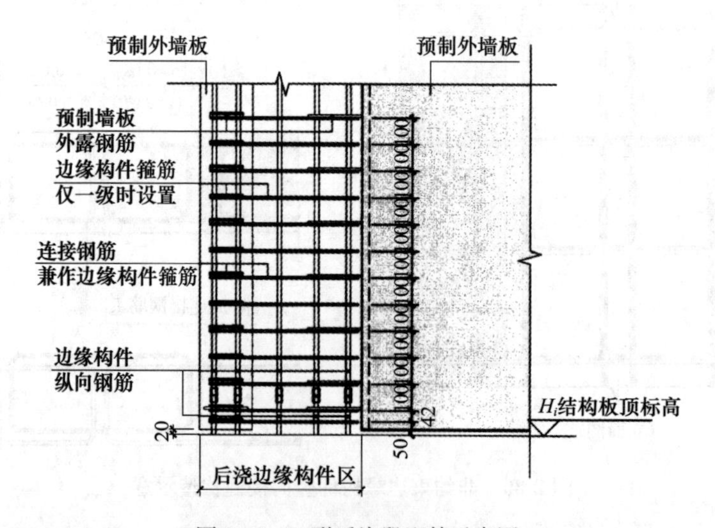

图 2-42　L 形后浇段配筋示意图

（2）T 形后浇段竖向接缝构造节点示例如图 2-43 和图 2-44 所示，后浇段连接钢筋选用Φ 8@200，其他构造要求参见 L 形后浇段竖向接缝构造，如图 2-45 所示。

（3）一字形后浇段竖向接缝构造节点例如图 2-46 所示，后浇段连接钢筋选用Φ 8@200，其他构造要求参见 L 形后浇段竖向接缝构造。

2. 水平连接接缝

上下预制剪力墙片通过水平接缝连接在一起，其中竖向钢筋承受水平方向的剪力和传递竖向荷载，因此竖向钢筋的连接质量影响着装配式剪力墙结构的受力和抗震性能。对于水平接缝的连接主要是将上下两片预制剪力墙预留好的竖向钢筋通过预留洞刚接对位插入或者通过外设套筒等连接固定到一起，如图 2-47 所示。

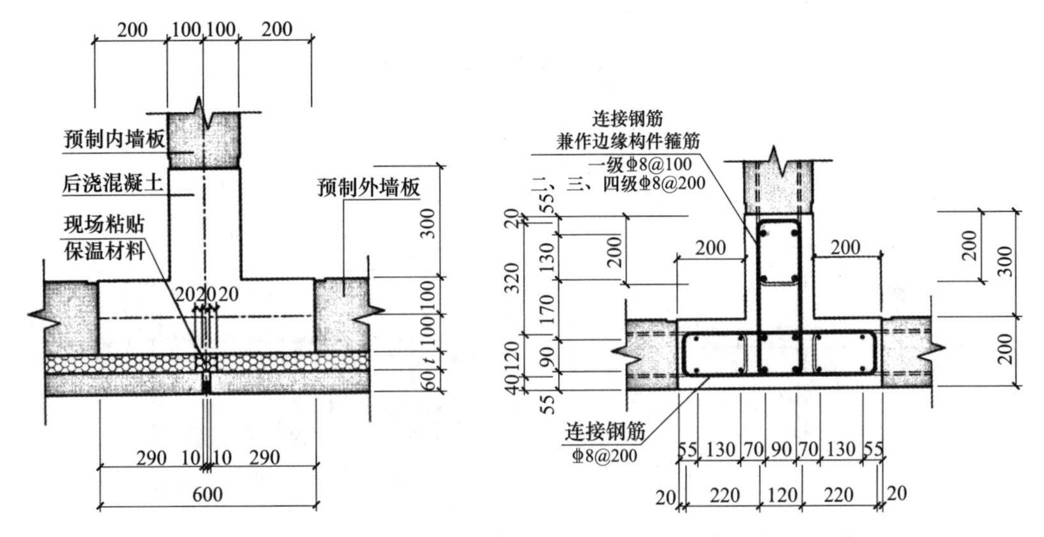

图 2-43　T 形后浇段竖向接缝构造（LYZ1）

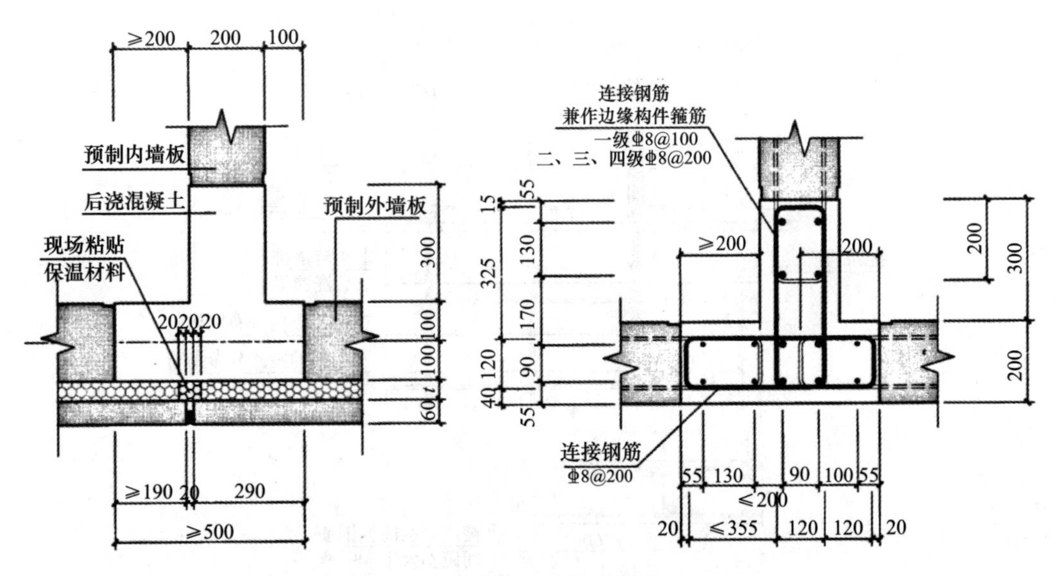

图 2-44　T 形后浇段竖向接缝构造（LYZ2）

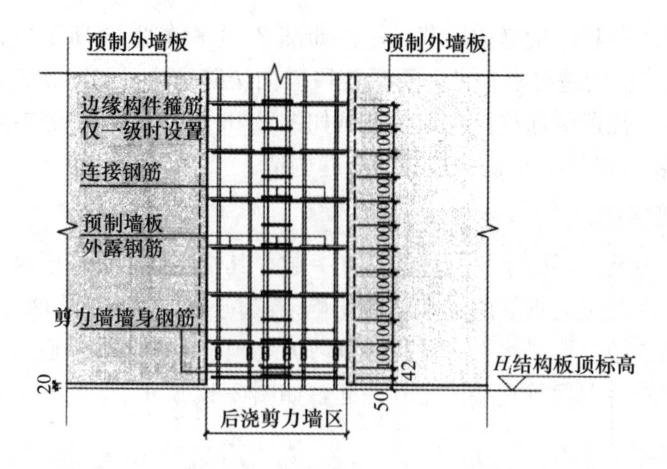

图 2-45　LYZ 型后浇段配筋示意图

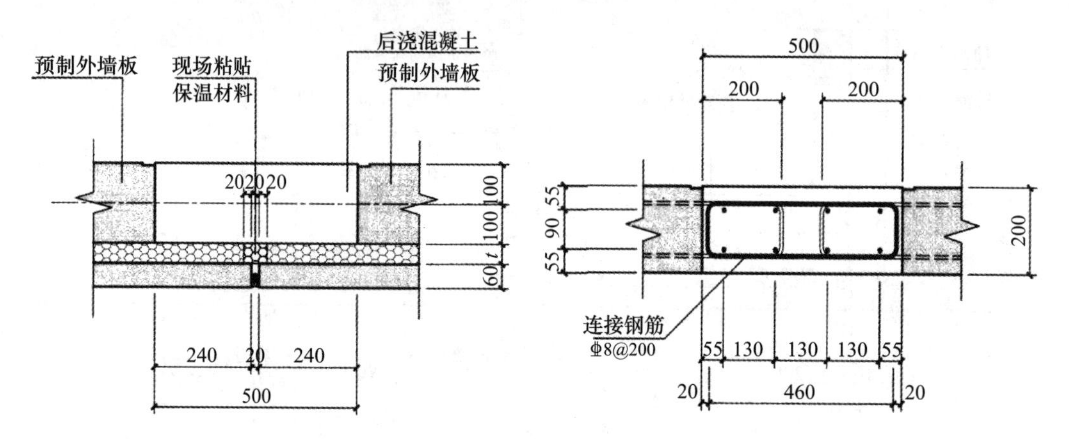

图 2-46　一字形后浇段竖向接缝构造（LAZ）

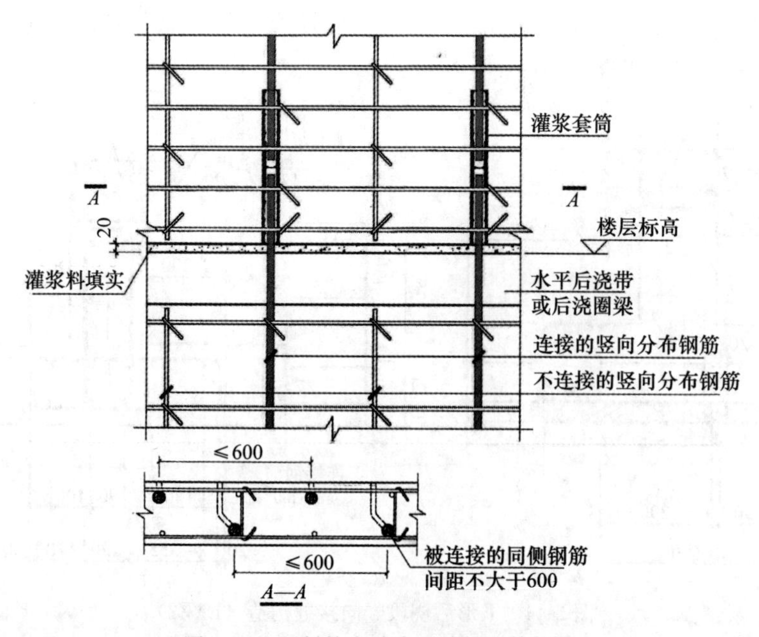

图 2-47　预制剪力墙水平接缝连接构造

外墙板水平接缝构造：

(1) 外墙非洞口区水平接缝构造。外墙非洞口区水平接缝构造如图 2-48 所示。在接缝处的内侧用砂浆封堵，外侧用弹性防水密封材料填充，安装缝内实施灌浆；连接节点处还体现了灌浆套筒位置、连梁纵筋或水平后浇带钢筋、后浇混凝土层、板厚度方向的细部尺寸等。

(2) 外墙洞口区水平接缝构造。外墙洞口区水平接缝构造如图 2-49 所示。在接缝处的内侧用砂浆封堵，外侧用弹性防水密封材料填充，安装缝内实施灌浆；连接节点处还体现了连梁纵筋、后浇混凝土层、连梁断面示意图、板厚度方向的细部尺寸等。

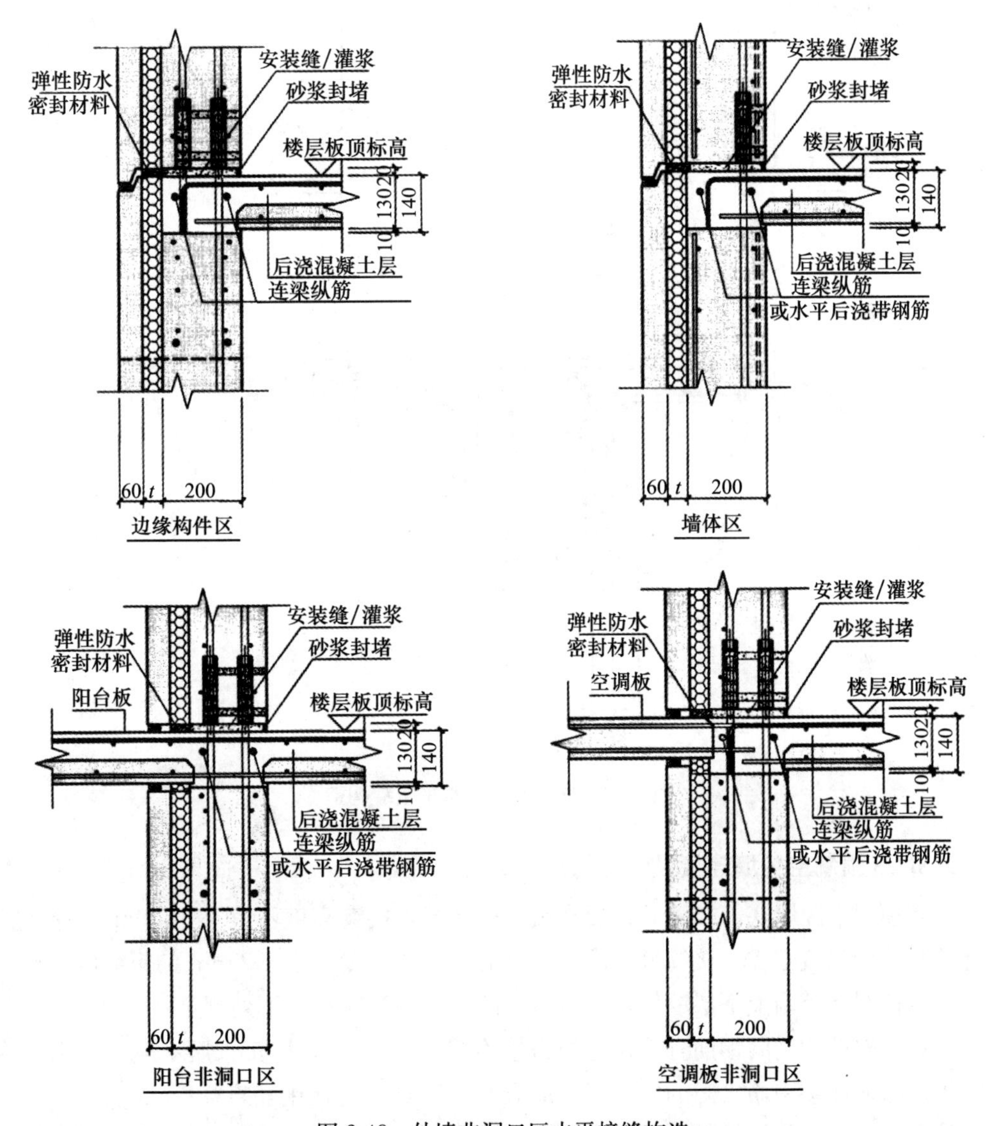

图 2-48　外墙非洞口区水平接缝构造

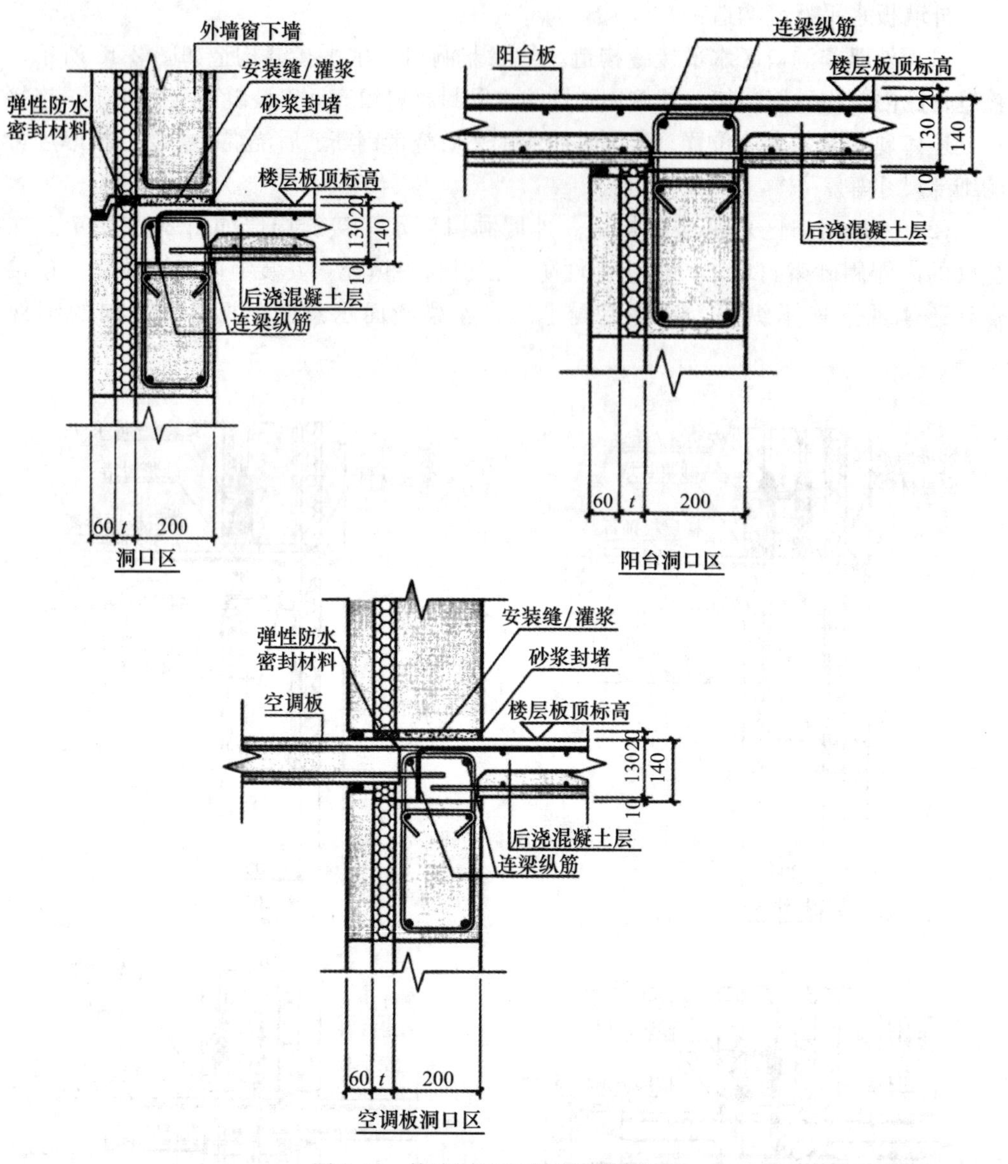

图 2-49　外墙洞口区水平接缝构造

3. SPCS 预制空腔墙连接设计与构造

（1）预制空腔墙底部接缝宜设置在楼面标高处，接缝高度不宜小于 50mm，接缝处后浇混凝土应浇筑密实，接缝处混凝土上表面应设置深度不小于 6mm 的粗糙面。

（2）预制空腔墙上下层墙体水平接缝处的连接钢筋应符合下列规定：

①边缘构件的竖向钢筋宜采用逐根搭接连接（图 2-50），搭接长度不应小于 $1.6l_{aE}$，连接钢筋与被连接钢筋之间的中心距不应大于 $4d$，d 为连接钢筋直径；

②非边缘构件部位的连接钢筋宜采用环状连接筋，如图 2-51 所示，并应满足下列要求：

a. 连接钢筋搭接长度不应小于 $1.2l_{aE}$；

b. 连接钢筋的间距不应大于预制空腔墙构件及预制夹心保温预制空腔墙构件中竖

向分布钢筋的间距，不宜大于 200mm；

c. 连接钢筋的直径不应小于预制空腔墙构件及夹心保温预制空腔墙构件中对应位置竖向分布钢筋的直径；

d. 连接钢筋直径及间距应根据计算确定，并应满足现行行业标准《装配式混凝土结构技术规程》（JGJ 1）中关于剪力墙水平接缝的受剪承载力计算要求；

e. 上下层预制空腔墙厚度不同时，环状连接筋应进行弯折处理，弯折角度不宜大于 1∶6，弯折后的连接筋应伸入上下层预制空腔墙构件空腔内，长度不宜小于 $1.2l_{aE}$，如图 2-52 所示。

（3）除下列情况外，墙体承重部分厚度不大于 200mm 的标准设防类建筑预制空腔墙的竖向分布钢筋可采用单排钢筋连接：

①抗震等级为一级的剪力墙。

②轴压比大于 0.3 的抗震等级为二、三、四级的剪力墙。

③一字形墙、一端有翼墙连接；剪力墙非边缘构件区长度大于 4mm 的剪力墙以及两端有翼墙连接；剪力墙非边缘构件长度大于 8mm 的剪力墙。

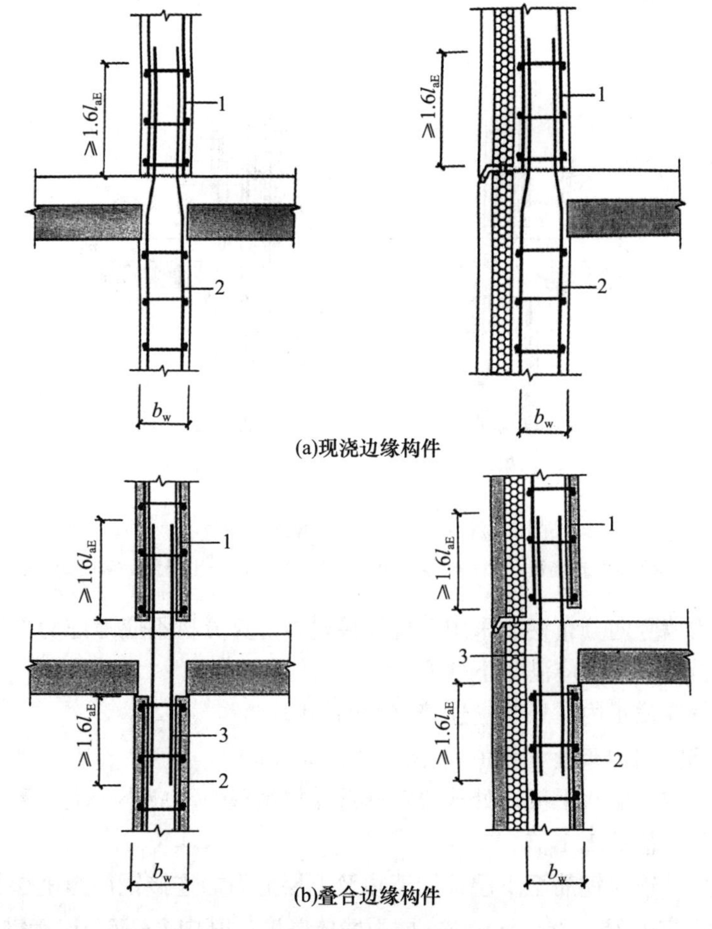

图 2-50　预制空腔墙边缘构件竖向连接

1—上层边缘构件纵筋；2—下层边缘构件纵筋；3—连接钢筋；b_w—预制空腔墙厚度

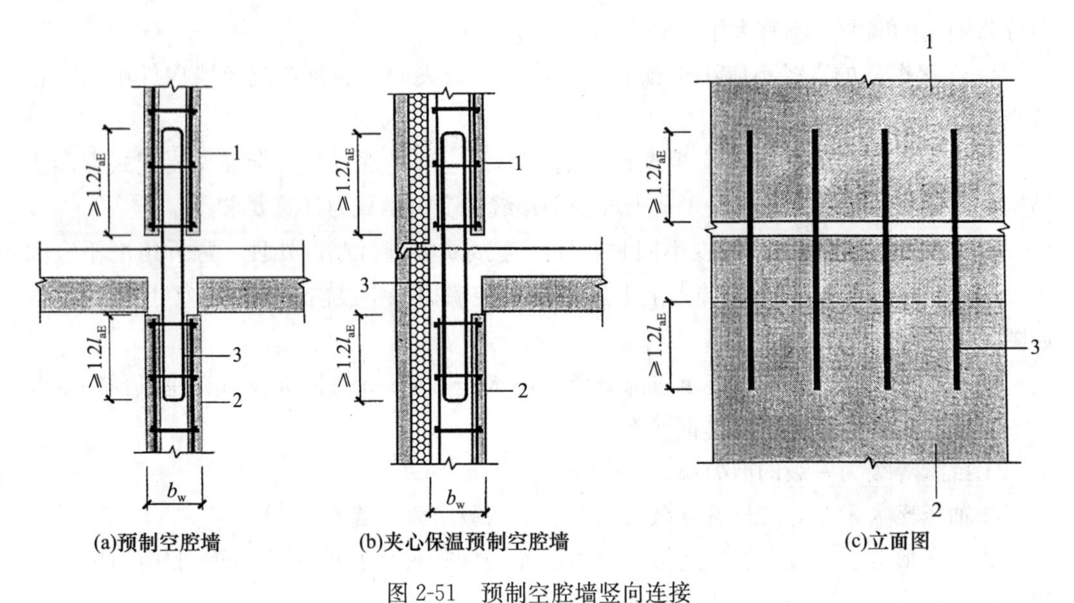

图 2-51 预制空腔墙竖向连接

1—上层预制空腔墙；2—下层预制空腔墙；3—环状连接筋；b_w—预制空腔墙厚度

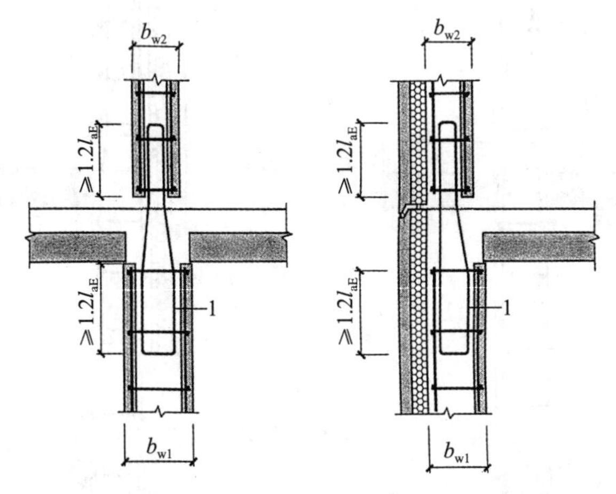

图 2-52 变截面预制空腔墙竖向连接

1—弯折环状连接筋；b_{w1}—下层预制空腔墙厚度；b_{w2}—上层预制空腔墙厚度

（4）当剪力墙竖向分布钢筋采用单排连接时，计算分析不应考虑剪力墙平面外刚度及承载力，单排钢筋连接应满足下列要求：

①连接钢筋应位于内、外侧被连接钢筋的中间位置。

②连接钢筋宜均匀布置，间距 a_1 不宜大于 300mm。

③单片预制空腔墙水平接缝处连接钢筋总受拉承载力不应小于上、下层被连接钢筋总受拉承载力较大值的 1.1 倍。

④下层剪力墙连接钢筋至下层预制墙顶及上层剪力墙连接钢筋至上层预制墙底算起的埋置长度均不应小于 $1.2l_{aE}+b_w/2$，b_w 为墙体厚度，其中 l_{aE} 应按连接钢筋直径计算。

⑤钢筋连接长度范围内应配置拉筋，同一连接接头内的拉筋配筋面积不应小于连接

钢筋面积。拉筋沿竖向的间距不应大于水平分布钢筋的间距，且不宜大于150mm。拉筋应紧靠连接钢筋，并应与最外侧分布筋可靠焊接（图2-53）。

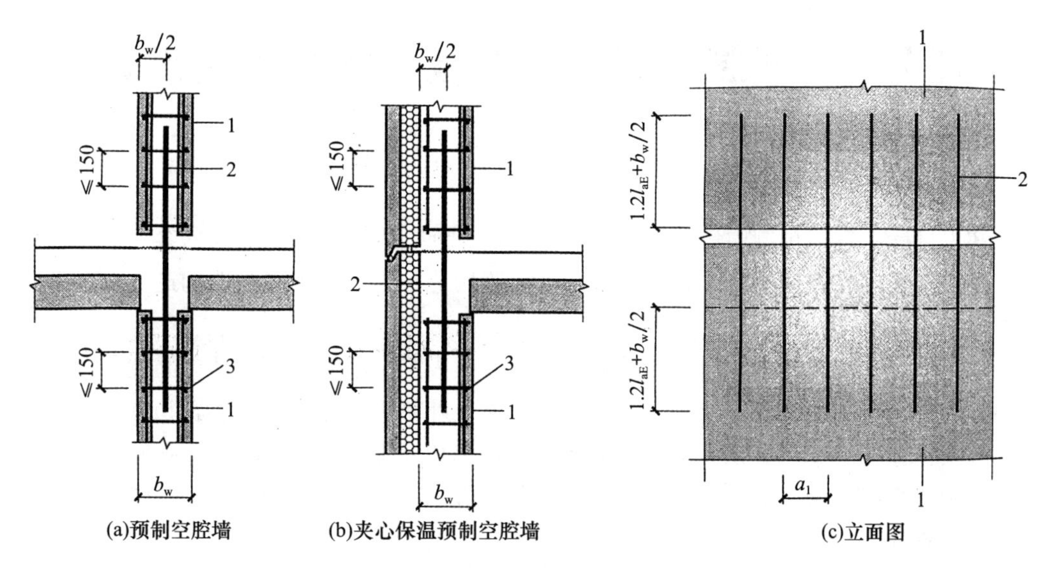

图2-53 预制空腔墙竖向单排筋连接构造

1—预制空腔墙；2—墙体连接筋；3—拉筋；b_w—预制空腔墙厚度

小结与启示

通过本部分的学习，学生应掌握预制混凝土外墙板的类型和编号规定、预制墙板列表注写方法、后浇段编号及后浇段表所表达的内容、钢筋加工尺寸标注说明；能够熟练阅读预制混凝土外墙板模板图、配筋图、预埋件布置图、钢筋明细表；能够熟悉预制外墙板深化设计文件所包括的内容。学习的要义，不仅在于掌握知识，更要善于把握事物的发展规律；不能满足于获取碎片化的知识，而要追求知识的“本真”与整体。在学习中“博学之，审问之，慎思之，明辨之，笃行之”，善于“求真理、悟道理、明事理”，才能获得真学问，练就真本领。

习 题

1. 简述预制混凝土剪力墙外墙的组成。
2. 简述内叶墙板的五种形式。
3. 解释WQCA-3329-1517中各符号的含义。
4. 解释WS、NS、MJ1、MJ2、MJ3、B-30各符号的含义。
5. 预制外墙板周边与后浇混凝土结合面有哪几种形式？
6. 简述预制外墙板侧面键槽构造做法。
7. 外墙板竖向和水平接缝构造分别有哪几种做法？
8. 简述预制外墙板深化设计步骤的内容。

任务 3　预制混凝土内墙板识图与深化设计

学习目标

知识目标：掌握预制内墙板类型与编号规定、预制内墙板列表注写内容、后浇段表示内容；掌握内墙板构造要求、内墙板竖向接缝构造、内墙板水平接缝构造、双面叠合剪力墙构造等。

能力目标：能够正确识读预制混凝土内墙板模板图、配筋图、预埋件布置图、节点详图、钢筋表与预埋件表；熟悉和了解预制混凝土外墙板深化设计的步骤和方法。

素质目标：培养识读预制混凝土内墙板模板图和施工图的基本能力；熟练掌握预制内墙板构造组成，增加对岗位的认同感；培养精益求精、创新、奋斗的工匠精神。

课程思政

为了实现我国提出的“碳达峰、碳中和”战略目标，国家推荐采用装配式建筑设计与施工，不仅提高了建筑质量，缩短了施工工期，还比传统建筑节水、节能、节材、节时、节地。还能够尽量减少施工带来的环境污染，通过积极推行绿色建材、绿色施工、绿色建造树立学生的节能环保意识。

实例 3.1　预制混凝土内墙板识图

3.1.1　预制剪力墙内墙板初步认识

预制剪力墙按照其使用功能不同可以分为外墙板和内墙板。内墙板有横墙板、纵墙板和隔墙板三种。横墙板与纵墙板均为承重墙板，隔墙板为非承重墙板。内墙板应具有隔声与防火的功能。内墙板一般采用单一材料制成，有实心与空心两种，如图 3-1 所示。

图 3-1　预制剪力墙内墙板

3.1.2 预制剪力墙内墙板构造、编号及规格

1. 预制剪力墙内墙板构造

预制剪力墙内墙板在预制工厂中直接浇筑而成。实心预制内墙板由混凝土和钢筋一次浇筑成型，如图 3-2 所示；空心预制内墙板需要在现场浇筑空心部位混凝土。

预制混凝土剪力墙内墙板主要包括外侧板、夹板以及内侧板剪力墙，是用钢筋混凝土墙板来代替框架结构中的梁柱，能承担各类荷载引起的内力，并能有效控制结构的水平力。

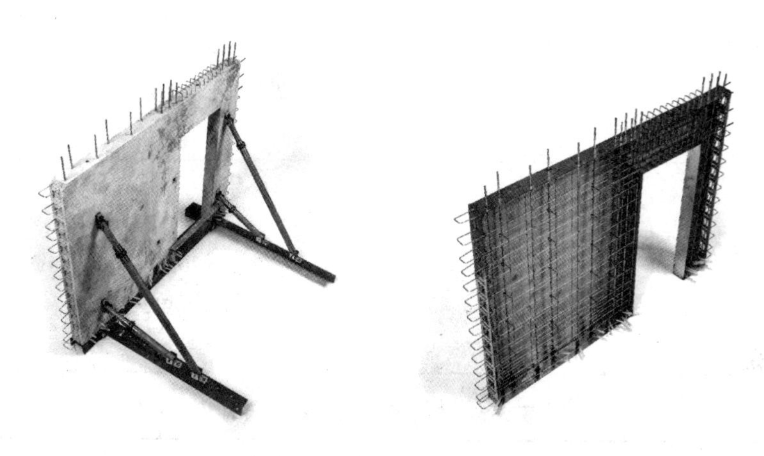

图 3-2 预制剪力墙内墙板

预制剪力墙的顶部和底部与后浇混凝土的结合面应设置粗糙面，如图 2-5 所示。侧面与后浇混凝土的结合面应设置粗糙面，也可设置键槽；键槽深度 t 不宜<20mm，宽度 w 不宜小于深度的 3 倍且不宜大于深度的 10 倍，键槽间距宜等于键槽宽度，键槽端部斜面倾角不宜大于 30°。粗糙面的面积不宜小于结合面的 80%，粗糙面凹凸深度不应<6mm。

2. 预制剪力墙内墙板编号及规格

1）预制墙板类型与编号规定

预制混凝土剪力墙编号由墙板代号、序号组成，表达形式应符合表 2-1 的规定。

预制混凝土剪力墙内墙采用标准图集《预制混凝土剪力墙内墙板》(15G365-2)，其内叶墙板共有 4 种形式，编号规则见表 3-1，示例见表 3-2。

表 3-1 内叶墙板编号规则

内叶墙板类型	示意图	编号
无洞口内墙		NQ-××-×× 无洞口内墙 层高 标志宽度

续表

内叶墙板类型	示意图	编号
一个门洞内墙 （固定门垛）	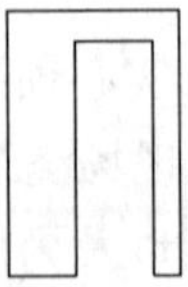	NQM1–×× ××–×× ×× 一个门洞内墙 固定门垛 标志宽度 层高 门宽 门高
一个门洞内墙 （中间门洞）		NQM2–×× ××–×× ×× 一个门洞内墙 中间门洞 标志宽度 层高 门宽 门高
一个门洞内墙 （刀把内墙）	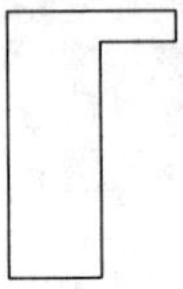	NQM3–×× ××–×× ×× 一个门洞内墙 刀把内墙 标志宽度 层高 门宽 门高

表 3-2　内叶墙板编号规则示例

预制混凝土剪力墙内墙板类型	示意图	墙板编号	标志宽度（mm）	层高（mm）	门宽（mm）	门高（mm）
无洞口内墙		NQ-2128	2100	2800		
一个门洞内墙（固定门垛）	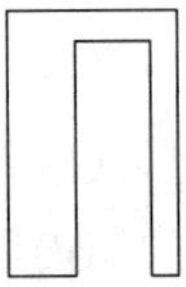	NQM1-3028-0921	3000	2800	900	2100
一个门洞内墙（中间门洞）	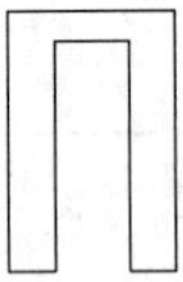	NQM2-3029-1022	3000	2900	1000	2200
一个门洞内墙（刀把内墙）	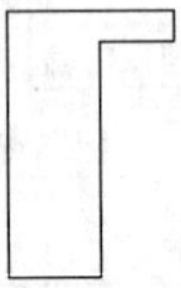	NQM3-3329-1022	3300	2900	1000	2200

内墙板选用示例如图 3-3 所示。

选用示例过程描述不再赘述。

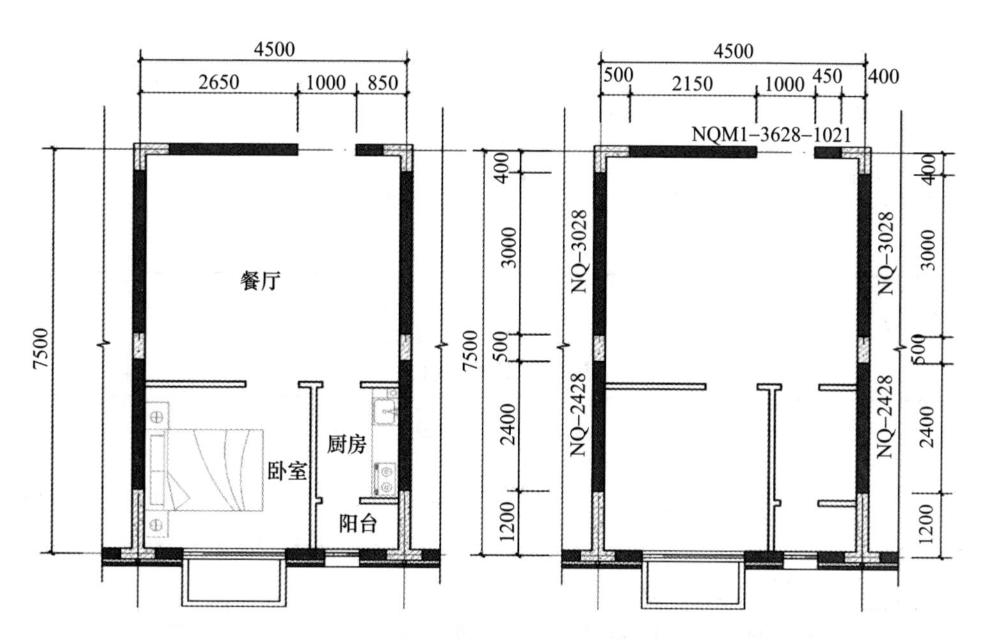

图 3-3　内墙板选用示例

2）预制内墙板列表注写内容

装配式剪力墙的注写方式应符合《混凝土结构施工图平面整体表示方法制图规则和构造详图（现浇混凝土框架、剪力墙、梁、板）》（22G101-1）的规定。

（1）墙板编号。

（2）各段墙板的位置信息，包括所在轴号和所在楼层号。

所在轴号应先标注垂直于墙板的起止轴号，用“～”表示起止方向；再标注墙板所在轴线、轴号，两者用“/”分隔。

（3）管线预埋位置信息。当选用标准图集时，高度方向可只注写低区、中区和高区，水平方向根据标准图集的参数进行选择；当不可选用标准图集时，高度方向和水平方向均应注写具体定位尺寸，其参数位置所在装配方向为 X、Y，装配方向背面为 X'、Y'，可用下角标编号区分不同线盒。

（4）构件质量、构件数量。

（5）构件详图页码。当选用标准图集时，需标注图集号和相应页码；当自行设计时，应注写构件详图的图纸编号。

3）其他说明

（1）图例见表 3-3。

表 3-3 图例

名称	图例	名称	图例
预制钢筋混凝土墙体包括内墙、内叶墙、外叶墙）		后浇段、边缘构件	
防腐木砖	⊠	预埋线盒	⊠

(2) 符号及含义见表 3-4。

表 3-4 符号及含义

符号	含义	符号	含义
Ⓒ（三角形内 C）	粗糙面	▲	装配方向（设置墙板临时支撑的一侧）

(3) 钢筋加工尺寸及标注说明

钢筋加工尺寸及标注说明同本书 2.1.2 相关内容。

3.1.3 预制剪力墙外墙板模板图以及配筋图识读

预制混凝土内墙板包括无洞口内墙、一个门洞内墙（固定门垛）、一个门洞内墙（中间门洞）、一个门洞内墙（刀把内墙），如图 3-4 所示为一个门洞内墙（固定门垛）。

模板图如图 3-5 所示。配筋图如图 3-6 所示。

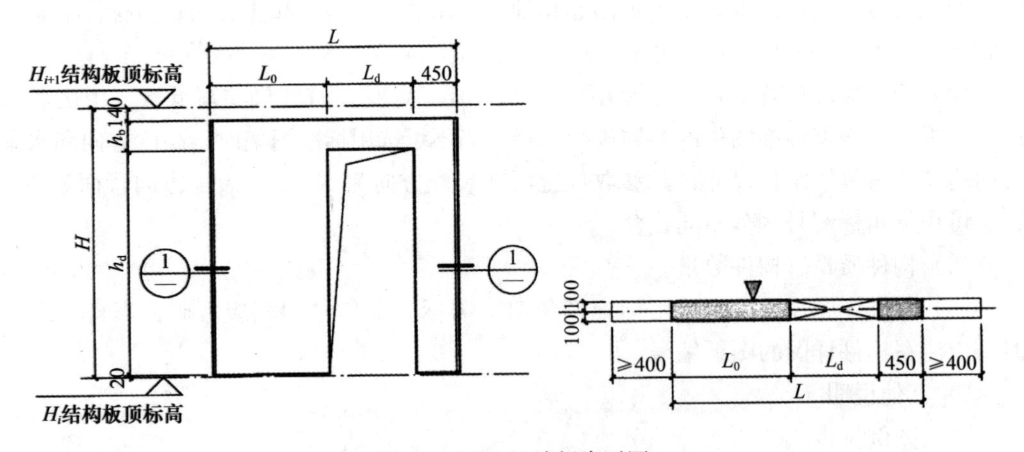

图 3-4 NQM1 墙板索引图

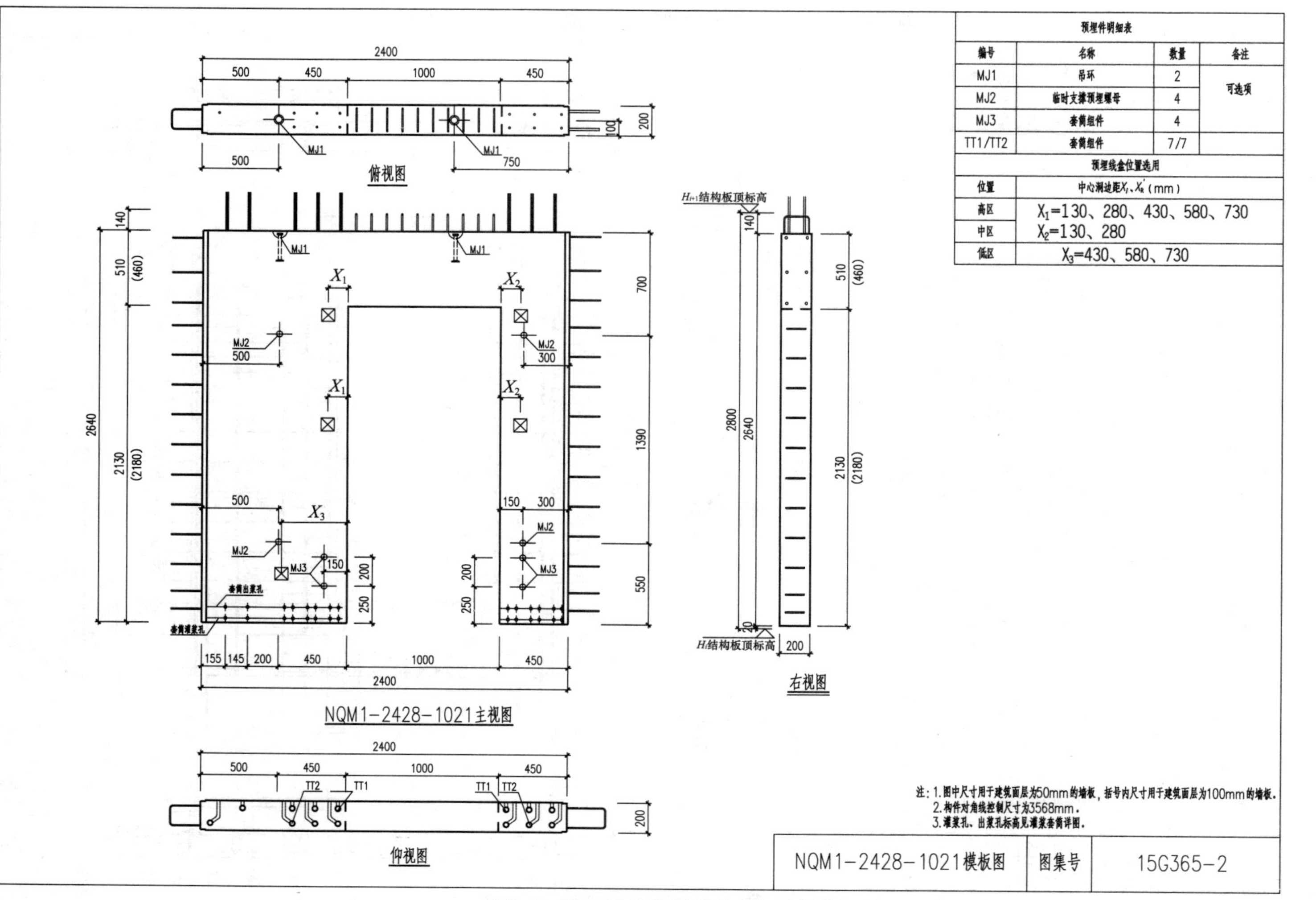

图3-5　带门洞的预制混凝土内墙板模板图

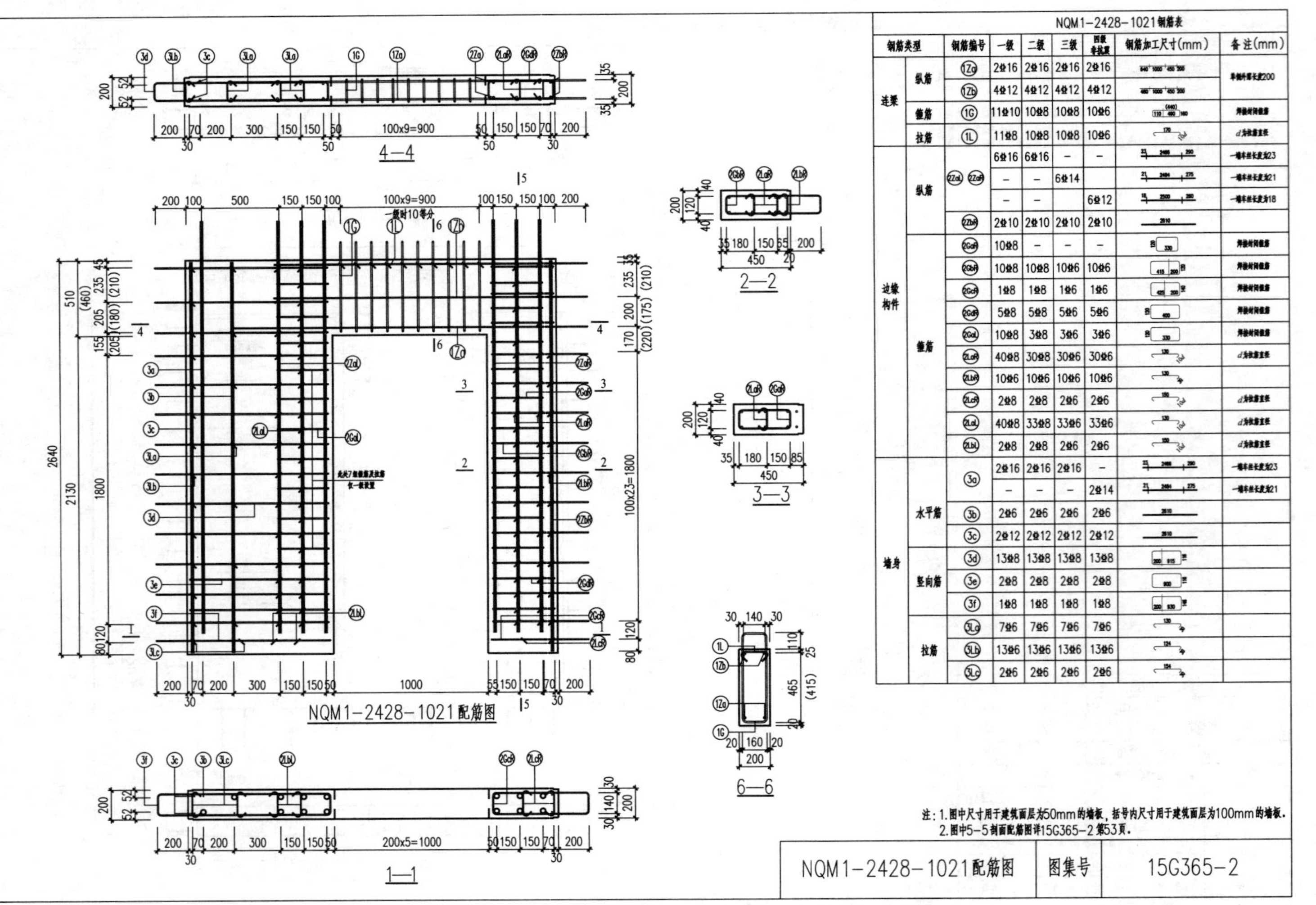

NQM1-2428-1021钢筋表

钢筋类型		钢筋编号	一级	二级	三级	四级 非抗震	钢筋加工尺寸(mm)	备注(mm)
连梁	纵筋	1Za	2⌀16	2⌀16	2⌀16	2⌀16		单侧外露长度200
		1Zb	4⌀12	4⌀12	4⌀12	4⌀12		
	箍筋	1G	11⌀10	10⌀8	10⌀8	10⌀6		焊接封闭箍筋
	拉筋	1L	11⌀8	10⌀8	10⌀8	10⌀6		d为箍筋直径
边缘构件	纵筋	2ZaL 2ZaR	6⌀16	6⌀16	–	–		一端外露长度23
			–	–	6⌀14			一端外露长度21
			–	–		6⌀12		一端外露长度18
		2ZbR	2⌀10	2⌀10	2⌀10	2⌀10	2510	
	箍筋	2GaR	10⌀8	–	–	–		焊接封闭箍筋
		2GbR	10⌀8	10⌀8	10⌀6	10⌀6		焊接封闭箍筋
		2GcR	1⌀8	1⌀8	1⌀6	1⌀6		焊接封闭箍筋
		2GdR	5⌀8	5⌀8	5⌀6	5⌀6		焊接封闭箍筋
		2GaL	10⌀8	3⌀8	3⌀6	3⌀6		焊接封闭箍筋
		2LaR	40⌀8	30⌀8	30⌀6	30⌀6		d为箍筋直径
		2LbR	10⌀6	10⌀6	10⌀6	10⌀6		
		2LcR	2⌀8	2⌀8	2⌀6	2⌀6		d为箍筋直径
		2LaL	40⌀8	33⌀8	33⌀6	33⌀6		d为箍筋直径
		2LbL	2⌀8	2⌀8	2⌀6	2⌀6		d为箍筋直径
墙身	水平筋	3a	2⌀16	2⌀16	2⌀16	–		一端外露长度23
			–	–	–	2⌀14		一端外露长度21
		3b	2⌀6	2⌀6	2⌀6	2⌀6	2510	
		3c	2⌀12	2⌀12	2⌀12	2⌀12	2510	
	竖向筋	3d	13⌀8	13⌀8	13⌀8	13⌀8		
		3e	2⌀8	2⌀8	2⌀8	2⌀8		
		3f	1⌀8	1⌀8	1⌀8	1⌀8		
	拉筋	3La	7⌀6	7⌀6	7⌀6	7⌀6		
		3Lb	13⌀6	13⌀6	13⌀6	13⌀6		
		3Lc	2⌀6	2⌀6	2⌀6	2⌀6		

注：1.图中尺寸用于建筑面层为50mm的墙板，括号内尺寸用于建筑面层为100mm的墙板。
2.图中5—5剖面配筋图详15G365—2第53页。

NQM1-2428-1021配筋图	图集号	15G365-2

图3-6　带门洞的预制混凝土内墙板配筋图

1）模板图识读

可以从图 3-5 中读取以下内容：对于带一个门洞的内墙，按照门洞的位置可分为 NQM1、NQM2 和 NQM3。

NQM1 表示一个门洞内墙（固定门垛），门洞结构完成面相对结构板顶标高为 2130（2180）mm。（建筑面层为 50mm 和 100mm 两种，括号内为 100mm 建筑面层对应数值）

（1）预制混凝土外墙板的基本尺寸：内叶墙板宽 2700mm（不含出筋），高 2640mm（不含出筋），厚 200mm。门洞口宽 900mm，高 2100mm，宽度方向靠右布置。

（2）预埋灌浆套筒，墙板底部左侧预埋 9 个，右侧 6 个，一共预埋 15 个灌浆套筒。（用 TT-X 表示灌浆套筒的型号）

（3）预埋吊件，墙板顶部有 2 个预埋吊件，主视图表示在外墙板的顶部，编号为 MJ1。

（4）预埋螺母，墙板内侧面有 2 个临时支撑预埋螺母和 3 个临时加固预埋螺母，编号分别为 MJ2 和 MJ3。

（5）灌浆分区：宽度方向按照门洞位置分为 2 个灌浆分区，长度分别为 450mm 和 1350mm，即内墙板底部的套筒灌浆部分。

2）配筋图识读

从图 3-6 所示可以得知预制混凝土内墙的基本形式：墙体内外两层钢筋网片，水平分布筋在外侧，竖向分布筋在内侧。门洞上设置连梁，门洞口两侧设置边缘构件，按照四级非抗震进行配筋选取。

（1）门洞口上部连梁底部的纵向受力钢筋为 2Φ16，配筋图中用符号 1Za 表示。纵筋的外露长度为 200mm。

（2）门洞口上部连梁的顶部纵向受拉钢筋和腰筋为 2Φ12，配筋图中用符号 1Zb 表示。纵筋的外露长度为 200mm。

（3）门洞口上部连梁的箍筋为 10Φ10，配筋图中用符号 1G 表示。采用焊接封闭箍筋。

（4）门洞口上部连梁的拉筋为 10Φ8，配筋图中用符号 1L 表示。d 表示拉筋直径。

（5）内墙板底部连接灌浆套筒的竖向纵筋分为约束边缘构件处和墙身处，配筋图中分别用符号 2ZaR、2ZaL 和 3a 表示。

（6）不连接灌浆套筒的竖向纵筋为 3Φ6，配筋图中用符号 3b 表示。

（7）灌浆套筒处水平分布筋为 1Φ8，配筋图中用符号 3f 表示。

（8）墙体水平分布筋为 13Φ8，配筋图中用符号 3d 表示。

（9）门洞口边缘构件箍筋为 10Φ8，配筋图中用符号 2GbR、2GbL 表示。

（10）门洞口边缘构件拉结筋为 40Φ8，配筋图中用符号 2GaR、2GaL 表示。

（11）墙身竖向构造纵筋拉筋为 7Φ6，配筋图中用符号 3La 表示。

（12）灌浆套筒处拉结筋为 2Φ6，配筋图中用符号 3Lc 表示。

以上就是带窗洞的外墙板模板图和配筋图中各个部分的识读。

实例 3.2　预制混凝土内墙板深化设计

3.2.1　预制剪力墙内墙板图纸绘制流程

内墙板的深化设计，必须先结合标准图集与工程概况掌握预制墙间竖向接缝构造、预制墙水平接缝连接构造等内容，以及深化设计文件应包括的内容。具体步骤如下：

第一步，在原有施工图基础上确认剪力墙的位置及尺寸，绘制拆分底图，如图 2-29 所示；

第二步，确认套筒的定位钢筋位置，如图 2-30 所示；

第三步，确认连接节点，如图 2-31 所示；

第四步，确定可视面（外墙：由室内往室外），如图 3-7 所示；

第五步，剪力墙外墙板高度计算，考虑是否有降板要求，如图 3-8 所示；

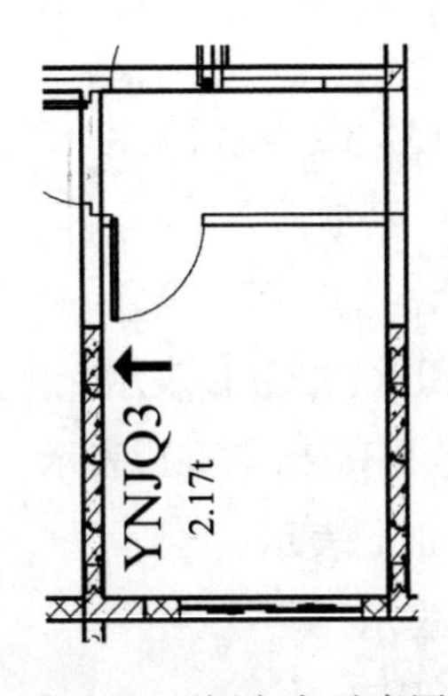

图 3-7　可视方向示意图

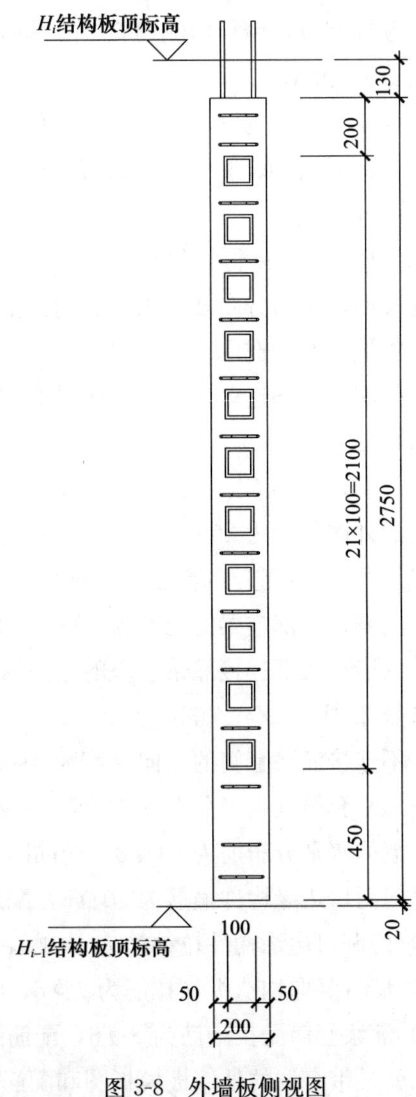

图 3-8　外墙板侧视图

第六步，绘制模板图，如图 3-9 所示；

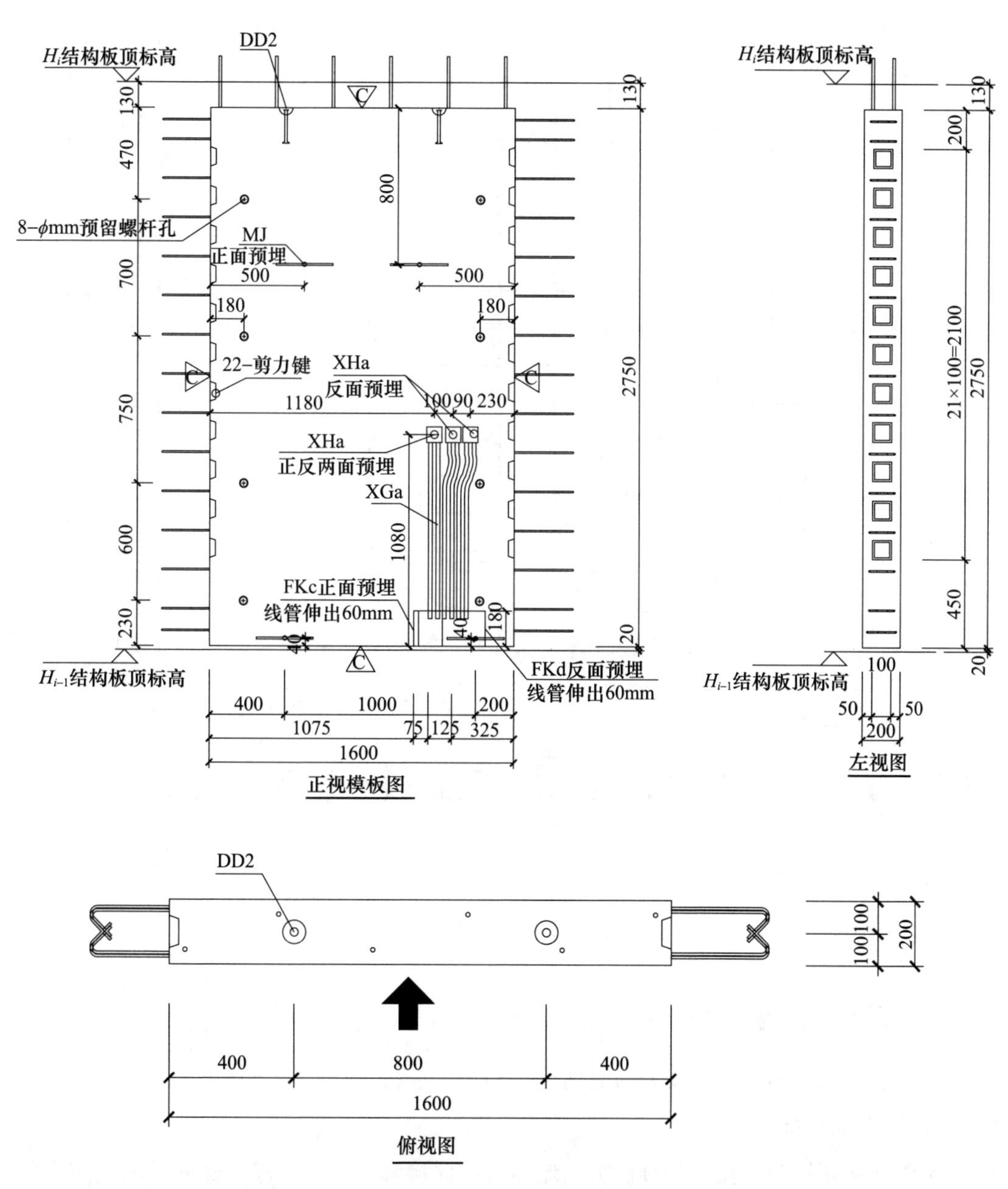

图 3-9 内墙板模板图

第七步，绘制配筋大样图，如图 3-10 所示；

第八步，落实水电、暖通装修条件。

以上就是预制剪力墙内墙板的深化设计全过程。在深化设计过程中要始终遵循设计原则：标准化、模数化，少规格、多组合，结构整体性、耐久性，高强高性能材料应用，合理地预制拆分。

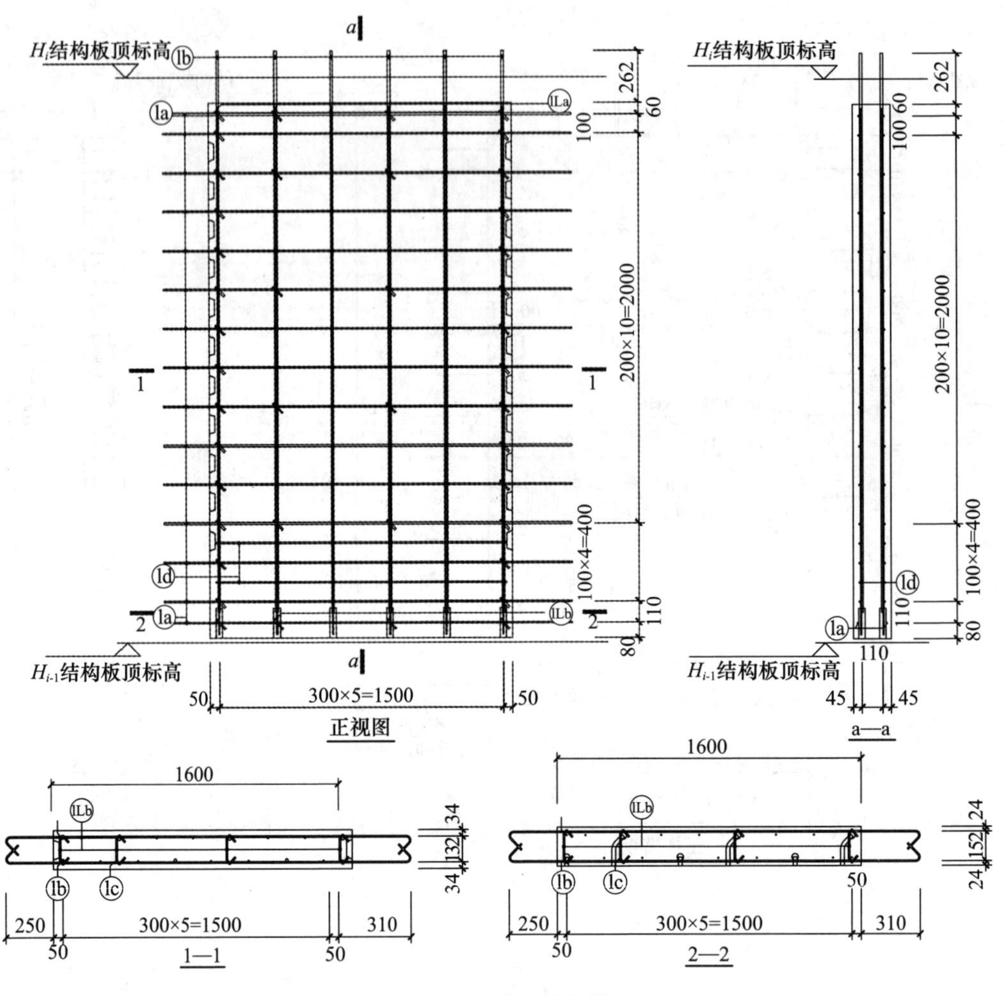

图 3-10　内墙板配筋图

3.2.2　预制剪力墙墙板节点介绍

剪力墙内墙板的连接主要分为竖向连接和水平连接。

1. 竖向连接接缝

竖向连接是指两片相邻的预制剪力墙通过竖向接缝连接在一起，竖向接缝具有良好的变形能力，并且能够传递剪力墙片之间的剪力，当外部荷载作用时，通过在水平方向和竖直方向的变形，来影响结构的变形和耗能能力。当不同大小的外部荷载作用到相邻墙板时，竖向接缝可以起到传递剪力的作用，足够的抗剪承载力能够使相邻两片预制剪力墙协同工作，共同抵抗弯矩。

楼层内相邻预制剪力墙之间应采用整体式接缝连接。后浇段的类型主要有 L 形后浇段（LJZ）、T 形后浇段（LYZ）、一字形后浇段（LAZ），内墙板竖向接缝构造节点示例如图 3-11～图 3-13 所示。

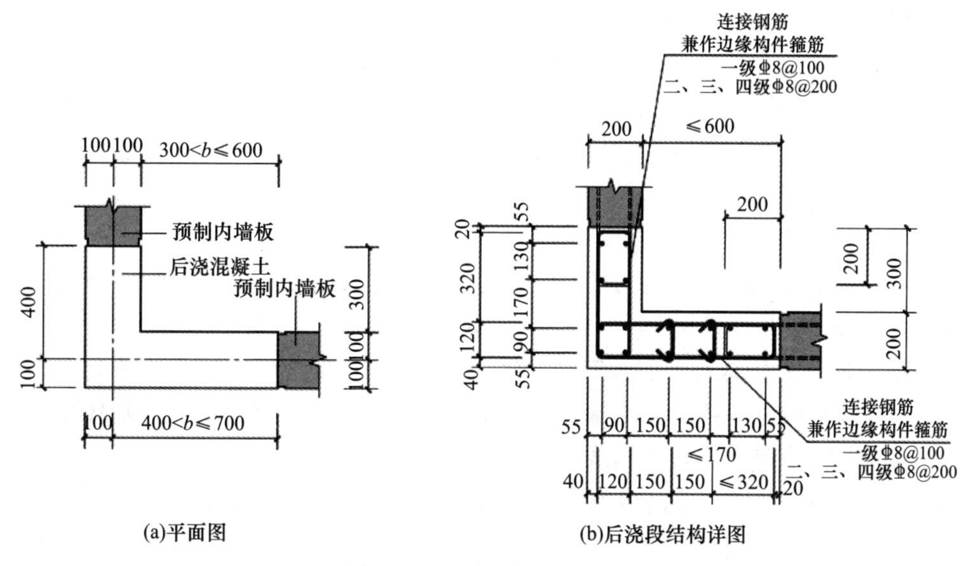

图 3-11　L 形后浇段（LJZ1）

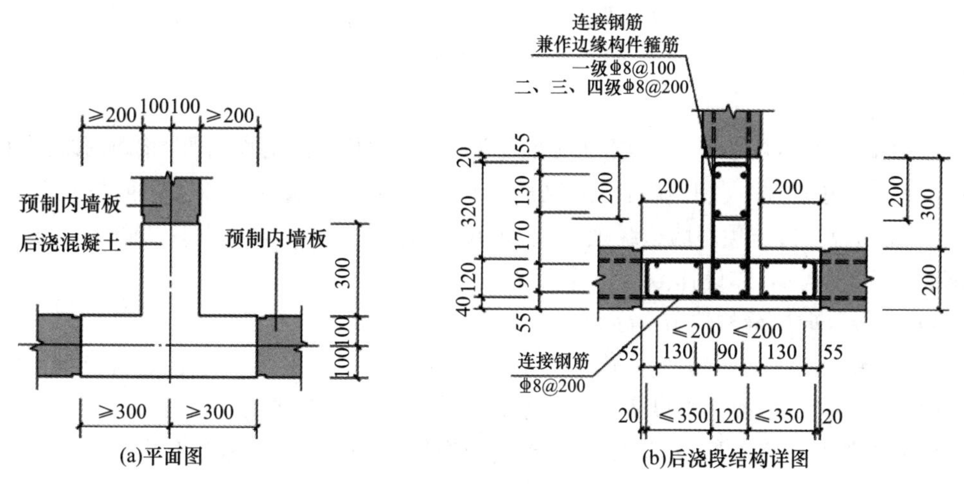

图 3-12　T 形后浇段（LYZ1）

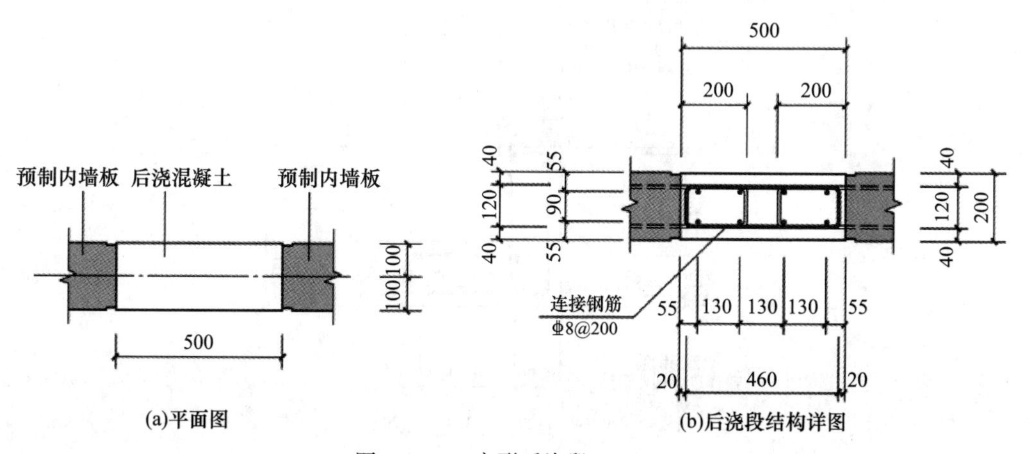

图 3-13　一字形后浇段（LAZ）

结合标准图集《装配式混凝土结构连接节点构造（剪力墙）》（15G310-2），墙板竖向接缝构造包括预制墙间的竖向接缝构造、预制墙与现浇墙间的竖向接缝构造、预制墙与后浇边缘暗柱（端柱）间的竖向接缝构造、预制墙在转角墙处的竖向接缝构造、预制墙在有翼墙处的竖向接缝构造及预制墙在十字形墙处的竖向接缝构造等。下面以约束边缘构件后浇段非边缘构件后浇段为例介绍其竖向接缝构造。

1）约束边缘转角墙竖向接缝构造

如图 2-37 所示，水平方向剪力墙厚度为 b_w，竖直方向剪力墙厚度为 b_f；水平方向墙肢总长度≥400mm，向右延伸长度≥b_w且≥300mm；竖直方向墙肢总长度≥400mm，向上延伸长度≥b_f且≥300m；边缘构件附加钢筋（箍筋）与预制墙内延伸出钢筋搭接长度≥$0.6l_{aE}$（$0.6l_a$），且与预制墙边缘距离≥10mm。约束边缘转角墙的竖向钢筋、箍筋详见具体设计。

2）约束边缘翼墙竖向接缝构造

如图 2-38 所示，水平方向剪力墙厚度为 b_f，竖直方向剪力墙厚度为 b_w；水平方向墙肢向左、右各延伸长度≥b_f且≥300mm；竖直方向墙肢向上延伸长度≥b_w且≥300mm；边缘构件水平方向附加钢筋（箍筋）与预制墙内延伸出钢筋搭接长度≥$0.6l_{aE}$（$0.6l_a$），且与预制墙边缘距离≥10mm；竖直方向剪力墙内预留长 U 形钢筋延伸至水平墙段外边缘。约束边缘转角墙的竖向钢筋、箍筋详见具体设计。

3）预制墙间竖向接缝构造

如图 2-39 所示，水平方向剪力墙厚度为 b_w；两侧剪力墙预留 U 形钢筋之间距离≥20mm；非边缘构件水平方向附加钢筋（箍筋）与预制墙内延伸出钢筋搭接长度≥$0.6l_{aE}$（$0.6l_a$），且与预制墙边缘距离≥10mm；后浇段宽度 l_g≥b_w且≥200mm，竖向分布钢筋、箍筋详见具体设计。

4）墙板竖向接缝构造节点示例

（1）L 形后浇段竖向接缝构造节点示例如图 3-14～图 3-16 所示，结构抗震等级为一级时，后浇段的混凝土强度等级不低于 C35，结构抗震等级为二、三、四级时，后浇段的混凝土强度等级不低于 C30，图中箍筋及纵筋均按钢筋中心线定位；后浇段竖向钢筋直径及间距应结合墙板竖向钢筋，根据计算结果及国家现行标准要求进行配置。

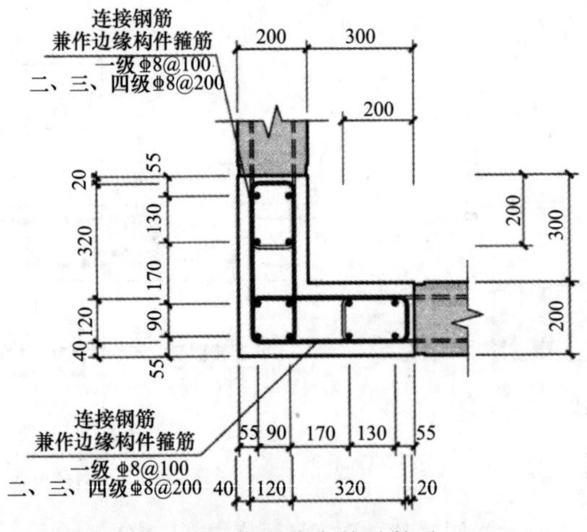

图 3-14　L 形后浇段竖向接缝构造（LJZ1）

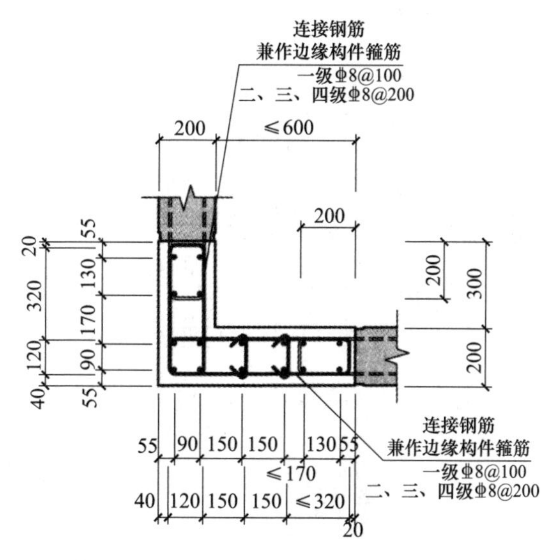

图 3-15　L 形后浇段竖向接缝构造（LJZ2）

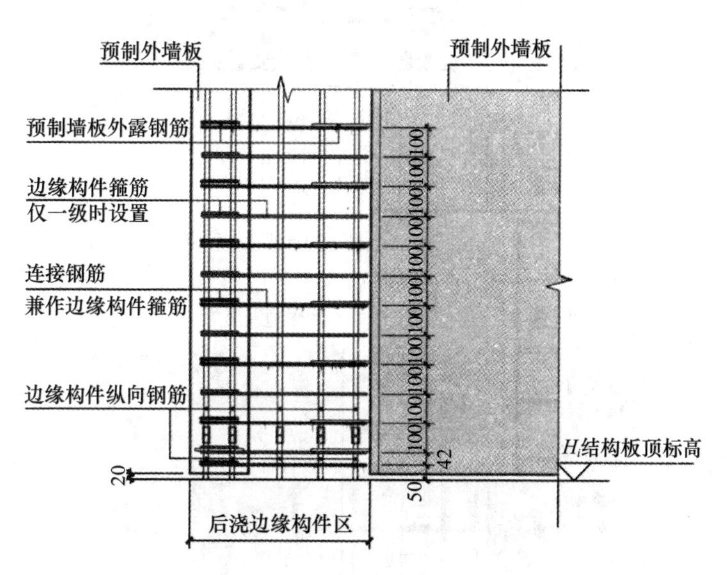

图 3-16　L 形后浇段配筋示意图

（2）T 形后浇段竖向接缝构造节点示例如图 3-17～图 3-19 所示，后浇段连接钢筋选用ф 8@200，其他构造要求参见 L 形后浇段竖向接缝构造。

（3）一字形后浇段竖向接缝构造节点示例如图 3-20 所示，后浇段连接钢筋选用ф 8@200，其他构造要求参见 L 形后浇段竖向接缝构造。

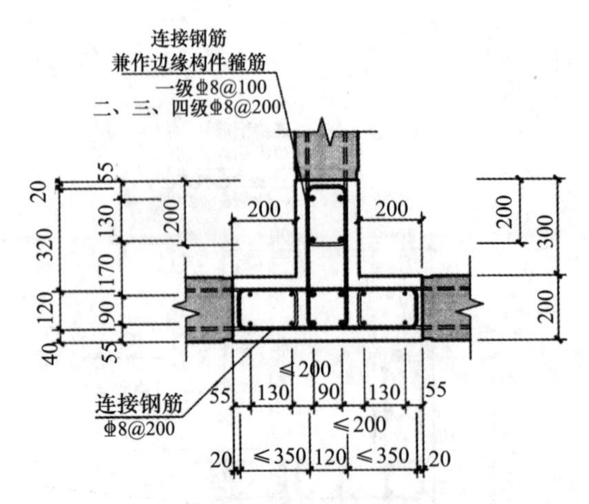

图 3-17　T 形后浇段竖向接缝构造（LYZ1）

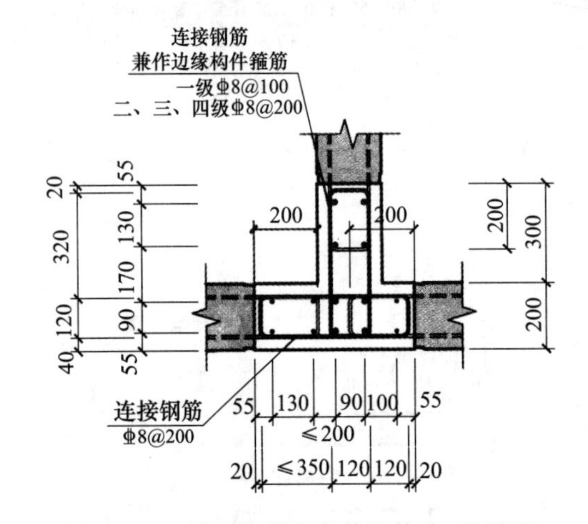

图 3-18　T 形后浇段竖向接缝构造（LYZ2）

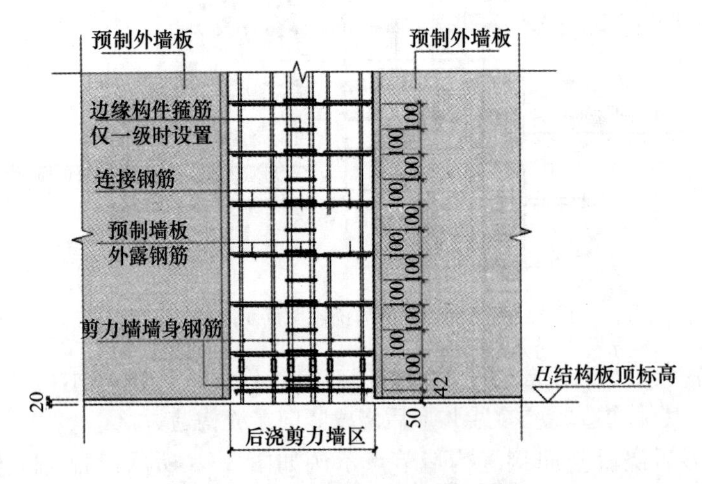

图 3-19　LYZ 形后浇段配筋示意图

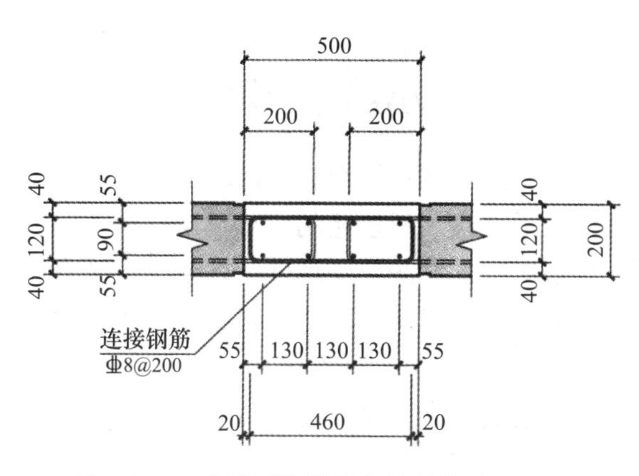

图 3-20　一字形后浇段竖向接缝构造（LAZ）

2. 水平连接接缝

上下预制剪力墙片通过水平接缝连接在一起，其中竖向钢筋承受水平方向的剪力和传递竖向荷载，因此竖向钢筋的连接质量影响着装配式剪力墙结构的受力和抗震性能。对于水平接缝的连接主要是将上下两片预制剪力墙预留好的竖向钢筋通过预留洞刚接对位插入或者通过外设套筒等连接固定到一起。

（1）预制内墙边缘构件区水平接缝构造。预制内墙边缘构件区水平接缝构造如图 3-21所示。在接缝处的内侧用砂浆封堵，安装缝内实施灌浆；连接节点处还体现了灌浆套筒位置、连梁纵筋或水平后浇带钢筋、后浇混凝土层、板厚度方向的细部尺寸等。

（2）预制内墙墙体区水平接缝构造。墙体区水平接缝构造如图 3-22 所示。在接缝处用砂浆封堵，安装缝内实施灌浆；连接节点处还体现了连梁纵筋、后浇混凝土层、连梁断面示意图、板厚度方向的细部尺寸等。

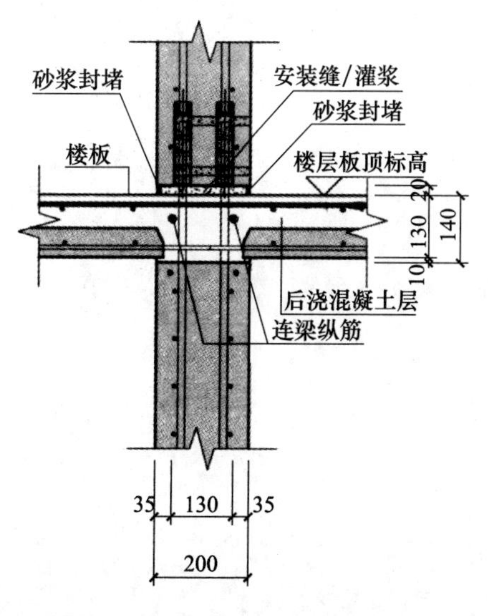

图 3-21　边缘构件区水平接缝构造

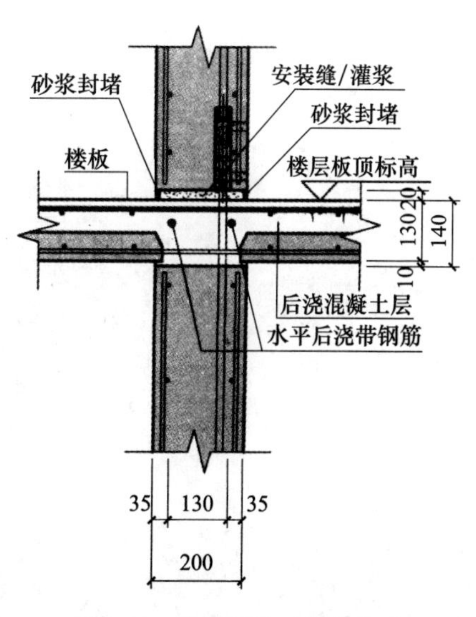

图 3-22　墙体区水平接缝构造

小结与启示

通过本部分的学习，学生应掌握预制混凝土内墙板的类型和编号规定、预制墙板列表注写方法、后浇段编号及后浇段表所表达的内容、钢筋加工尺寸标注说明；能够熟练阅读预制混凝土内墙板模板图、配筋图、预埋件布置图、钢筋明细表；能够掌握深化设计文件所包括的内容。立身百行，以学为基，学习可以增智长才、厚德明志。“玉不琢，不成器；人不学，不知义。”学习其实是一个不断发现自我的过程，它扩大了人的精神空间与思想容量，让我们的视野更加开阔，境界更加升华，心灵更加纯洁。

习　题

1. 预制混凝土内墙板有哪几种形式?
2. 解释 NQM2-3329-1022、NQM3-3029-1022 各符号的含义。
3. 钢筋表与预埋件表主要表达哪些内容?
4. 绘制 L 形后浇段竖向接缝构造节点详图。
5. 绘制 T 形后浇段竖向接缝构造节点详图。
6. 绘制内墙板水平接缝构造详图。
7. 简述预制内墙板和预制外墙板在组成和构造上的区别。

任务4　预制钢筋混凝土板式楼梯识图与深化设计

学习目标

知识目标：了解预制钢筋混凝土板式楼梯的基本构造和特点；掌握预制钢筋混凝土板式楼梯的识图方法和技巧；理解预制钢筋混凝土板式楼梯的设计原则和要求；熟悉预制钢筋混凝土板式楼梯的深化设计流程和方法。

能力目标：能够准确识别预制钢筋混凝土板式楼梯的结构构件和连接方式；能够运用所学知识进行预制钢筋混凝土板式楼梯的识图和设计；能够根据实际需求进行预制钢筋混凝土板式楼梯的深化设计，并提出合理的改进方案。

素质目标：养成细致识读、认真深化设计板式楼梯施工图的良好作风；仔细钻研板式楼梯结构，培养学生一丝不苟、精益求精的工匠精神和劳动风尚，培养认真负责意识和敢挑重担的勇气担当。

课程思政

在当今社会，建筑工程的施工速度和质量是人们关注的焦点。装配式建筑构件工厂化生产正成为实现快速、高质量建筑的重要手段之一。像造汽车一样造房子，预制钢筋混凝土板式楼梯作为其中的重要组成部分，其识图与深化设计对于提高生产效率和产品质量至关重要。

实例4.1　预制混凝土双跑楼梯识图

4.1.1　预制混凝土板式楼梯初步认识

装配整体式混凝土结构住宅建筑常采用预制钢筋混凝土板式楼梯，包括多层住宅的双跑楼梯和高层住宅的剪刀楼梯，板面和板底均应配通长钢筋。考虑到楼梯在加工、运输、吊装过程中的承载力，在预制楼梯的两侧需配置加强钢筋。预制楼梯的构造上还包括上下端销键、吊装预埋件（板侧和板面）、栏杆预埋件（板侧或板面）、预留洞等。

《预制钢筋混凝土板式楼梯》（15G367-1）（图4-1）适用于环境类别为一类，非抗震设计和抗震设防烈度为6～8度地区的多高层剪力墙结构体系的住宅。

预制楼梯包括双跑楼梯（图4-2）和剪刀楼梯（图4-2），预制楼梯的层高为2.8m、2.9m和3.0m，对应楼梯间净宽双跑楼梯为2.4m、2.5m，剪刀楼梯为2.5m、2.6m。楼梯入户处建筑面层厚度为50mm，楼梯平台处建筑面层厚度为30mm。

图 4-1 《预制钢筋混凝土板式楼梯》图集

图 4-2 预制双跑楼梯与剪刀楼梯实物

4.1.2 预制混凝土板式楼梯构造、规格及编号

双跑楼梯是楼梯的一种形式，是应用最为广泛的一种形式。其在两个楼板层之间，包括两个平行而方向相反的梯段和一个中间休息平台。设计者经常把两个梯段做成等长以节约面积，常用于低层、多层、公共建筑，如学校、医院等，如图 4-3 所示。

剪刀楼梯，实际上是由两个双跑直楼梯交叉并列布置而形成的，属于特种楼梯。它是将一个楼梯间从中隔开，一分为二，里面各设置一组没有拐弯的直楼梯，即一个梯段就直接从本层通到了上一层。而这两组梯子的倾斜方向又正好相反，一组向右侧，另一组向左侧，从侧面看，叠合在一起就如剪刀一样，故名剪刀楼梯，也可称其为叠合楼梯或套梯。

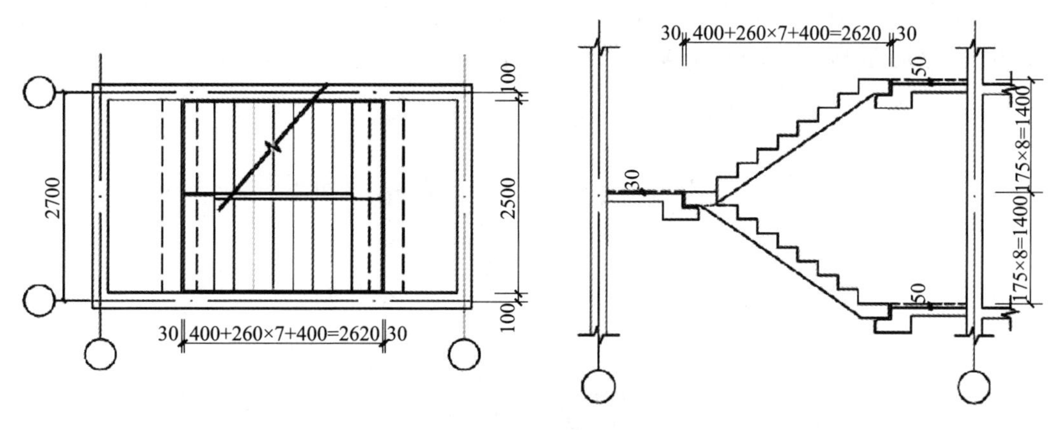

图 4-3　双跑楼梯选用示例

剪刀楼梯用来解决大量人流的疏散，而上下互不相干。它与双连对折式楼梯的相同之处是在二、三层的楼梯各自有独立的出入口；也是在同一位置做跃层布置，充分利用空间。而它的不同之处是采用直上式单线上、下，不能像双连对折式楼梯可利用合用休息平台交叉上下。实际上，若双连对折式楼梯的布置不是对称的话，即左上行段转 180°布置，在右边时成双连对折交叉式。在平台中间沿楼梯段方向用隔断隔开，就变成直上二段剪刀式楼梯（带平台的剪刀式楼梯），但所占的面积就比直上式剪刀楼梯多。

剪刀楼梯的特点：在同一楼梯间里设置了两座楼梯，形成两条垂直方向的疏散通道。因此，在平面设计中可利用较狭窄的空间，节约使用面积。正因为如此，剪刀楼梯在国内外高层建筑中得到了广泛的应用。

剪刀楼梯既可以节省使用面积，又能保障安全疏散。图 4-4 所示为剪刀楼梯选用示例。

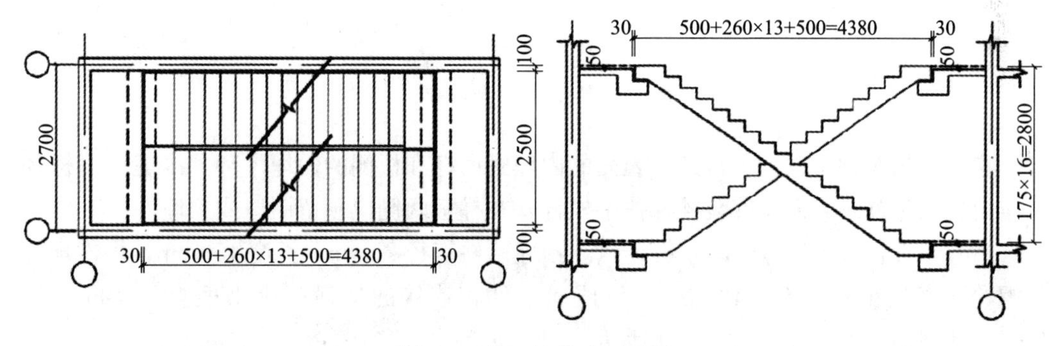

图 4-4　剪刀楼梯选用示例

预制楼梯的每层踏步阳角处可设置踏步护角，每层踏步的踏步护角后方的踏步上表面宜设置踏步防滑槽，在预制楼梯梯段板最上端和最下端上表面一般设置有安装预留孔，在预制楼梯上表面靠近梯井一侧边沿一般设有栏杆预留孔或者预埋钢板，用于后期焊接金属栏杆。

如图 4-5 所示，防滑槽长度方向两端距离梯段板边缘 50mm，相邻两防滑槽中心线之间的距离为 30mm，边缘防滑槽中心线距离踏步边缘 30mm，每个防滑槽中心线距离两边距离分别为 9mm 和 6mm，防滑槽深 6mm。

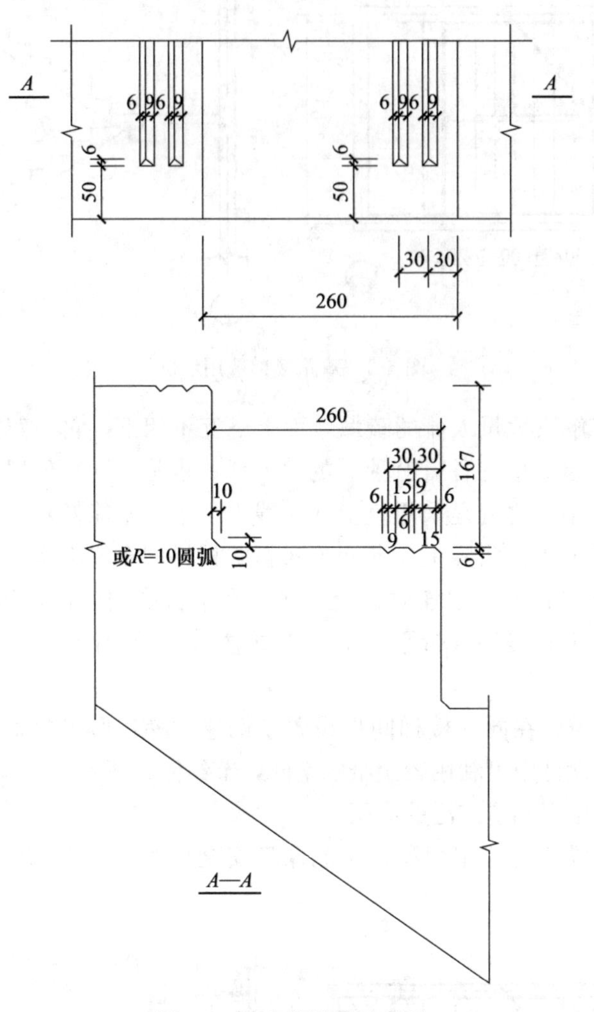

图 4-5 踏步防滑槽示意图

梯段板吊装预埋件，包括踏步表面的内埋式吊杆和板侧的内埋吊环。内埋式吊杆部位应设置加强筋。为便于安装楼梯扶手栏杆，在梯板两侧应预留洞口或预埋件。

(1) 预埋件 M1 构造［图 4-6 (a)］。预埋吊件直径 28mm，长度 150mm，吊件顶部的螺栓孔直径 18mm（深 40mm），与预埋吊件相连接的加强筋为 1 根直径 12mm 的 HRB400 钢筋，长度 300mm，与预埋吊件垂直布置，距离吊件底部 30mm。

(2) 预埋件 M2 构造［图 4-6 (b)］。节点中预埋件凹槽为四棱台，长度 140mm，宽度 60mm，深度 20mm，四棱台四个斜面水平投影长度均为 10mm；预埋吊筋呈 U 形，为 1 根直径 12mm 的 HPB300 钢筋，下端突出预制构件表面 80mm，伸入构件内部 380mm，钢筋端部做 180°弯钩，平直段长度 60mm，平行段之间的距离为 100mm。

预制楼梯平面布置图注写内容包括楼梯间的平面尺寸、楼层结构标高、楼梯的上下方向、预制梯板的平面几何尺寸、梯板类型及编号、定位尺寸和连接做法索引号等。

预制双跑楼梯编号如图 4-7 所示。例如 ST-30-26 表示预制混凝土板式双跑楼梯，建筑层高 3000mm、楼梯间净宽 2600mm。

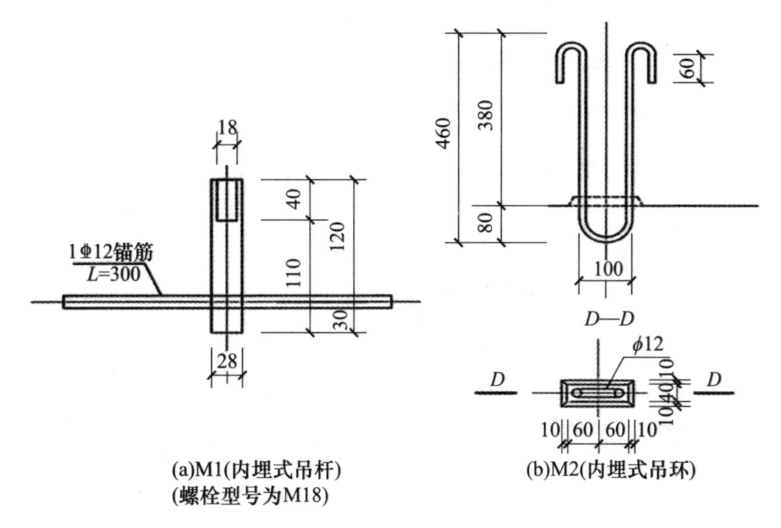

(a)M1(内埋式吊杆)(螺栓型号为M18)　(b)M2(内埋式吊环)

图 4-6　吊装预埋件示意图

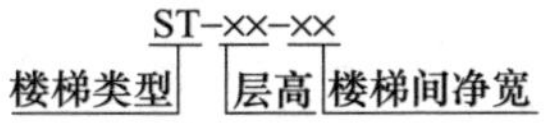

ST-××-××

楼梯类型　层高　楼梯间净宽

图 4-7　预制双跑楼梯编号示意图

预制剪刀楼梯编号如图 4-8 所示。例如 JT-30-26 表示预制混凝土板式剪刀楼梯，建筑层高 3000mm、楼梯间净宽 2600mm。

JT-××-××

楼梯类型　层高　楼梯间净宽

图 4-8　预制剪刀楼梯编号示意图

4.1.3　预制混凝土板式楼梯的连接构造简介

预制混凝土板式楼梯连接构造主要包括上端（固定铰端）和下端（滑动铰端）连接构造。

楼梯的上端采用固定铰端连接构造［图 4-9（a）］，在梯梁的挑耳上预留螺栓，挑耳上表面水泥砂浆找平，梯板上端销键套在螺栓上，用灌浆料填实，表面用砂浆封堵，楼梯与梯梁间的空隙用聚苯等材料填充，注胶密封。

楼梯的下端采用滑动铰端连接构造［图 4-9（b）］，在梯梁的挑耳上预留螺栓，挑耳上表面水泥砂浆找平，梯板上端销键套在螺栓上，用螺母固定，砂浆表面封堵，销键内为空腔，保证下端的自由滑动。楼梯与梯梁间的空隙用聚苯等材料填充，注胶密封。梯板上下端应预留销键，洞周应用钢筋加强，如图 4-10 所示。

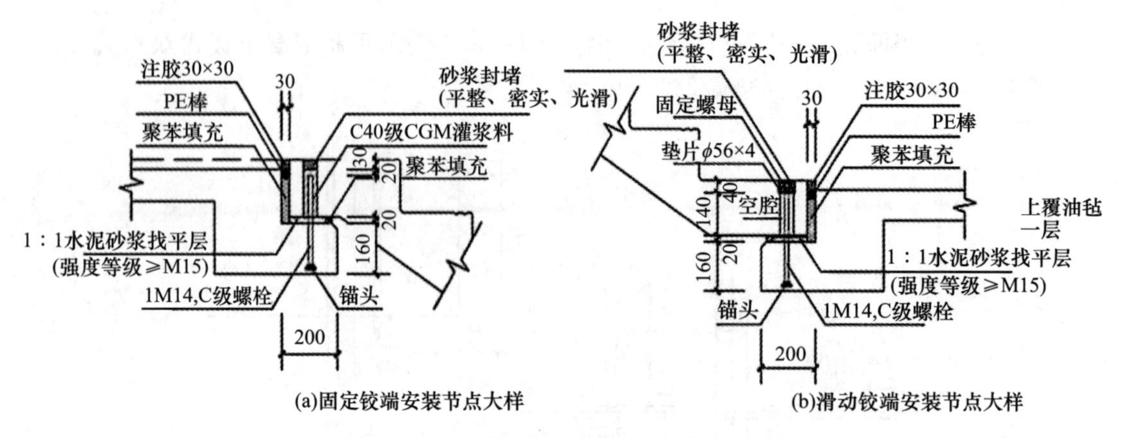

图 4-9　预制楼梯上下端连接构造示意图

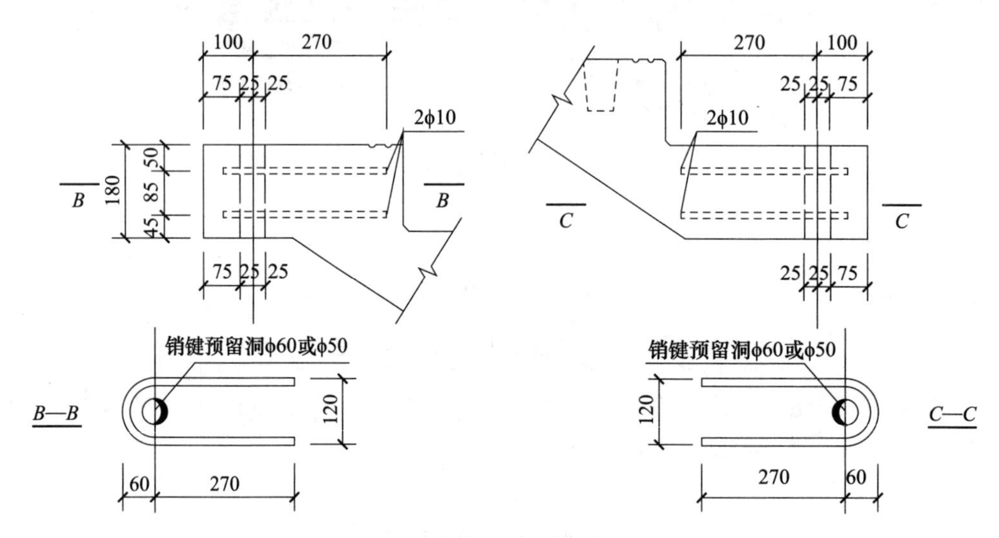

图 4-10　预制楼梯上下端钢筋加强示意图

(1) 上端销键预留洞加强筋做法。预留洞外边缘距离支承外边缘 75mm；每个预留洞设置 2 根直径 10 mm 的 HRB400 钢筋，U 形加强筋右边缘距离预留洞中心 55mm，加强筋平直段长度 270mm，两平行边之间距离 110mm；竖直方向，上层加强筋与支承顶面距离 50mm，下层加强筋与支承顶面距离 45mm，两层加强筋之间距离 85mm。

(2) 下端销键预留洞加强筋做法。预留洞外边缘距离支承外边缘：洞底部 75mm，洞顶部 70mm；预留洞上部直径 60mm，深 50mm，下部直径 50mm，深 130mm；其他钢筋构造同上端销键预留洞。

4.1.4　预制混凝土双跑楼梯安装图、模板图、配筋图识读

1. 安装图识读

如图 4-11 所示，ST-29-25 楼梯间净宽为 2500mm，梯井宽为 70mm，梯段板宽为

1195mm，平台面之间的缝隙宽为 15mm，梯段板与楼梯间外墙间距为 20mm。梯段板水平投影长 2880mm，两端与 TL 之间的缝隙宽为 30mm。其他识读内容参见模板图识读部分内容。

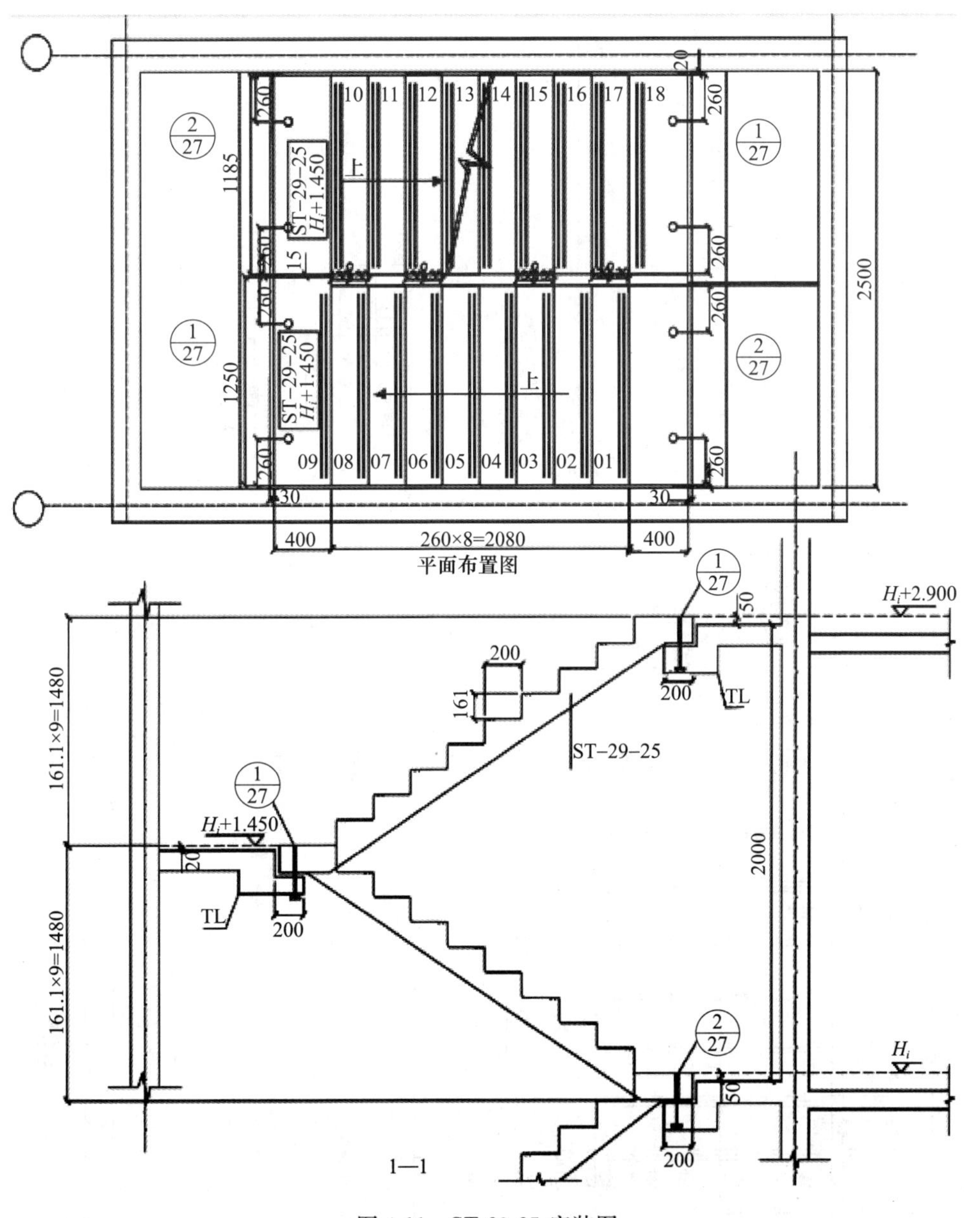

图 4-11　ST-29-25 安装图

2. 模板图识读

由图 4-12 可以读取出楼梯 ST-29-25 模板图的相关信息。

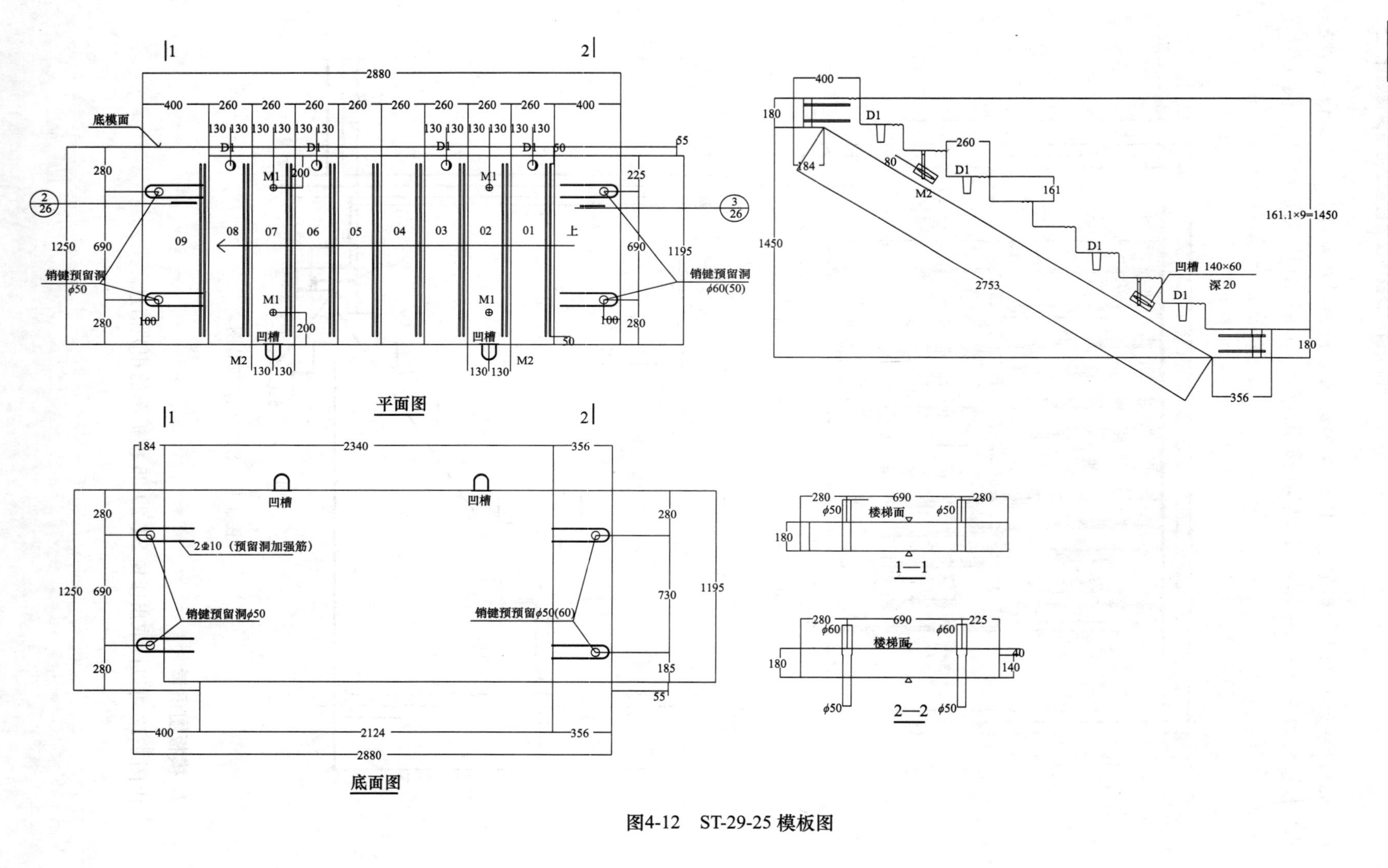

图4-12　ST-29-25 模板图

（1）楼梯间净宽为 2500mm，其中梯井宽为 70mm，梯段板宽为 1195mm，梯段板与楼梯间外墙间距为 20mm，梯段板水平投影长为 2880mm，梯段板厚度为 130mm。

（2）梯段板设置一个与低处楼梯平台连接的底部平台、9 个梯段中间的正常踏步（图纸中编号为 01～09）和一个与高处楼梯平台连接的踏步平台（图纸中编号为 09）。

（3）梯段底部平台面宽为 400mm（因梯段有倾斜角度，平台底宽为 356mm），长度与梯段宽度相同，厚度为 180mm。顶面与低处楼梯平台顶面建筑面层平齐，搁置在平台挑梁上，与平台顶面间留 30mm 空隙。平台上设置 2 个销键预留洞，预留洞中心与梯段板底部平台侧边的距离分别为 100mm（靠楼梯平台一侧）和 280mm（靠楼梯间外墙一侧），对称设置。预留洞下部 140mm 孔径为 50mm，上部 40mm 孔径为 60mm。

（4）梯段中间的 01～08 号踏步自下而上排列，踏步高为 161.1mm，踏步宽为 260mm，踏步面长度与梯段宽度相同。踏步面上可以按照需求对应设置防滑槽。第 01、03、06 和 08 上部踏板靠近楼梯井一侧的侧面各设置 1 个拉杆预埋件 D1，预埋件中心位置距离楼梯井边 50mm，在踏步宽度上居中设置。第 02 号和 07 号踏步台阶靠近楼梯间外墙一侧的侧面各设置一个梯段板吊装预埋件 M2，在踏步宽度上居中设置。第 02 号和 07 号踏步面上各设置 2 个梯段板吊装预埋件 M1，在踏步宽度上居中设置，距离踏步两侧边（靠楼梯间外墙一侧和靠梯井一侧）200mm 处对称设置。

（5）与高处楼梯平台连接的 09 号踏步平台面宽 400mm（因梯段有倾斜角度，平台底宽为 184mm），长为 1250mm（靠楼梯间外墙一侧与其他踏步平齐，靠楼梯井一侧比其他踏步长 55mm），厚为 180mm。顶面与高处楼梯平台顶面建筑面层平齐，搁置在平台挑梁上，与平台顶面间留 30mm 空隙。平台上设置 2 个销键预留洞，孔径为 50mm，预留洞中心与踏步侧边的距离分别为 100mm（靠楼梯平台一侧）、280mm（靠楼梯间外墙一侧）和 280mm（靠楼梯井一侧）。该踏步平台与上一梯段板底部平台搁置在同一楼梯平台挑梁上，之间留 15mm 空隙。

3. 配筋图识读

由图 4-13 可以读取出楼梯 ST-29-25 配筋图的相关信息。

（1）下部①号纵筋：7 根，布置在梯段板底部。沿梯段板方向倾斜布置，在梯段板底部平台处弯折成水平向。间距为 200mm，梯段板宽度上最外侧的两根下部纵筋间距调整为 150mm，与板边的距离分别为 50mm 和 45mm。

（2）上部②号纵筋：7 根，布置在梯段板顶部。沿梯段板方向倾斜布置，在梯段板底部平台处不弯折，直伸至水平向下部纵筋处。在梯段板宽度上与下部纵筋对称布置。

（3）上、下③号分布筋：20 根，分别布置在下部纵筋和上部纵筋内侧，与下部纵筋和上部纵筋分别形成网片。仅在梯段倾斜区均匀布置，底部平台和顶部踏步平台处不布置。单根分布筋两端 90°弯折，弯钩长度为 90mm，对应的上、下分布筋通过弯钩搭接成封闭状（位于纵筋内侧，不能称为箍筋）。

（4）边缘④⑥号纵筋：12 根，分别布置在底部平台和顶部踏步平台处，沿平台长度方向（梯段宽度方向）。每个平台布置 6 根，平台上、下部各为 3 根，采用类似梁纵筋形式布置。因顶部踏步平台长度较梯段板宽度稍大，其边缘纵筋长度大于底部平台边缘纵筋长度。底部平台边缘纵筋布置在梯段板下部纵筋水平段之上。

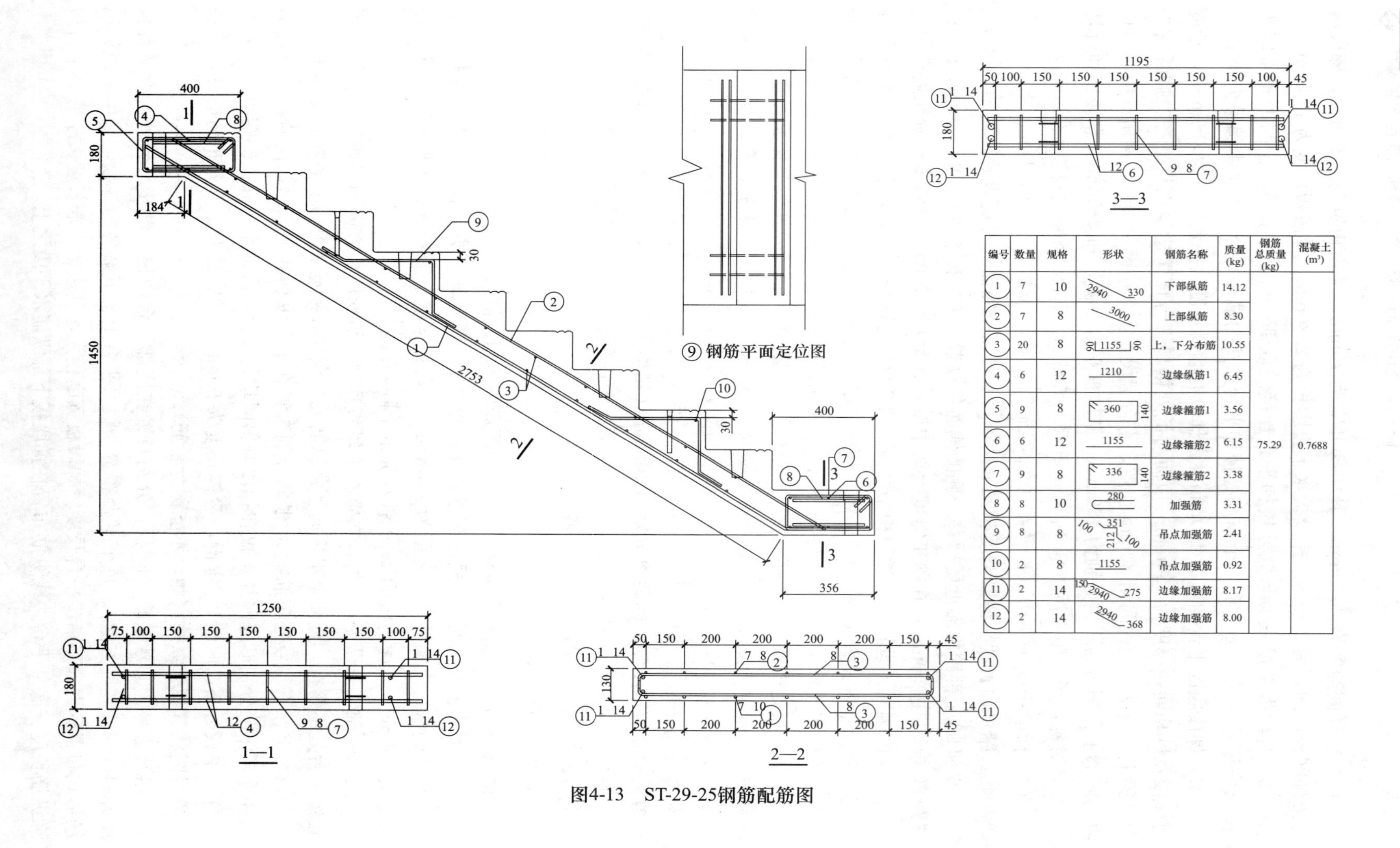

编号	数量	规格	形状	钢筋名称	质量(kg)	钢筋总质量(kg)	混凝土(m^3)
①	7	10	2940 330	下部纵筋	14.12	75.29	0.7688
②	7	8	3000	上部纵筋	8.30		
③	20	8	90 1155 90	上，下分布筋	10.55		
④	6	12	1210	边缘纵筋1	6.45		
⑤	9	8	360 140	边缘箍筋1	3.56		
⑥	6	12	1155	边缘箍筋2	6.15		
⑦	9	8	336 140	边缘箍筋2	3.38		
⑧	8	10	280	加强筋	3.31		
⑨	8	8	100 351 212 100	吊点加强筋	2.41		
⑩	2	8	1155	吊点加强筋	0.92		
⑪	2	14	150 2940 275	边缘加强筋	8.17		
⑫	2	14	2940 368	边缘加强筋	8.00		

图4-13 ST-29-25钢筋配筋图

（5）边缘⑤⑦号箍筋：18根，分别布置在底部平台和顶部踏步平台处，箍住各自的边缘纵筋。间距为150mm，底部平台最外侧两道箍筋间距调整为50mm、45mm，顶部踏步平台最外侧两道箍筋间距调整为75mm。

（6）边缘⑪⑫号加强筋：4根，布置在上、下分布筋的弯钩内侧，与梯段板下部纵筋和上部纵筋同向。在梯段板底部平台处均弯折成水平向，与梯段板下部纵筋水平段同层。上部边缘加强筋在顶部踏步平台处弯折成水平向。

（7）销键预留洞⑧号加强筋：8根，每个销键预留洞处上、下各1根，布置在梯段板上、下分布筋内侧，水平布置。

（8）吊点⑨号加强筋：8根，每个吊点预埋件M1左、右各布置1根。定位见钢筋平面位置定位图。

（9）吊点10号加强筋：2根。

4.1.5 预制混凝土剪刀楼梯安装图、模板图及配筋图识读

1. 安装图识读

如图4-14所示，楼梯间净宽为2600mm，梯井宽为140mm，梯段板宽为1275mm，平台面之间的缝隙宽为10mm，梯段板与楼梯间外墙间距为20mm。梯段板水平投影长为5160mm，两端与TL之间的缝隙宽为30mm。其他识读内容参见模板图识读部分内容。

2. 模板图识读

由图4-15可以读出楼梯JT-29-26模板图的相关信息。

（1）楼梯间净宽为2600mm，其中梯井宽为140mm，梯段板宽为1210mm，梯段板与楼梯间外墙间距为20mm。梯段板水平投影长为5160mm。梯段板厚度为200mm。

（2）梯段板设置一个与低处楼梯平台连接的底部平台、16个梯段中间的正常踏步（图纸中编号为01～16）和一个与高处楼梯平台连接的踏步平台（图纸中编号为17）。

（3）梯段底部平台面宽为500mm（因梯段有倾斜角度，平台底宽为529mm），自楼梯平台一侧起430mm宽度范围内的平台长度要比梯段宽度长65mm，长为1275mm。剩余70mm宽度范围内的平台长度与梯段宽度相等，为1210mm。平台厚度为220mm，顶面与低处楼梯平台顶面建筑面层平齐，搁置在平台挑梁上，与平台顶面间留30mm空隙。平台上设置2个销键预留洞，预留洞中心距离梯段板底部平台靠楼梯平台一侧侧边为100mm，靠楼梯间外墙一侧预留洞中心距离对应侧边为200mm，靠梯井一侧预留洞中心距离对应侧边为255mm。预留洞下部160mm孔径为50mm，上部60mm孔径为60mm。

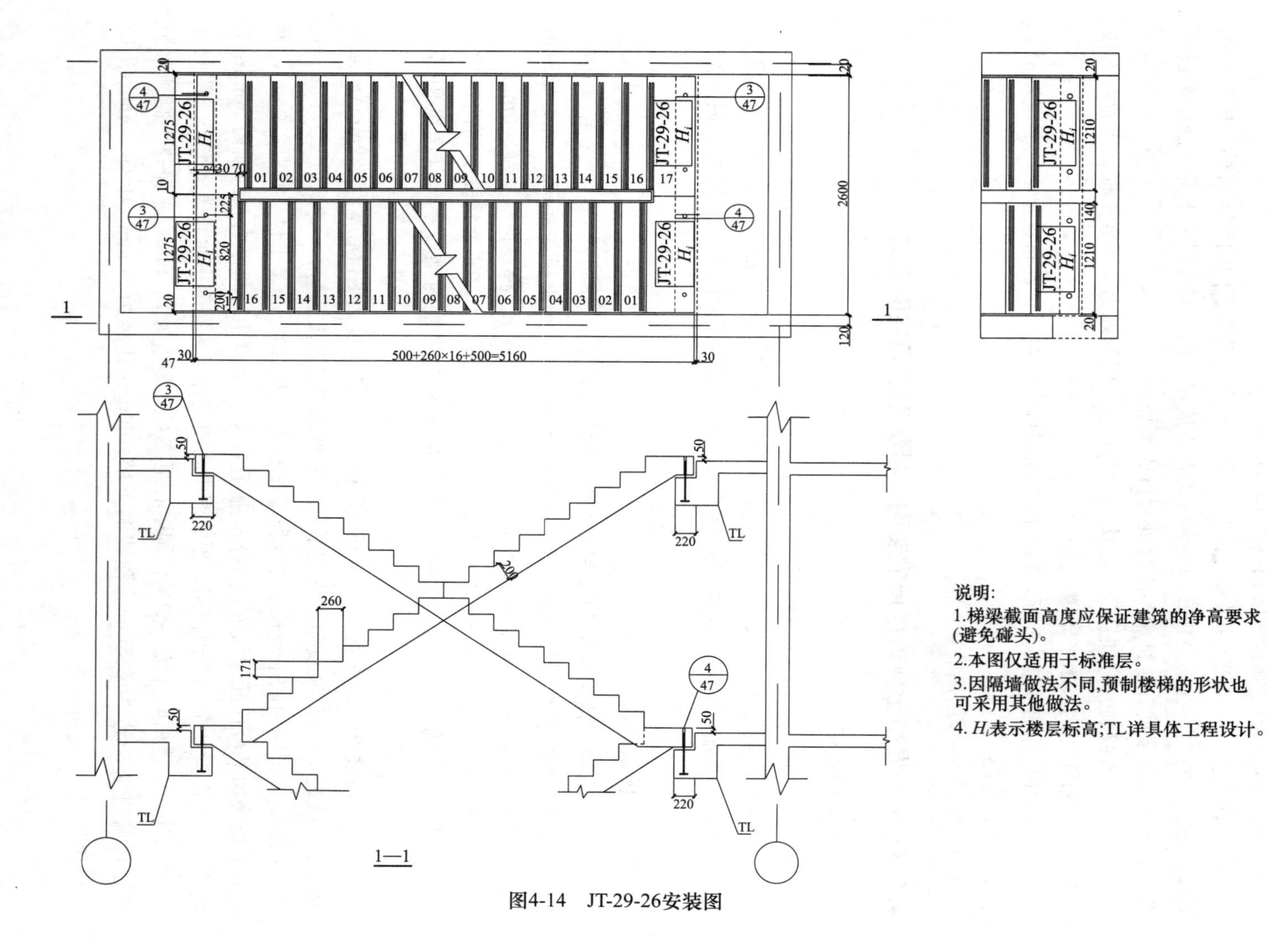

图4-14 JT-29-26安装图

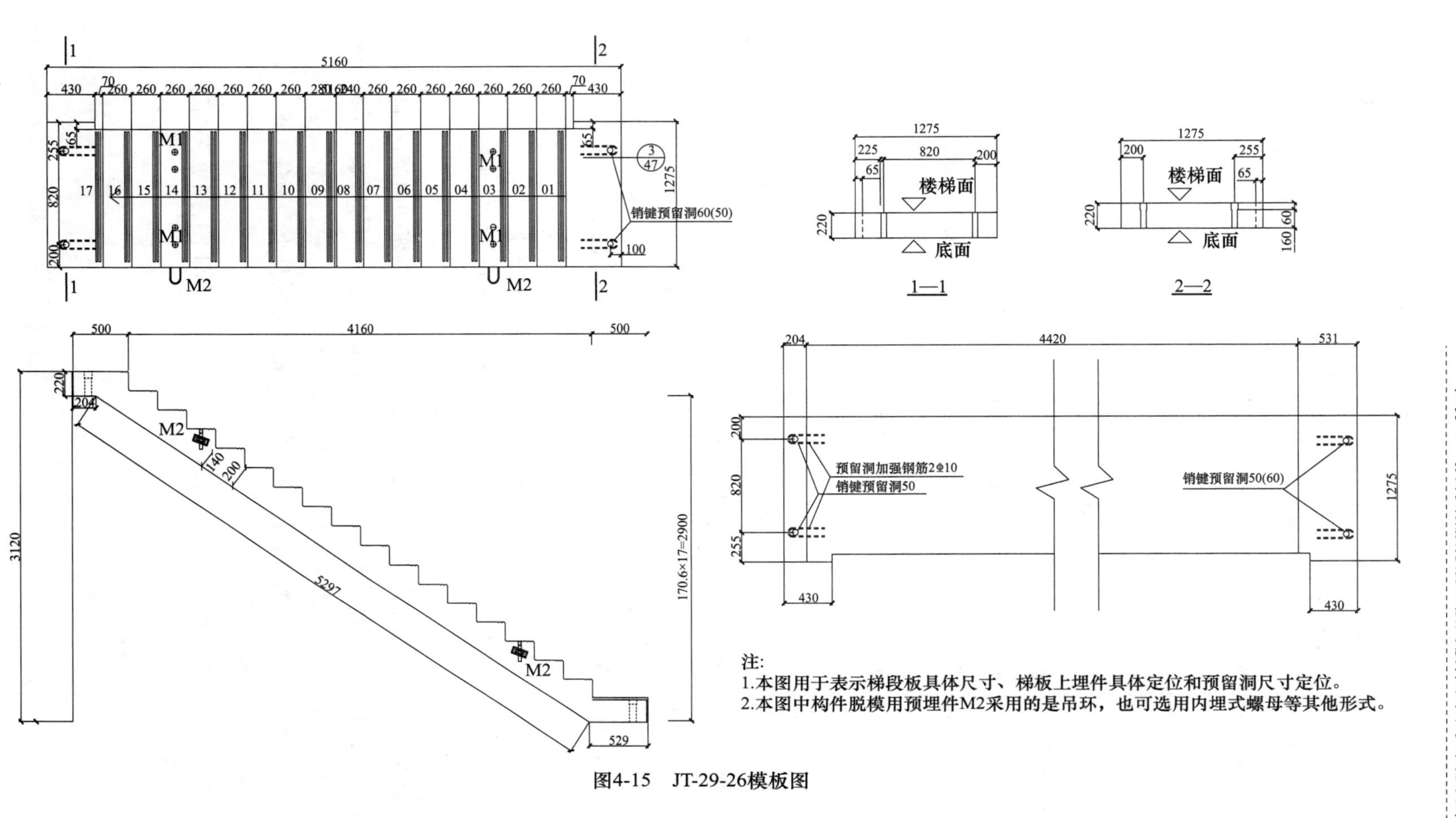

注：
1.本图用于表示梯段板具体尺寸、梯板上埋件具体定位和预留洞尺寸定位。
2.本图中构件脱模用预埋件M2采用的是吊环，也可选用内埋式螺母等其他形式。

图4-15 JT-29-26模板图

（4）梯段中间的 01～16 号踏步自下而上排列，踏步高为 170.6mm，踏步面宽为 260mm，踏步面长为 1210mm，与梯段宽度相同。踏步面上均设置防滑槽。第 03 号和 14 号踏步台阶靠近楼梯间外墙一侧的侧面各设置 1 个梯段板吊装预埋件 M2，在踏步宽度上居中设置。第 03 号和 14 号踏步面上各设置 2 组 4 个梯段板吊装预埋件 M1，在踏步宽度上居中，距离踏步两侧边（靠楼梯间外墙一侧和靠梯井一侧）200mm 和 350mm 处对称设置。

（5）与高处楼梯平台连接的 17 号踏步平台尺寸与梯段底部平台相同，对称布置，区别为平台上设置的销键预留洞孔径为 50mm。该踏步平台与上一梯段板底部平台搁置在同一楼梯平台挑梁上，之间留 10mm 空隙。

3. 配筋图识读

由图 4-16 可以读出楼梯 JT-29-26 配筋图的相关信息。

（1）下部①号纵筋：9 根，布置在梯段板底部。沿梯段板方向倾斜布置，在梯段板底部平台处弯折成水平向。间距为 130mm，与两侧板边的距离均为 60mm。

（2）上部②号纵筋：7 根，布置在梯段板顶部。沿梯段板方向倾斜布置，在梯段板底部平台处不弯折，直伸至水平向下部纵筋处。间距为 200mm，梯段板宽度上最外侧的两根下部纵筋间距调整为 170mm，与板边的距离均为 30mm。

（3）上、下③号分布筋：50 根，分别布置在下部纵筋和上部纵筋内侧，与下部纵筋和上部纵筋分别形成网片。仅在梯段倾斜区均匀布置，底部平台和顶部踏步平台处不布置。单根分布筋两端 90°弯折，弯钩长度为 150mm，对应的上、下分布筋通过弯钩搭接成封闭状（位于纵筋内侧，不能称为箍筋）。

（4）边缘④号纵筋：12 根，分别布置在底部平台和顶部踏步平台处，沿平台长度方向（梯段宽度方向）。每个平台布置 6 根，平台上、下部各 3 根，采用类似梁纵筋形式布置。底部平台边缘纵筋布置在梯段板下部纵筋水平段之上。

（5）边缘⑤⑥号箍筋：18 根，分别布置在底部平台和顶部踏步平台处，箍住各自的边缘纵筋。间距为 150mm，最外侧两道箍筋间距调整为 120mm。

（6）边缘⑩⑪号加强筋：4 根，布置在上、下分布筋的弯钩内侧，与梯段板下部纵筋和上部纵筋同向。在梯段板底部平台处均弯折成水平向，与梯段板下部纵筋水平段同层。上部边缘加强筋在顶部踏步平台处弯折成水平向。

（7）销键预留洞⑦号加强筋：8 根，每个销键预留洞处上、下各 1 根，布置在梯段板上、下分布筋内侧，水平布置。

（8）吊点⑧号加强筋：12 根，每组 2 个吊点预埋件 M1 左、中、右各布置 1 根。定位见钢筋平面位置定位图。

（9）吊点⑨号加强筋：2 根。

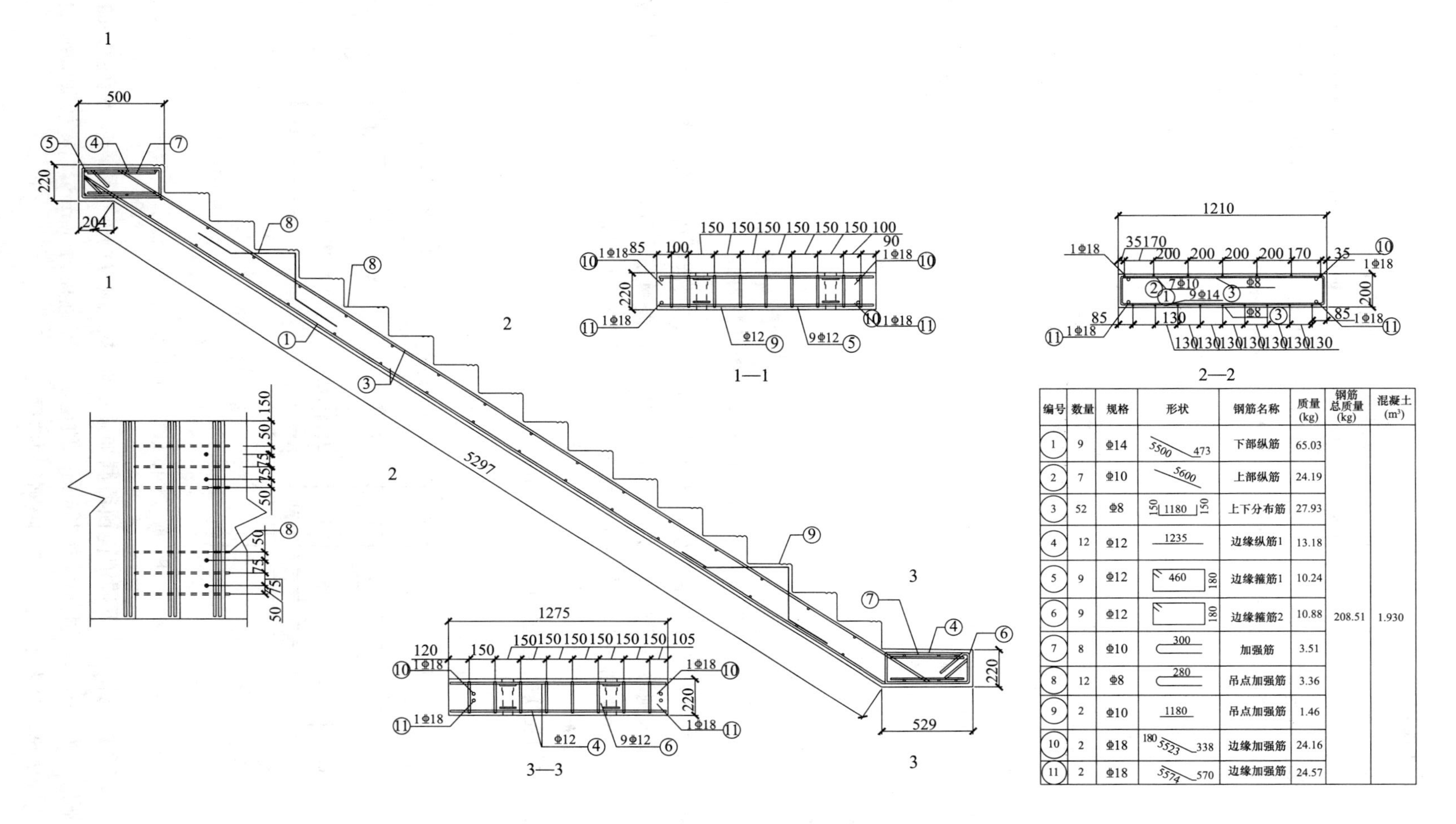

编号	数量	规格	形状	钢筋名称	质量(kg)	钢筋总质量(kg)	混凝土(m³)
1	9	Φ14	5500 473	下部纵筋	65.03		
2	7	Φ10	5600	上部纵筋	24.19		
3	52	Φ8	150 1180 150	上下分布筋	27.93		
4	12	Φ12	1235	边缘纵筋1	13.18		
5	9	Φ12	460 180	边缘箍筋1	10.24		
6	9	Φ12	180	边缘箍筋2	10.88	208.51	1.930
7	8	Φ10	300	加强筋	3.51		
8	12	Φ8	280	吊点加强筋	3.36		
9	2	Φ10	1180	吊点加强筋	1.46		
10	2	Φ18	180 5523 338	边缘加强筋	24.16		
11	2	Φ18	5574 570	边缘加强筋	24.57		

图4-16　JT-29-26 配筋图

4. 节点详图识读

从 JT-29-26 剪刀楼梯节点详图中可以读出节点详细信息。

由图 4-17 可知节点①防滑槽加工做法。防滑槽长度方向两端距离梯段板边缘 50mm，相邻两防滑槽中心线之间的距离为 30mm，边缘防滑槽中心线距离踏步边缘 30mm，每个防滑槽中心线与两边的距离分别为 9mm 和 6mm，防滑槽深为 6mm。

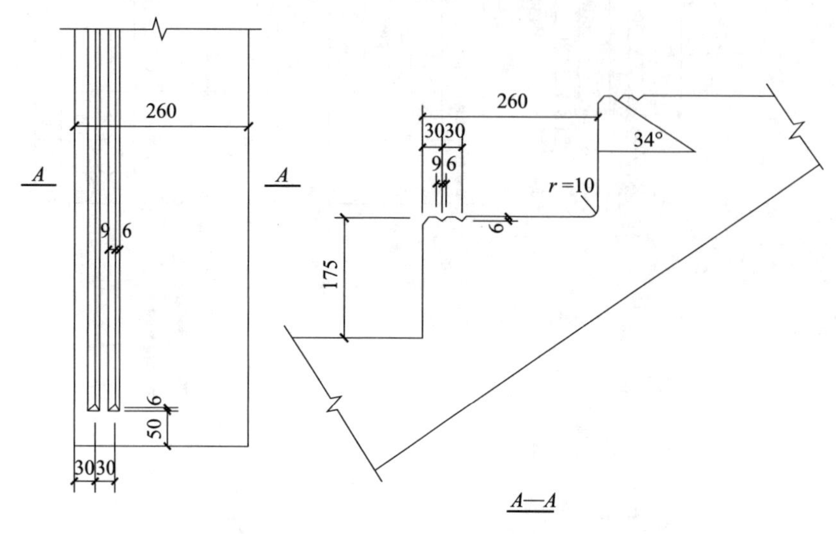

图 4-17　剪刀楼梯 JT-29-26 节点①详图

由图 4-18 可知节点②上端销键预留洞加强筋做法。预留洞外边缘距离支承外边缘 75mm；每个预留洞设置 2 根直径为 10mm 的 HRB400 级钢筋，U 形加强筋右边缘距离预留洞中心 55mm，加强筋平直段长度为 300mm，两平行边之间的距离为 110mm；在竖直方向，上层加强筋与支承顶面的距离为 50mm，下层加强筋与支承顶面的距离为 45mm，两层加强筋之间的距离为 125mm。

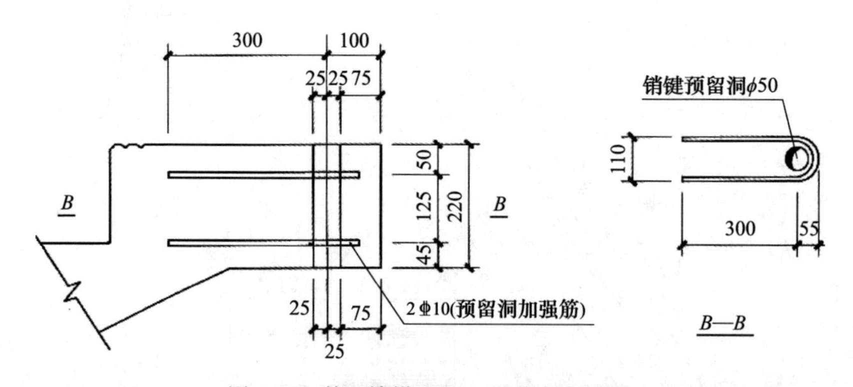

图 4-18　剪刀楼梯 JT-29-26 节点②详图

由图 4-19 可知节点③下端销键预留洞加强筋做法。预留洞外边缘与支承外边缘的距离：洞底部为 75mm，洞顶部为 70mm；预留洞上部直径为 60mm，深为 50mm，下部直径为 50mm，深为 170mm；其他钢筋构造同节点②。

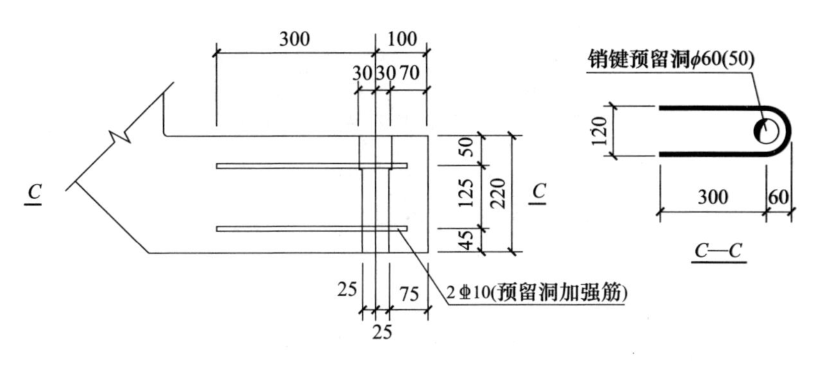

图 4-19 剪刀楼梯 JT-29-26 节点③详图

由图 4-20 可知节点④预埋件 M1 构造。预埋吊件直径为 28mm，长度为 150mm，吊件顶部的螺栓孔直径为 18mm（深为 40mm），与预埋吊件相连接的加强筋为 1 根直径为 12mm 的 HRB400 级钢筋，长度为 300mm，与预埋吊件垂直布置，距离吊件底部 30mm。

由图 4-21 可知节点⑤预埋件 M2 构造。节点中预埋件凹槽为四棱台，长度为 140mm，宽度为 60mm，深度为 20mm，四棱台四个斜面水平投影长度均为 10mm；预埋吊筋呈 U 形，为 1 根直径为 18mm 的 HPB300 级钢筋，下端凸出预制构件表面 80mm，伸入构件内部 560mm，钢筋端部做 180°弯钩，平直段长度为 60mm，平行段之间的距离为 100mm。

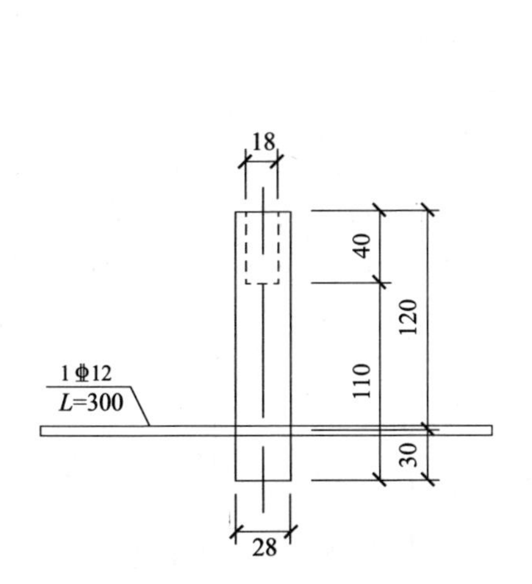

图 4-20 剪刀楼梯 JT-29-26 节点④详图

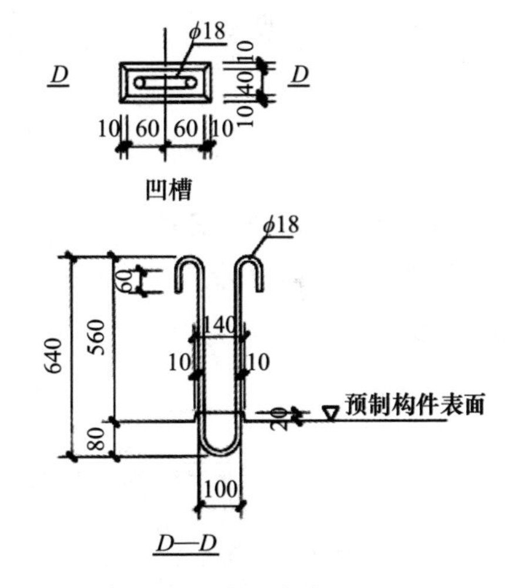

图 4-21 剪刀楼梯 JT-29-26 节点⑤详图

由图 4-22 可知节点⑥剪刀楼梯固定铰端安装情况。梯梁挑耳上预留 1M16，C 级螺栓，螺栓下端头设置锚头，上端插入梯板预留孔，预留孔内填塞 C40 级 CGM 灌浆料，上端用砂浆封堵（平整、密实、光滑）；梯梁与梯板水平接缝铺设 1∶1 水泥砂浆找平层，强度等级≥M15，竖向接缝用聚苯填充，顶部填塞 PE 棒，注胶 30mm×30mm。

由图 4-23 可知节点⑦⑧剪刀梯滑动铰端安装情况。与固定铰端安装节点大样不同的是，梯梁与梯板水平接缝处铺设油毡一层，梯板预留孔内呈空腔状态，螺栓顶部加垫片 ϕ56mm×4mm 和固定螺母，预留孔顶部用砂浆封堵（平整、密实、光滑）。

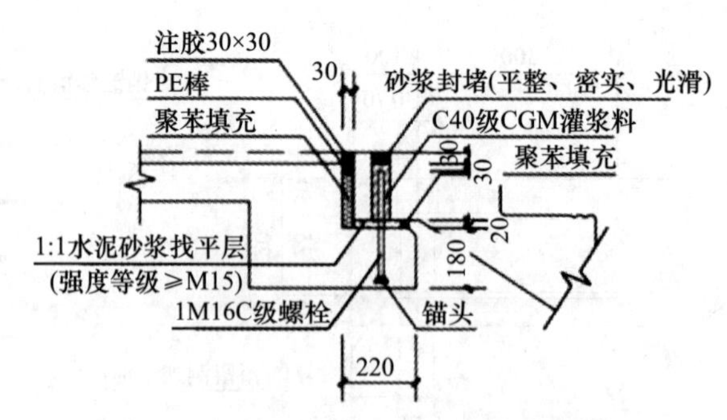

图 4-22　剪刀楼梯 JT-29-26 节点⑥详图

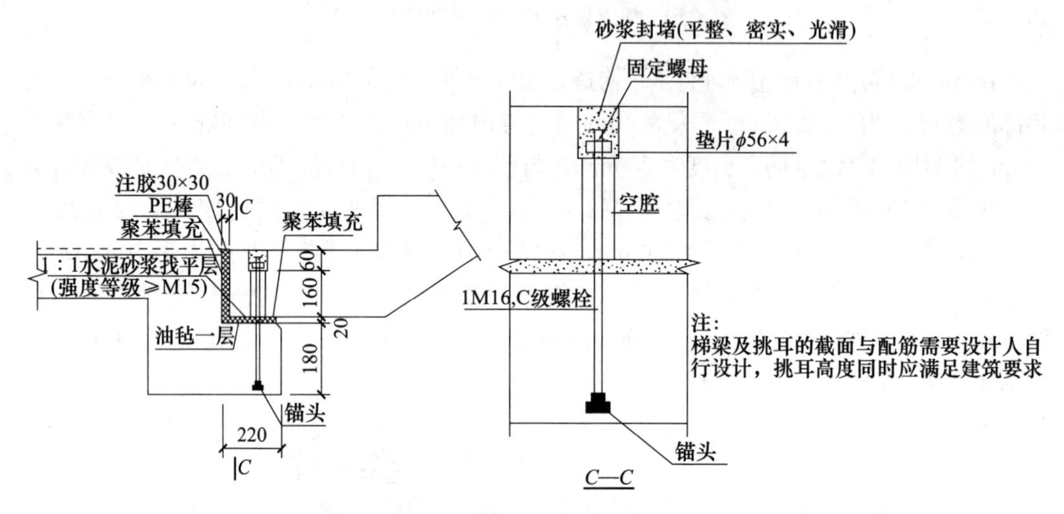

图 4-23　剪刀楼梯 JT-29-26 节点⑦⑧详图

由图 4-24 可知节点⑨PE 棒固定沟（梯段上端固定沟）做法。PE 棒固定沟位置离上端踏步板 20mm，PE 棒固定沟深 2mm，上端口宽 10mm，下端口宽 6mm，斜边 45°角，为倒梯形。

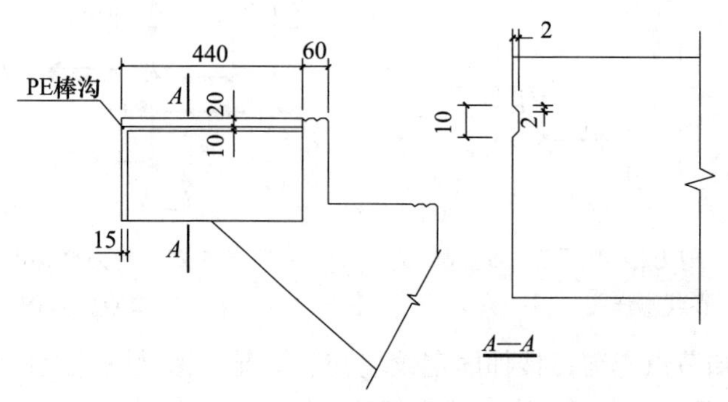

图 4-24　剪刀楼梯 JT-29-26 节点⑨详图

由图 4-25 可知节点⑩PE 棒固定沟（梯段下端固定沟）做法。PE 棒固定沟位置离上端踏步板 30mm，PE 棒固定沟深 2mm，口宽 15mm。

由图 4-26 可知节点⑪TL 与梯段板之间空隙的做法。TL 与梯段板间距控制在 30mm 为宜，中间采用注胶填充。

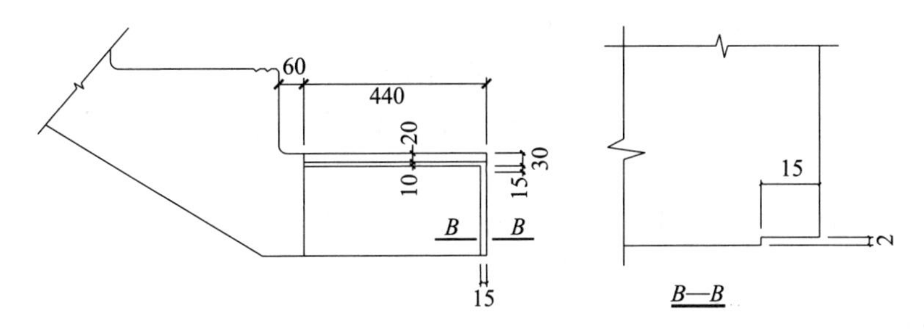

图 4-25　剪刀楼梯 JT-29-26 节点⑩详图

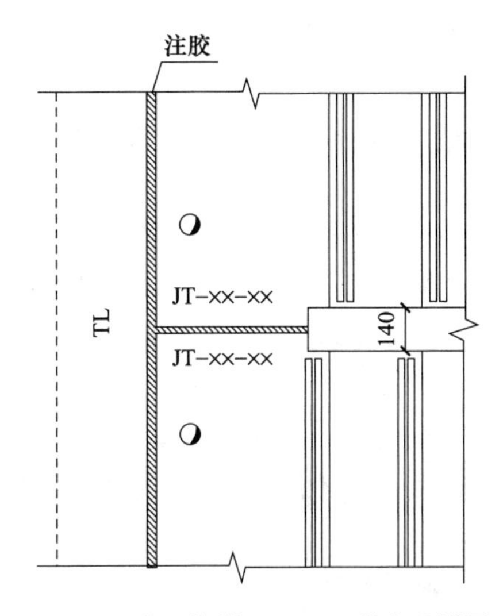

图 4-26　剪刀楼梯 JT-29-26 节点⑪详图

5. 钢筋表识读

如图 4-16 所示，钢筋表主要表达钢筋的编号、数量、规格、形状（含各段细部尺寸）、钢筋名称、质量、钢筋总重等内容，其具体识读内容详见前述“配筋图识读”相应内容。

实例 4.2　预制混凝土板式楼梯深化设计

4.2.1　预制板式楼梯拆分流程及图纸绘制

1. 预制板式楼梯的深化设计

（1）预制板式楼梯制作前应进行深化设计，深化设计文件应根据施工图设计文件及选用的标准图集、生产制作工艺、运输条件和安装施工要求等进行编制。

（2）预制板式楼梯详图中的销键预留洞、凹槽、预埋件和加强筋等需与相关专业图纸仔细核对无误后方可下料制作。

（3）深化设计文件应经设计单位书面确认后方可作为生产依据。

（4）深化设计文件应包括（但不限于）以下内容：

①预制板式楼梯安装图（含平面布置图和相应剖面图）。

②预制板式楼梯模板图（含平面图、底面图及相应剖面图）。

③预制板式楼梯配筋图（含立面配筋图、钢筋平面定位图及相应剖面图、钢筋明细表）。

④构造节点详图（含防滑槽加工做法、预留洞加强筋做法、TL 与梯板之间空隙处理做法、高端支承和低端支承安装节点大样、预埋件大样图等）。

⑤计算书。根据《混凝土结构工程施工规范》（GB 50666—2011）的有关规定，应根据设计要求和施工方案对脱模、吊运、运输、安装等环节进行施工验算，如预制板式楼梯、预埋件、吊具等的承载力、变形和裂缝等。

2. 预制板式楼梯设计

选用《预制钢筋混凝土板式楼梯》（15G367-1）标准图集设计方法。

（1）选用步骤。

①确定各参数与标准图集选用范围要求保持一致。

②混凝土强度等级、建筑面层厚度等参数可在施工图中统一说明。

③根据楼梯间净宽、建筑层高确定预制楼梯编号。

④核对预制楼梯的结构计算结果。

⑤选用预埋件，并根据具体工程实际增加其他预埋件，预埋件可参考图集中的样式。

⑥根据图集中给出的质量及吊点位置，结合构件生产单位、施工安装要求选用吊件类型及尺寸。

⑦补充预制楼梯相关制作施工要求。

（2）双跑选用示例。下面以层高为 3000mm、净宽为 2400mm 的双跑楼梯为例说明预制梯段板选用方法（图 4-27）。

已知条件：

①双跑楼梯，建筑层高为 3000mm，楼梯间净宽为 2400mm，活荷载为 3.5kN/m^2。

②楼梯建筑面层厚度：入户处为 50mm，平台板处为 30mm。

选用结果：图 4-27 中参数符合《预制钢筋混凝土板式楼梯》（15G367-1）标准图集中 ST-30-24 的楼梯模板及配件参数，根据楼梯选用表直接选用。

（3）剪刀楼梯选用示例。下面以层高为 2900mm、净宽为 2500mm 的双跑楼梯为例说明预制梯段板选用方法（图 4-28）。

已知条件：

①剪刀楼梯，建筑层高为 2900mm，楼梯间净宽为 2500mm，活荷载为 3.5kN/m^2。

②楼梯建筑面层厚度：入户处为 50mm，平台板处为 30mm。

选用结果：图 4-28 中参数符合《预制钢筋混凝土板式楼梯》（15G367-1）标准图集中 JT-29-25 的楼梯模板及配件参数，根据楼梯选用表直接选用。

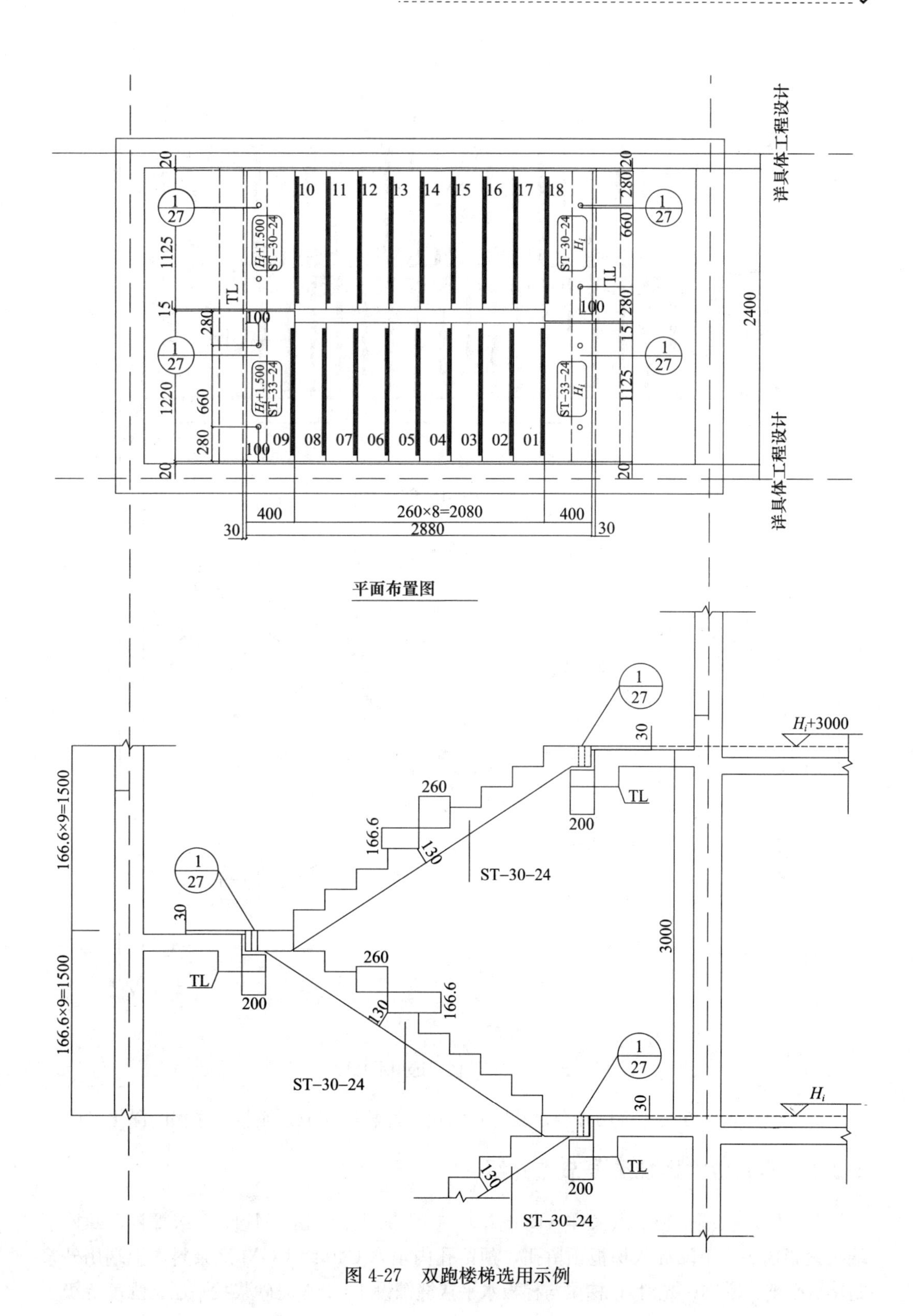

图 4-27　双跑楼梯选用示例

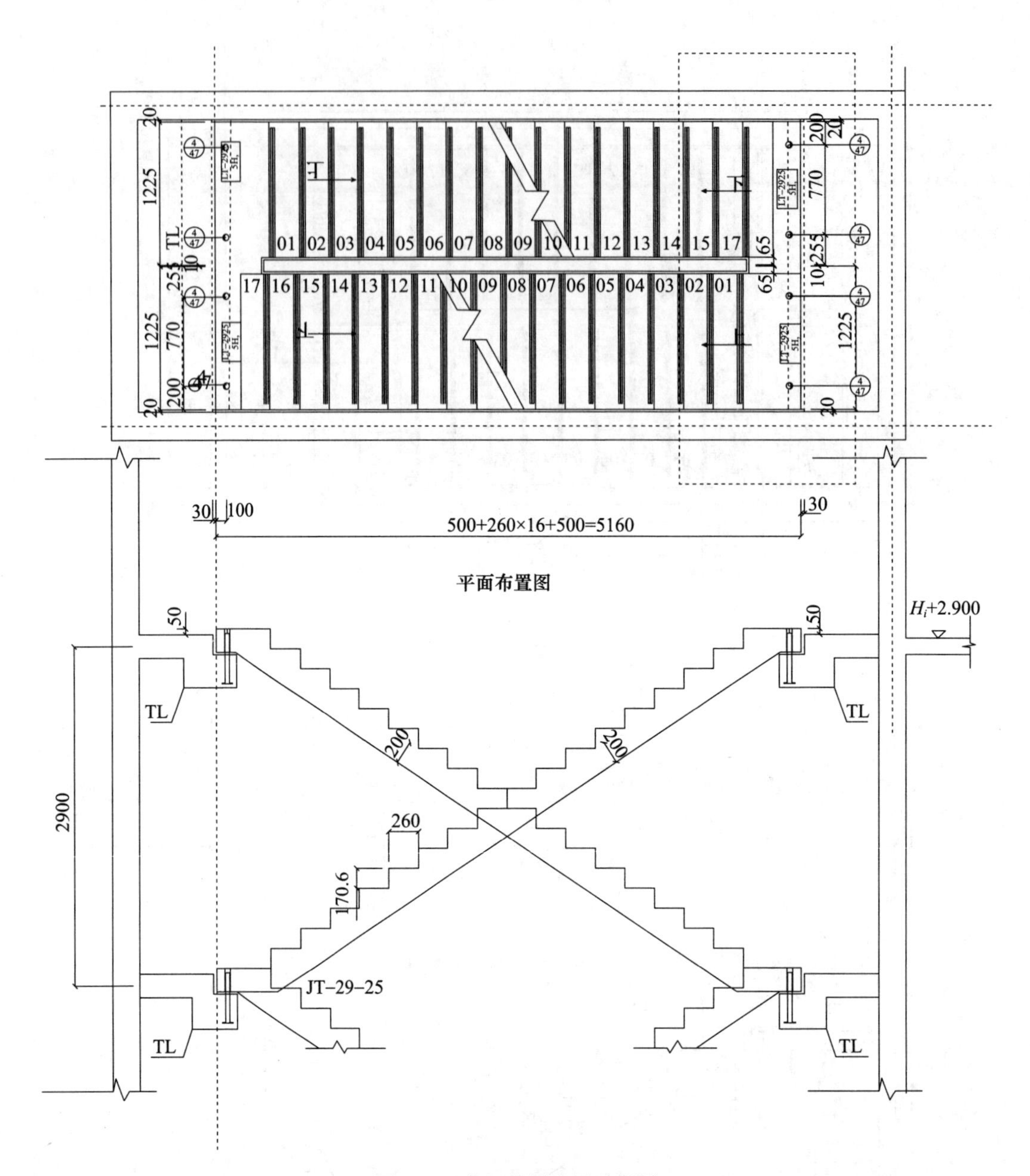

图 4-28 剪刀楼图选用示意图

深化设计软件方法：选用并登录装配式深化设计软件完成预制板式楼梯的深化设计。

4.2.2 预制板式楼梯重要节点介绍

(1) 固定铰端安装节点大样（图 4-29）。梯梁挑耳上预留 1M14，C 级螺栓，螺栓下端头设置锚头，上端插入梯板预留孔，预留孔内填塞 C40 级 CGM 灌浆料，上端用砂浆封堵（平整、密实、光滑）；梯梁与梯板水平接缝铺设 1∶1 水泥砂浆找平层，强度等级≥M15，竖向接缝用聚苯填充，顶部填塞 PE 棒，注胶 30mm×30mm。

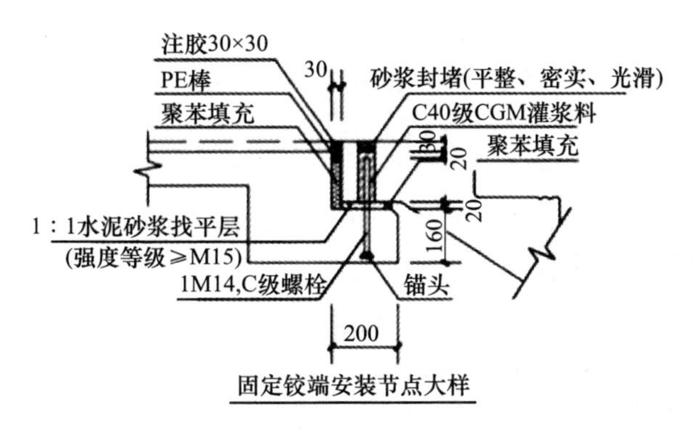

图 4-29　固定铰端安装节点大样

（2）滑动铰端安装节点大样（图 4-30）。与固定铰端安装节点大样不同的是，梯梁与梯板水平接缝处铺设油毡一层，梯板预留孔内呈空腔状态，螺栓顶部加垫片 ϕ56mm×4mm 和固定螺母，预留孔顶部用砂浆封堵（平整、密实、光滑）。

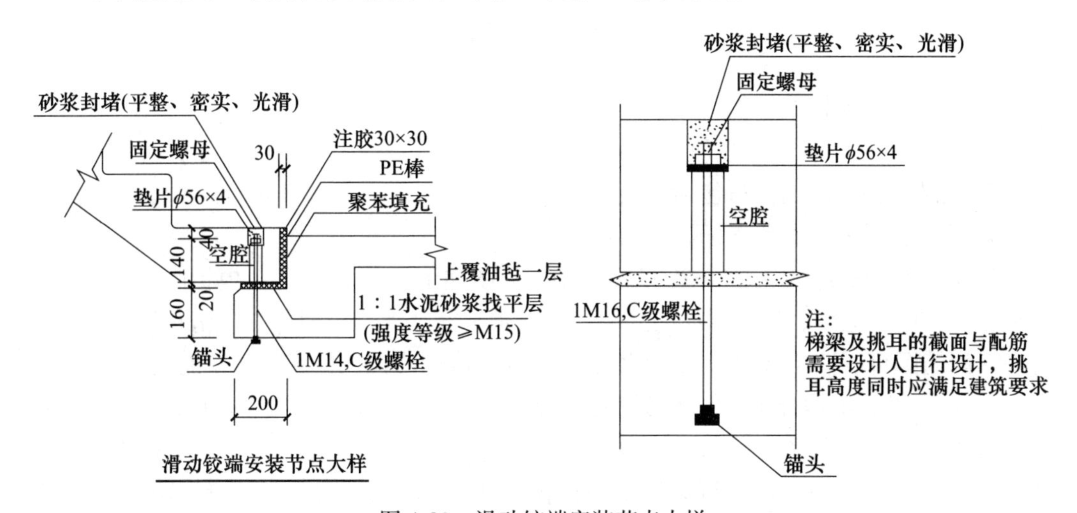

图 4-30　滑动铰端安装节点大样

小结与启示

通过本章节的学习，学生应掌握预制钢筋混凝土楼梯的类型要求和编号规定、平面布置图和剖面图的标注内容及相关规定；能够熟练阅读预制钢筋混凝土楼梯的模板图、配筋图、钢筋明细表及相关构造节点详图；能够掌握深化设计文件所包括的内容。

学习启示：加快建设国家战略人才力量，努力培养造就更多大师、战略科学家、一流科技领军人才和创新团队、青年科技人才、卓越工程师、大国工匠、高技能人才。在当今快速发展的时代，建设国家战略人才力量是推动国家发展的重要任务。为了实现这一目标，我们需要注重培养更多具备精细意识、责任意识、安全意识和节约意识的人才。首先，要注重培养精细识读和精细设计施工的能力。像搭积木一样建房子是装配式建筑的真实写照，如何保证构件的质量、确保构件之间可靠连接直接关系到建筑的安全。因此，未来的从业者需要具备精细识读和精细设计施工的能力，能够准确理解设计要求，合理选择材料和工艺，确保构件的质量和可靠性。其次，要培养工匠精神，精研细磨结构构造。工匠精神是一种追求卓越的态度和精益求精的精神风貌。未来的从业者应该具备对结构构造的深入理解和研究能力，能够通过精研细磨，不断提升构件的质量和性能，为装配式建筑的发展做出贡献。此外，要凸显责任意识、安全意识和节约意识。作为装配式建筑的从业者，我们肩负着保障建筑安全和节约资源的责任。我们要时刻保持对工作的高度责任感，严格按照规范和标准进行操作，确保建筑的安全性。同时，我们要注重节约资源，减少生产浪费，提高生产效率，为装配式建筑的可持续发展做出贡献。总之，加快建设国家战略人才力量是我们当前和未来的重要任务。通过培养更多具备精细意识、责任意识、安全意识和节约意识的人才，我们将能够推动装配式建筑的发展，为国家的繁荣和进步做出贡献。让我们共同努力，为实现这一目标而不懈奋斗！

习　题

1. 预制板式楼梯的深化设计文件应包括哪些内容？

2. 简述 ST-30-24 各符号所代表的含义。

3. 预制楼梯剖面图注写包括哪些内容？

4. 预制楼梯平面布置图标注包括哪些内容？

5. 某工程双跑楼梯 ST-30-25 模板图及配筋图如图 4-31 所示。由模板图可以读出楼梯模板的长度、宽度、高度方向的总尺寸，踏步细部尺寸，预埋件、预留孔洞定位尺寸等；由配筋图可以读出楼梯板的 12 种钢筋信息，请准确识读模板图及钢筋图。

6. 某工程双跑楼梯 JT-30-25 模板图及配筋图如图 4-32、图 4-33 所示。由模板图可以读出楼梯模板的长度、宽度、高度方向的总尺寸，踏步细部尺寸，预埋件、预留孔洞定位尺寸等；由配筋图可以读出楼梯板的 12 种钢筋信息，请准确读出模板图及钢筋图。

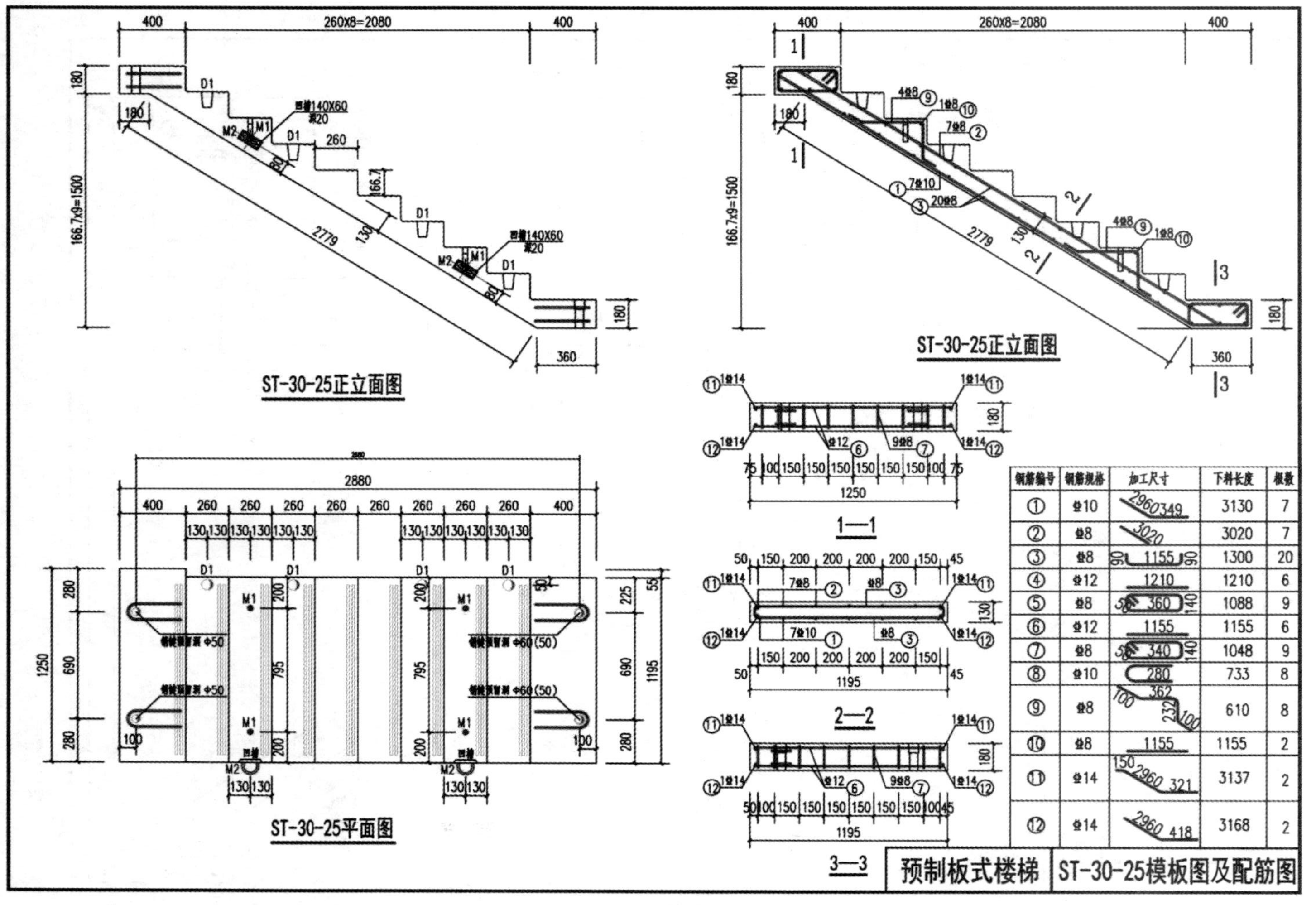

钢筋编号	钢筋规格	加工尺寸	下料长度	根数
①	⌀10	2960 349	3130	7
②	⌀8	3020	3020	7
③	⌀8	90 1155 90	1300	20
④	⌀12	1210	1210	6
⑤	⌀8	50 360 140	1088	9
⑥	⌀12	1155	1155	6
⑦	⌀8	50 340 140	1048	9
⑧	⌀10	280	733	8
⑨	⌀8	100 362 232 100	610	8
⑩	⌀8	1155	1155	2
⑪	⌀14	150 2960 321	3137	2
⑫	⌀14	2960 418	3168	2

图4-31　ST-30-25模板图及配筋图

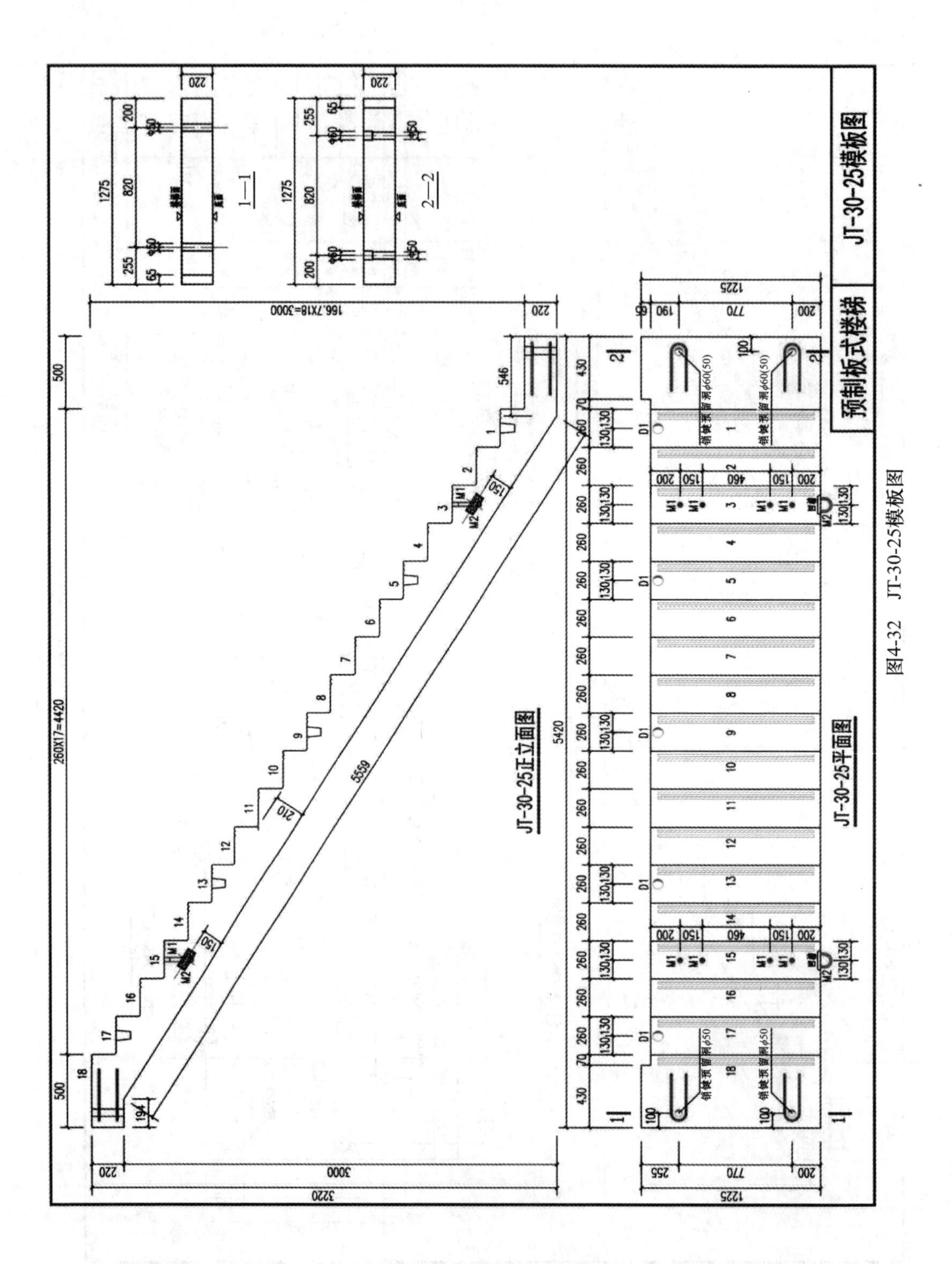

图4-32　JT-30-25模板图

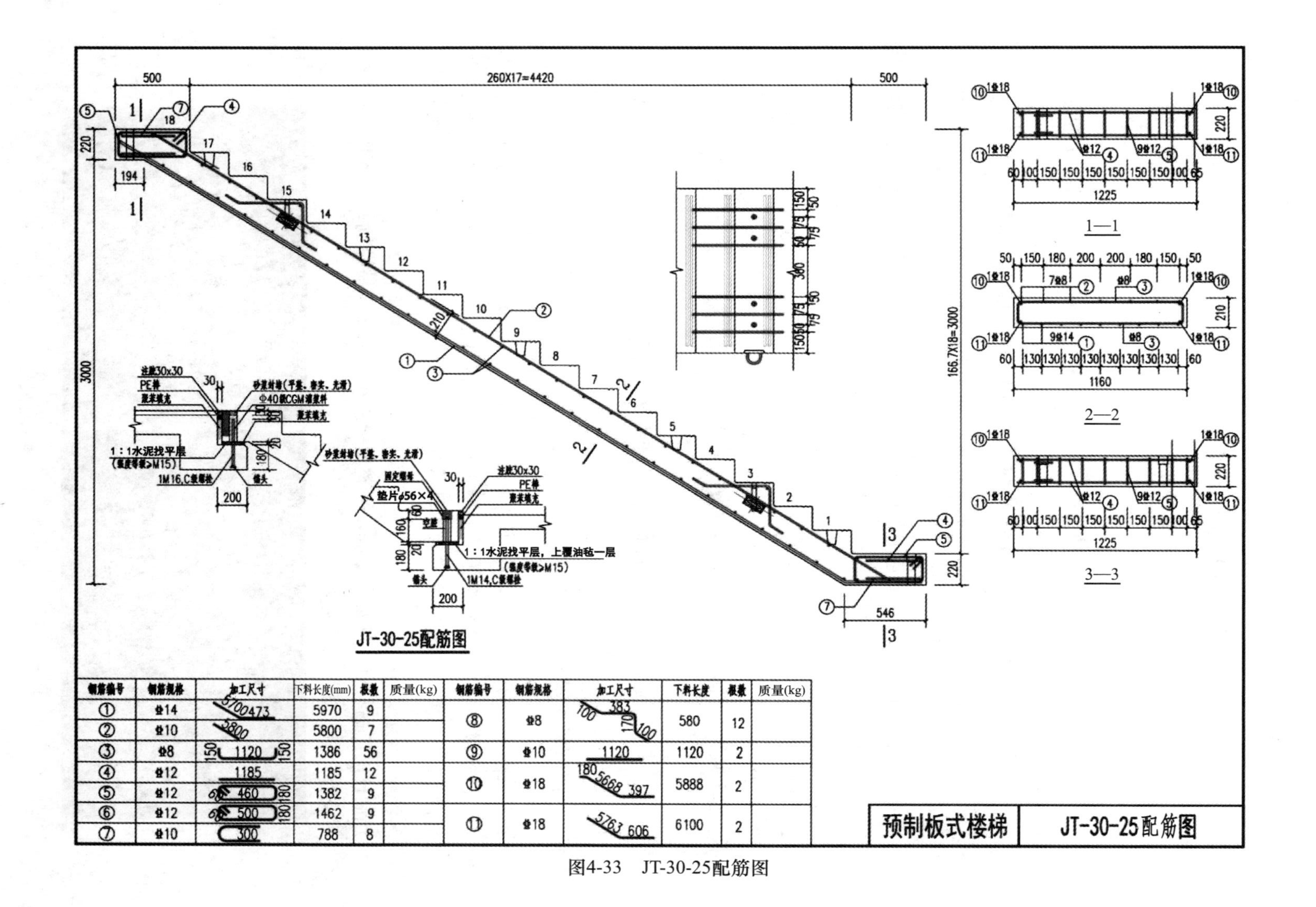

钢筋编号	钢筋规格	加工尺寸	下料长度(mm)	根数	质量(kg)
①	⌀14	5700 473	5970	9	
②	⌀10	5800	5800	7	
③	⌀8	150 1120 150	1386	56	
④	⌀12	1185	1185	12	
⑤	⌀12	60 460 180	1382	9	
⑥	⌀12	60 500 180	1462	9	
⑦	⌀10	300	788	8	

钢筋编号	钢筋规格	加工尺寸	下料长度	根数	质量(kg)
⑧	⌀8	100 383 170 100	580	12	
⑨	⌀10	1120	1120	2	
⑩	⌀18	180 5668 397	5888	2	
⑪	⌀18	5763 606	6100	2	

图4-33　JT-30-25配筋图

任务 5　预制柱识图与深化设计

学习目标

知识目标：了解预制柱（实心预制柱和空心预制柱）及其连接构造节点；能读懂预制柱构件详图及配筋详图。

能力目标：通过阅读施工图，获取预制构件范围、预制构件连接节点、预制构件配筋规范要求等信息；能根据预制构件连接节点、预制构件配筋绘制出正确的预制构件模板详图和预制构件配筋详图。

素质目标：培养学生的规范意识和识图能力；培养学生严格按照施工图绘制预制构件详图的意识；培养学生严谨的学习态度。

课程思政

柱是建筑的主受力结构，跟人的骨架一样，柱子大小不同，混凝土等级不同，在建筑中发挥的作用就不同，因此，预制柱构件必须严格按照施工图中提供的信息来绘制，绝不能偷工减料、以次充好，引导学生做一个遵纪守法的人。

实例 5.1　预制柱识图

5.1.1　预制柱初步认识

预制柱即预制钢筋混凝土结构柱，是指在预制工厂预先按设计规定尺寸制作好模板，然后浇筑成型，通过现场装配的混凝土柱，如图 5-1 所示。预制柱在环境相对封闭和稳定的工厂里生产，装配式完成后即可承受较大的竖向荷载，有利于减少现场的竖向临时支撑。

预制柱的产品特点：外观质量好，平整度误差小；强度容易控制，保证质量；免模板、少支撑，施工误差容易控制。

图 5-1　实心预制柱成品

预制柱按截面构造可分为实心柱和空心柱。实心柱一般采用灌浆套筒进行上下连接，空心柱一般指 SPCS 空心预制柱，是由成型钢筋笼与混凝土一体制作而成的中空预制构件。预制空心柱根据设计情况一般可分为方形空腔和圆形空腔两种，采用钢筋机械连接的形式进行上下连接，如图 5-2 所示。

图 5-2　空心预制柱成品

预制柱构件现场安装就位后，在连接套筒内压入灌注料或空腔内浇筑混凝土，并通过必要的构造措施，使灌浆料或现浇混凝土与预制构件形成整体，共同承受竖向和水平作用，如图 5-3 所示。

图 5-3　预制柱吊装

预制柱的截面形状一般为正方形或矩形，边长不宜小于 400mm，且不宜小于同方向梁宽的 1.5 倍。

预制柱的纵向钢筋直径不宜小于20mm，间距不宜大于200mm，不应大于400mm。纵筋可沿截面四周均匀布置，当柱边长大于600mm时，柱纵筋也可集中于四角，并在柱中设置不宜小于12mm和同箍筋直径的纵向辅助钢筋，纵向辅助钢筋一般不伸入框架节点，在预制柱端部锚固，如图5-4所示。预制柱的透视图如图5-5和图5-6所示。

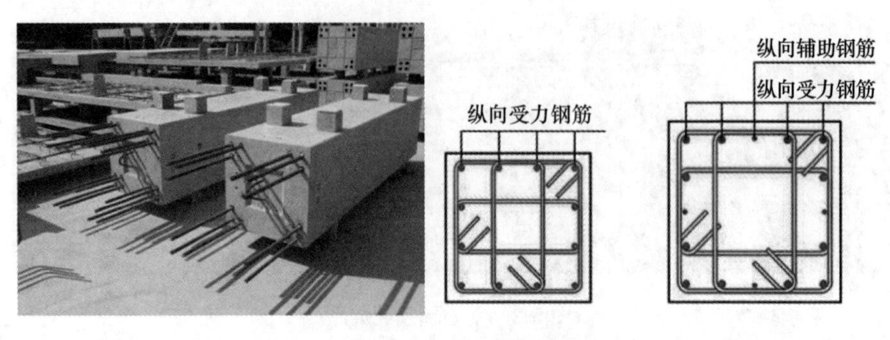

图5-4　预制柱截面和钢筋配置示意

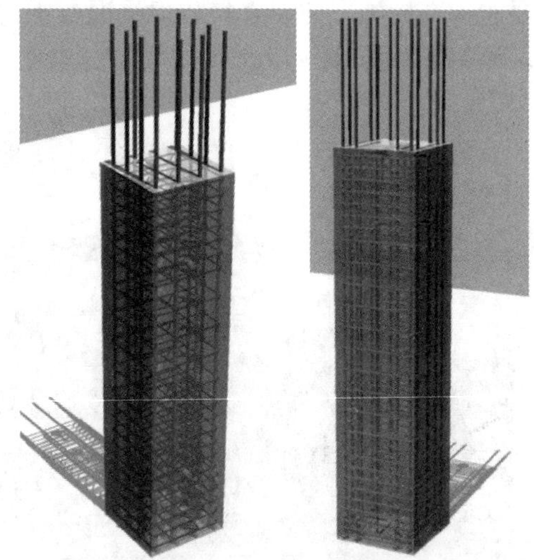

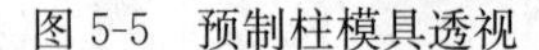

图5-5　预制柱模具透视

图5-6　预制柱三维透视

5.1.2　预制柱构造、规格及编号

预制柱的底部应设置键槽且宜设置粗糙面，键槽应均匀布置，键槽深度不宜小于30mm，键槽端部斜面倾角不宜大于30°（图5-7、图5-8），柱顶应设置粗糙面，凹凸深度不小于6mm。柱顶亦同样设置。

预制柱需设置吊装预埋件与支撑预埋件。吊装预埋件设置在柱顶，一般设置3个，为三角形，也可设置2个；水平吊点设置在正面，对称布置，一般设置4个或2个；临时支承预埋件设置在正面相邻侧面中间部位。柱顶部有时需设置支模套筒。预制柱支承见图5-9。此外，在柱底部中心部位需设置灌浆排气孔。

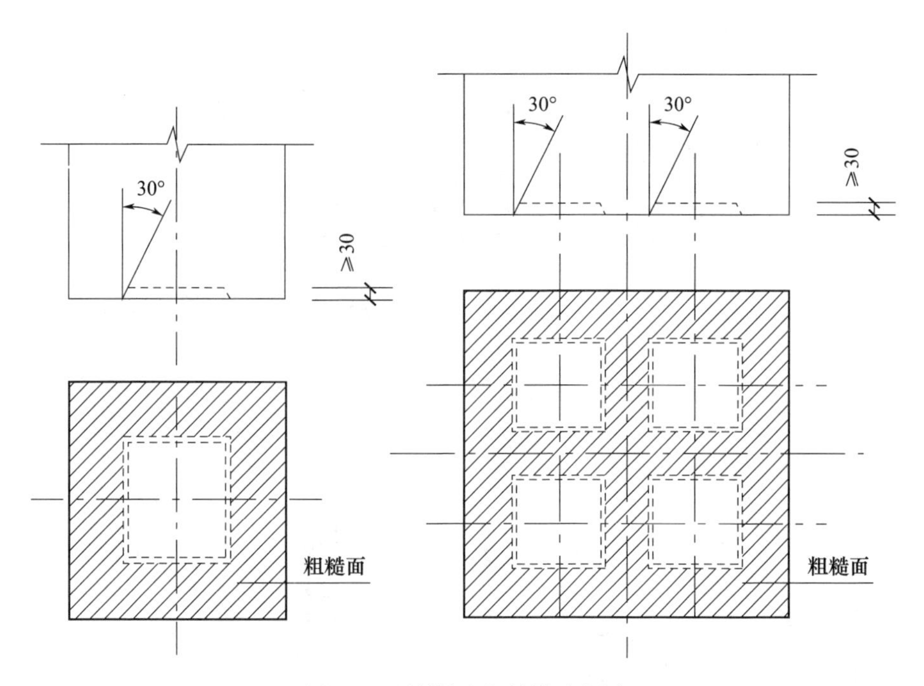

图 5-7　预制柱底部键槽示意图

图 5-8　预制柱底部键槽

图 5-9　预制柱支承示意图

预制空心柱构件构造应符合下列规定：

（1）预制空心柱构件宜采用矩形截面（图 5-10），截面边长宜以 50mm 为模数，其宽度不宜小于 500mm 且不宜小于同方向梁宽 1.5 倍；预制部分厚度不宜小于 80mm，如图 5-11 所示。

（2）预制空心柱构件内壁及端部均应设置粗糙面，粗糙面凹凸深度不应小于 4mm。

（3）当采用双层预制空心柱构件时，上下层柱间空心区宜采取临时加强措施，加强措施可采用交叉斜筋等形式，如图 5-12 所示。

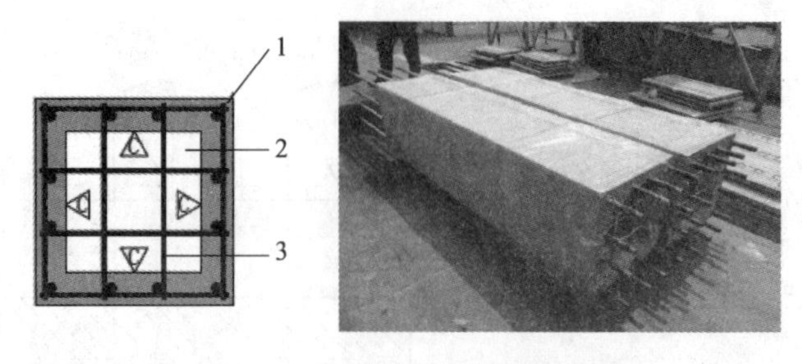

图 5-10 预制实心柱截面示意图

1—预制部分；2—空心部分；3—成型钢筋笼

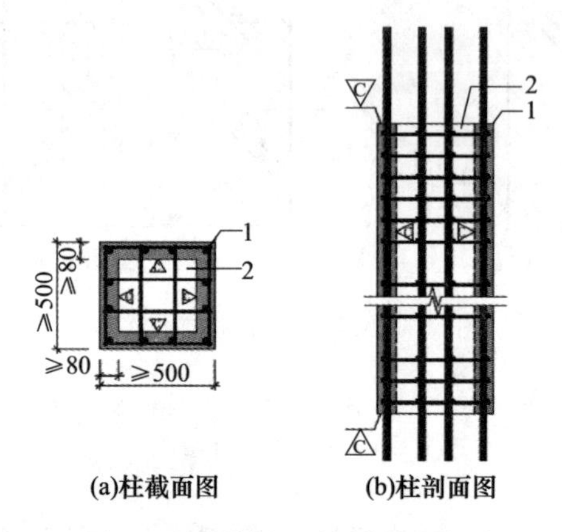

图 5-11 预制空心柱剖面示意图

1—预制部分；2—空心部分

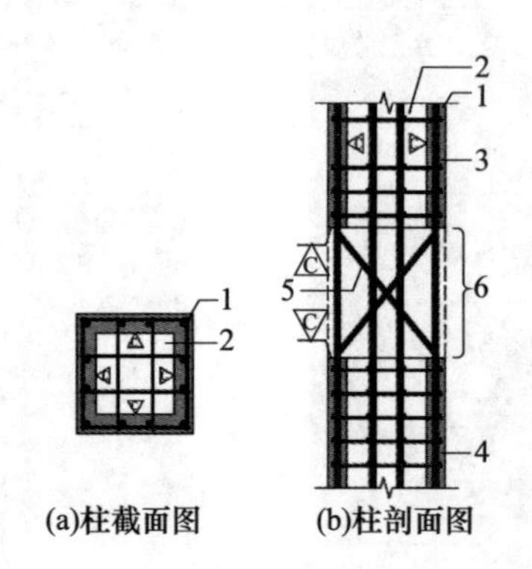

图 5-12 双层预制空心柱剖面示意图

1—预制部分；2—空心部分；3—上层柱；4—下层柱；5—加强措施；6—空心区

（4）预制柱应逐一编号，编号由预制柱代号和序号组成，见表 5-1。

表 5-1 预制柱编号

构件类型	代号	序号
预制柱	PCZ	××

5.1.3　预制柱的连接构造

空腔（叠合）柱竖向连接处宜设置混凝土现浇段，现浇段宜设置在楼层标高处，现浇段内柱纵筋宜采用机械连接接头，现浇段及连接接头构造（图5-13）应符合下列规定：

（1）下层叠合柱纵向受力钢筋应贯穿后浇节点区后与上层叠合柱纵筋在现浇段内连接，现浇段高度不宜小于400mm，且应满足纵向钢筋机械连接的操作要求；

（2）纵筋机械连接接头应满足现行行业标准《钢筋机械连接技术规程》（JGJ 107）中Ⅰ级接头的有关要求；

（3）纵筋机械连接接头净距不应小于25mm；

（4）纵筋机械连接接头上下第一道箍筋距套筒距离不应大于50mm。

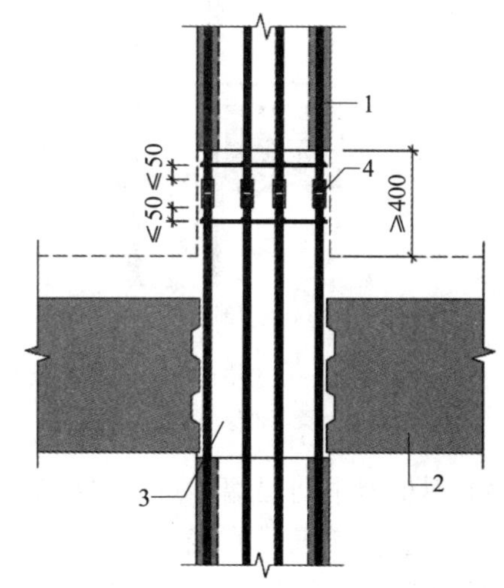

图5-13　空腔（叠合）柱竖向连接构造示意图

1—叠合柱；2—叠合梁；3—后浇区；4—机械连接接头

空腔柱与基础竖向连接可采用现浇段连接［图5-14（a）］，混凝土现浇段宜设置在基础顶面处，现浇段内柱纵筋宜采用机械连接接头，现浇段及连接接头应符合《装配整体式钢筋焊接网叠合混凝土结构技术规程》（T/CECS 579—2019）第7.2.1条的规定；也可采用锚入式连接［图5-14（b）］，柱纵筋可采用直线锚固或机械锚固，锚固长度应符合现行国家标准《混凝土结构设计规范》（GB 50010）的有关规定。

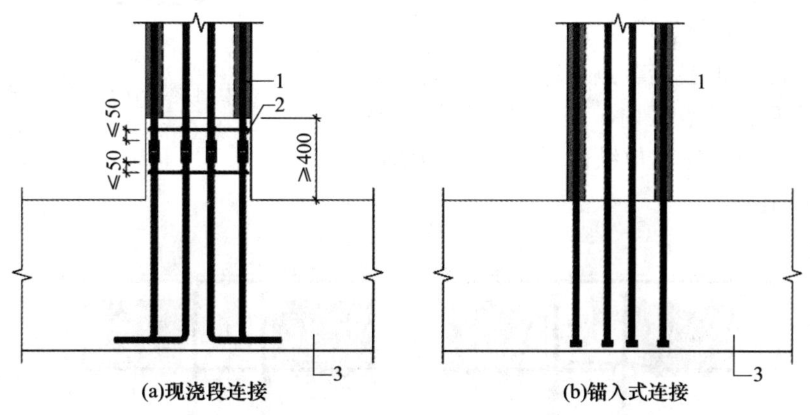

图5-14　空腔（叠合）柱与基础竖向连接构造示意图

1—叠合柱；2—机械连接；3—基础

当柱纵向钢筋采用锚固板时，应符合现行行业标准《钢筋锚固板应用技术规程》（JGJ 256）的有关规定。

空腔框架柱、梁节点应采用后浇段连接。梁纵向受力钢筋应伸入后浇节点区锚固或连接，并应符合下列规定：

（1）对框架中间层中节点，节点两侧的梁下部纵向受力钢筋宜分别锚固在后浇节点区内；也可采用机械连接或焊接的方式直接连接；梁的上部纵向受力钢筋应贯穿后浇节点区，如图 5-15 所示。

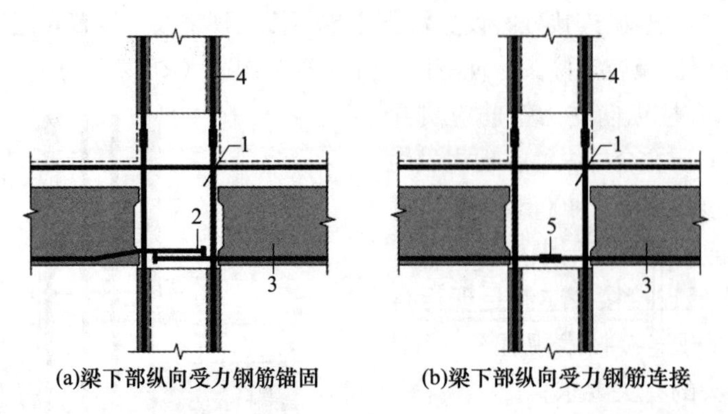

图 5-15　空腔（叠合）柱及叠合梁框架中间层中节点构造示意图

1—后浇区；2—梁下部纵向受力钢筋锚固；3—预制梁；4—叠合柱；5—梁下部纵向受力钢筋连接

（2）对框架中间层端节点，当柱截面尺寸不满足梁纵向受力钢筋的直线锚固要求时，宜采用锚固板等机械锚固措施，也可采用 90°弯折锚固，如图 5-16 所示。

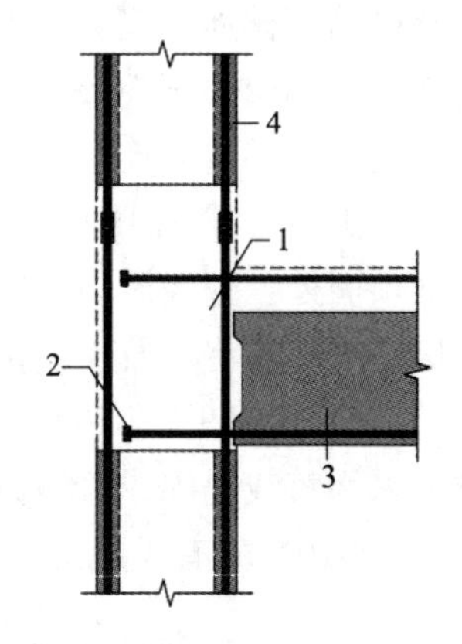

图 5-16　空腔（叠合）柱及叠合梁框架中间层端节点构造示意图

1—后浇区；2—梁纵向受力钢筋锚固；3—预制梁；4—叠合柱

（3）对框架顶层中节点，梁纵向受力钢筋的构造应符合《装配整体式钢筋焊接网叠合混凝土结构技术规程》（T/CECS 579—2019）第 7.2.4 条第 1 款的规定。柱纵向受力钢筋宜采用直线锚固，当梁截面尺寸不满足直线锚固要求时，宜采用锚固板等机械锚固措施，如图 5-17 所示。

（4）对框架顶层端节点，梁下部纵向受力钢筋应锚固在后浇节点区内，且宜采用锚固板等机械锚固措施，梁、柱其他纵向受力钢筋的锚固应符合下列规定：

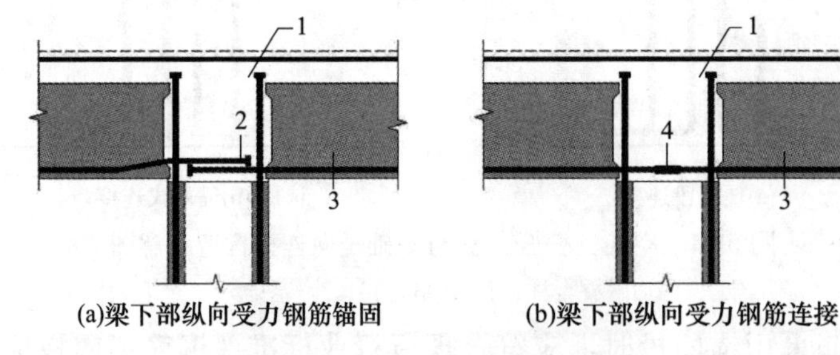

图 5-17　空腔（叠合）柱及叠合梁框架顶层中节点构造示意图

1—后浇区；2—梁下部纵向受力钢筋锚固；3—预制梁；4—梁下部纵向受力钢筋连接

①柱宜伸出屋面并将柱纵向受力钢筋锚固在伸出段内［图 5-18（a）］，伸出段长度不宜小于 500mm，伸出段内箍筋间距不应大于 $5d$（d 为柱纵向受力钢筋较小直径），且

不应大于100mm；柱纵向钢筋宜采用锚固板锚固，锚固长度不应小于40d；梁纵向受力钢筋宜采用锚固板锚固。

②柱外侧纵向受力钢筋也可与梁上部纵向受力钢筋在后浇节点区搭接［图5-18（b）］，其构造要求应符合现行国家标准《混凝土结构设计规范》（GB 50010）的有关规定；柱内侧纵向受力钢筋宜采用锚固板等机械锚固措施。

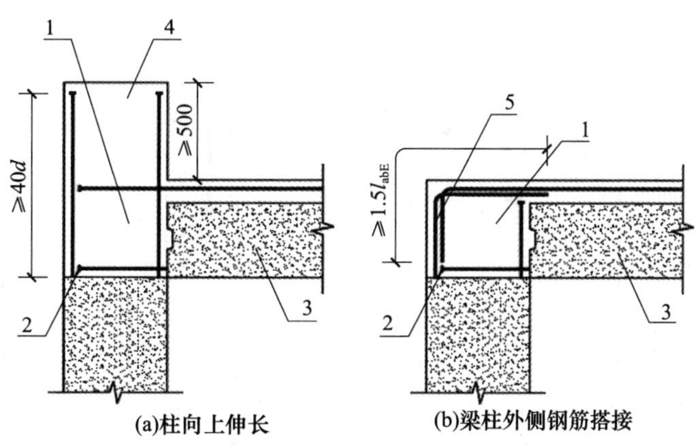

图5-18　预制柱及叠合梁框架顶层端节点构造示意图

1—后浇区；2—梁下部纵向受力钢筋锚固；3—预制梁；4—柱延伸段；5—梁外侧钢筋连接

预制柱上、下表面均宜设置粗糙面，以便预制混凝土与现浇混凝土紧密结合，如图5-19所示。预制柱底部灌浆套筒需严格按要求施工，以保证建筑整体结构安全，如图5-20所示。顶层中柱纵向钢筋锚固构造如图5-21所示。

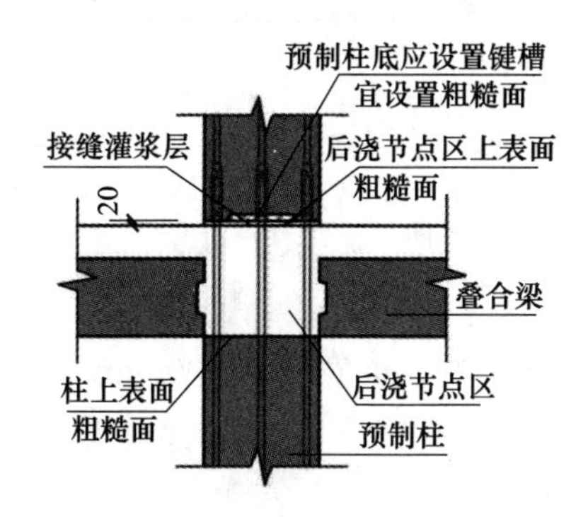

图5-19　预制柱连接构造示意图

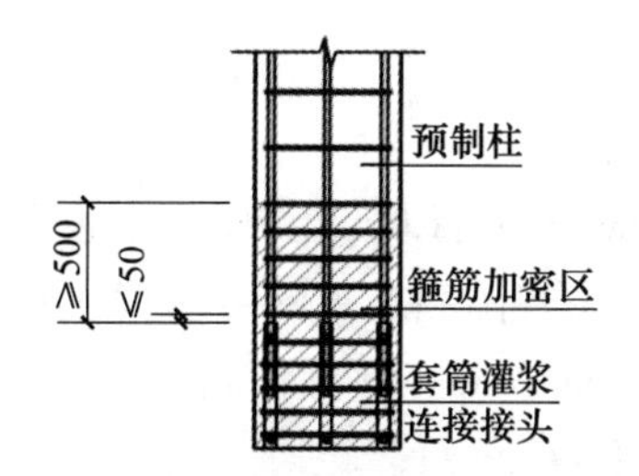

图5-20　钢筋采用套筒灌浆连接时柱底箍筋加密区域构造示意图

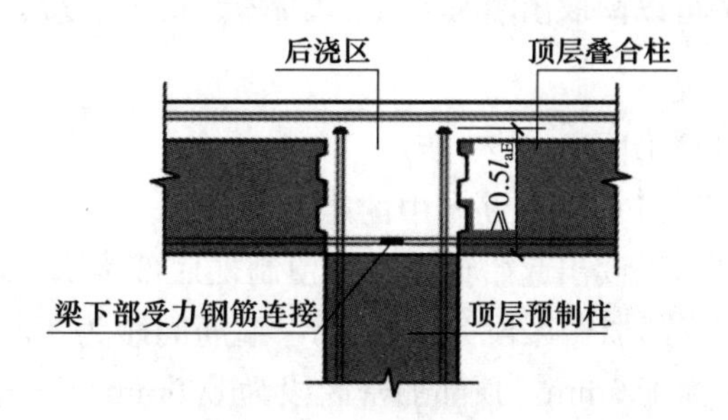

图5-21　顶层中柱纵向钢筋锚固构造

5.1.4 预制柱的模板图及配筋图识读

1. 模板图识读

预制柱（PCZ1）模板图如图 5-22 所示。

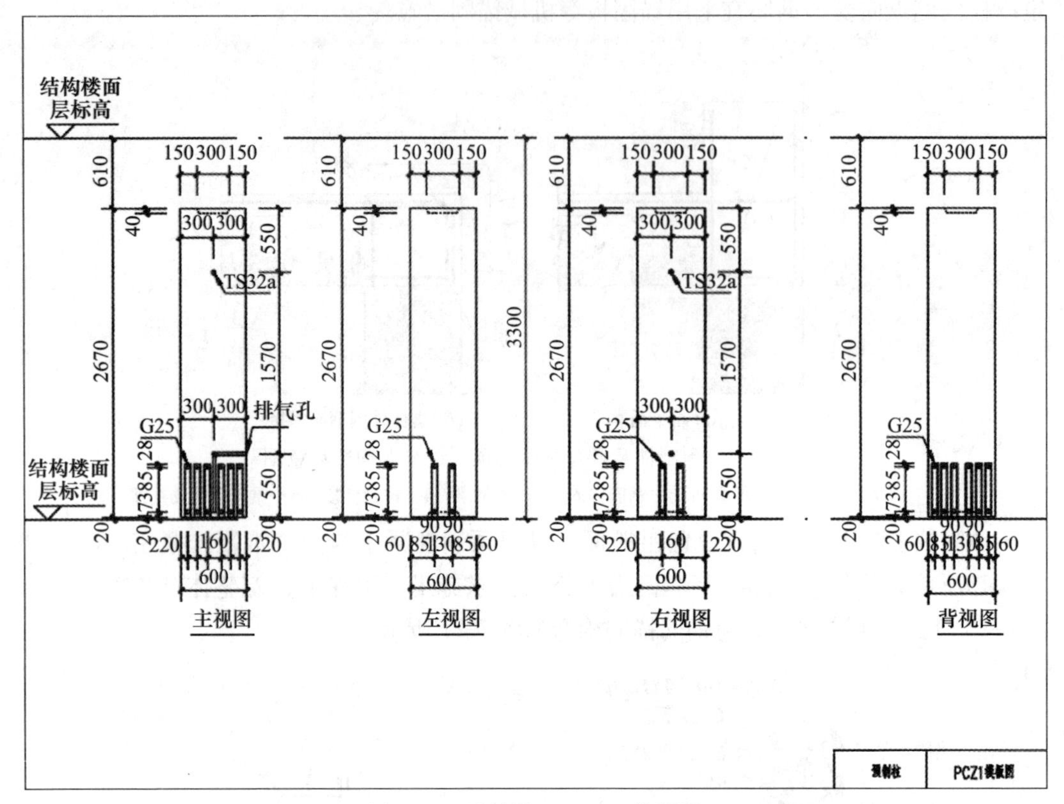

图 5-22 预制柱（PCZ1）模板图

从图 5-22 中可以读出 PCZ1 模板图中的相关信息：

(1) 由主视图和左视图可以读出预制柱的实际预制截面宽度为 600mm，实际预制截面高度为 600mm，实际预制构件长度为 2670mm，层高为 3300mm，预制柱底部距离结构楼层面为 20mm。

(2) 由右视图可以读取出预制柱的支承布置情况，居中布置，第一个支撑点距离预制底结构楼层面 550mm，第二个支撑点与第一个支撑点间距为 1570mm。

(3) 从四个视图中可以读取出灌浆套筒的定位尺寸和高度尺寸。

2. 钢筋图识读

预制柱（PCZ1）配筋图如图 5-23 所示。

从图 5-23 中可以读出 PCZ1 配筋图中的相关信息：

(1) 由左视配筋图可以读出起始箍筋距离预制柱底部为 20mm，第二根箍筋与起始箍筋的间距为 80mm，底部加密区段为 700mm，箍筋间距为 100mm，中间非加密区段为 1050mm，箍筋间距为 150mm，顶部加密区段为 800mm，箍筋间距为 100mm，纵筋露出预制柱长度为 610＋235＝845（mm）。

（2）由 *A*—*A* 剖面图可以看出灌浆套筒的定位尺寸。

（3）由 *B*—*B* 剖面图可以看出纵筋的定位尺寸。

（4）由 *C*—*C* 剖面图可以看出键槽的定位尺寸。

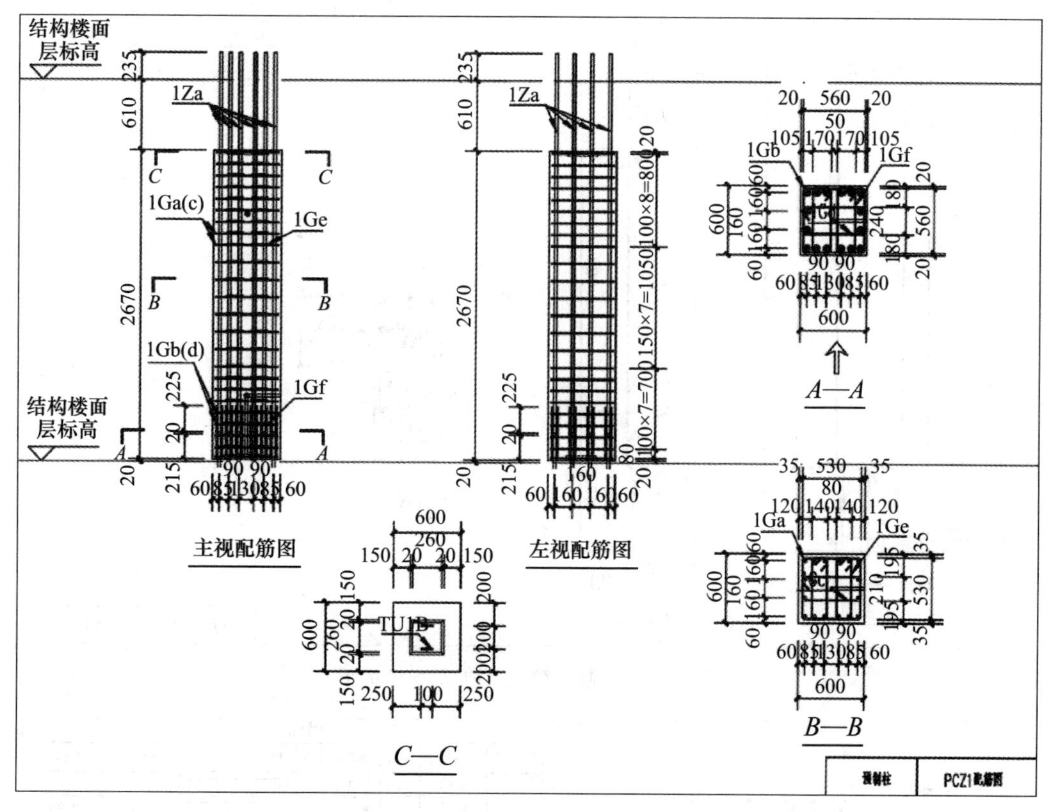

图 5-23　预制柱（PCZ1）配筋图

5.1.5　预制空腔柱模板图及配筋图识读

预制空腔柱（PCZ2）模板图、配筋图如图 5-24、图 5-25 所示。

从图 5-24 中可以读出 PCZ2 模板图中的相关信息：

（1）由正视图和右视图可以读出预制空腔柱的实际预制截面宽度为 500mm，实际预制截面高度为 500mm，实际预制构件长度为 2850mm，层高为 4200mm，预制柱底部距离结构楼层面为 600mm。

（2）由右视图可以读取出预制柱的支承布置情况，居中布置，第一个支撑点距离预制底结构楼层面 1000mm，第二个支撑点与第一个支撑点间距为 1900mm。

（3）由俯视图可以读取出预制柱纵筋的定位尺寸。

从图 5-25 中可以读出 PCZ2 配筋图中的相关信息：

起始箍筋距离预制柱底部为 50mm，底部加密区段长度为 300mm，箍筋直径为 8mm，间距为 100mm，中间非加密区段长度为 1800mm，箍筋直径为 8mm，间距为 200mm，顶部加密区段长度为 600mm，箍筋直径为 8mm，间距为 100mm，顶部纵筋露出预制柱长度为 700mm，钢筋距离顶部结构面层为 50mm，底部纵筋露出预制柱长度为 300mm。

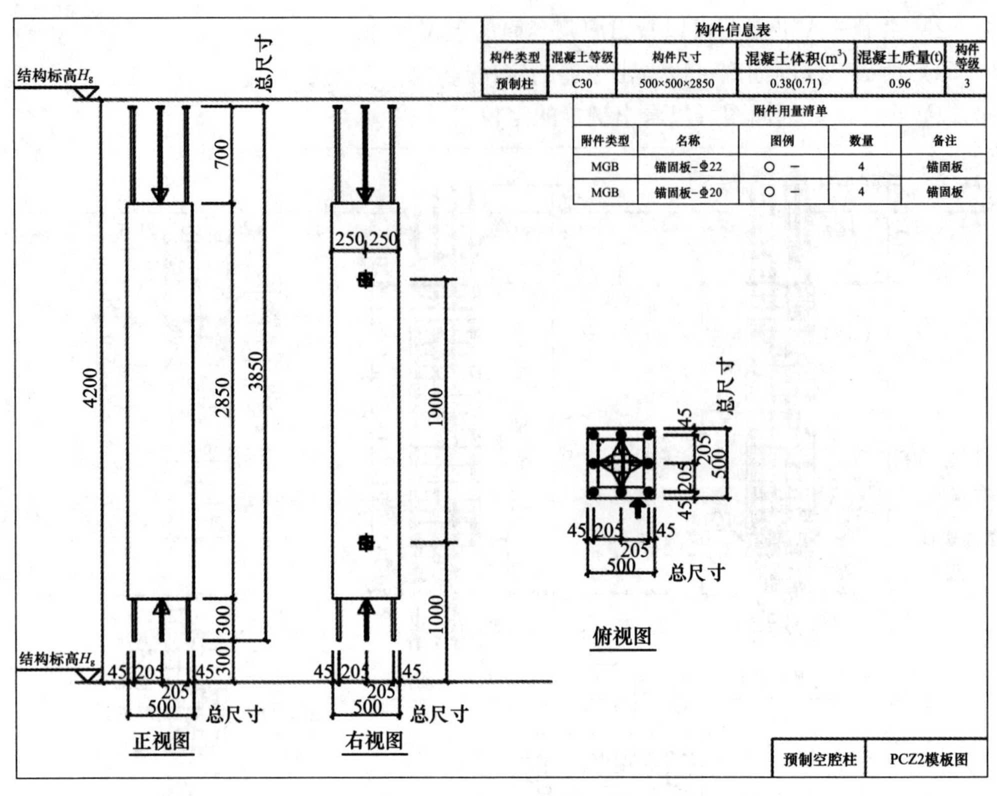

构件信息表					
构件类型	混凝土等级	构件尺寸	混凝土体积(m^3)	混凝土质量(t)	构件等级
预制柱	C30	500×500×2850	0.38(0.71)	0.96	3

附件用量清单				
附件类型	名称	图例	数量	备注
MGB	锚固板-Φ22	○ —	4	锚固板
MGB	锚固板-Φ20	○ —	4	锚固板

图 5-24 预制空腔柱（PCZ2）模板图

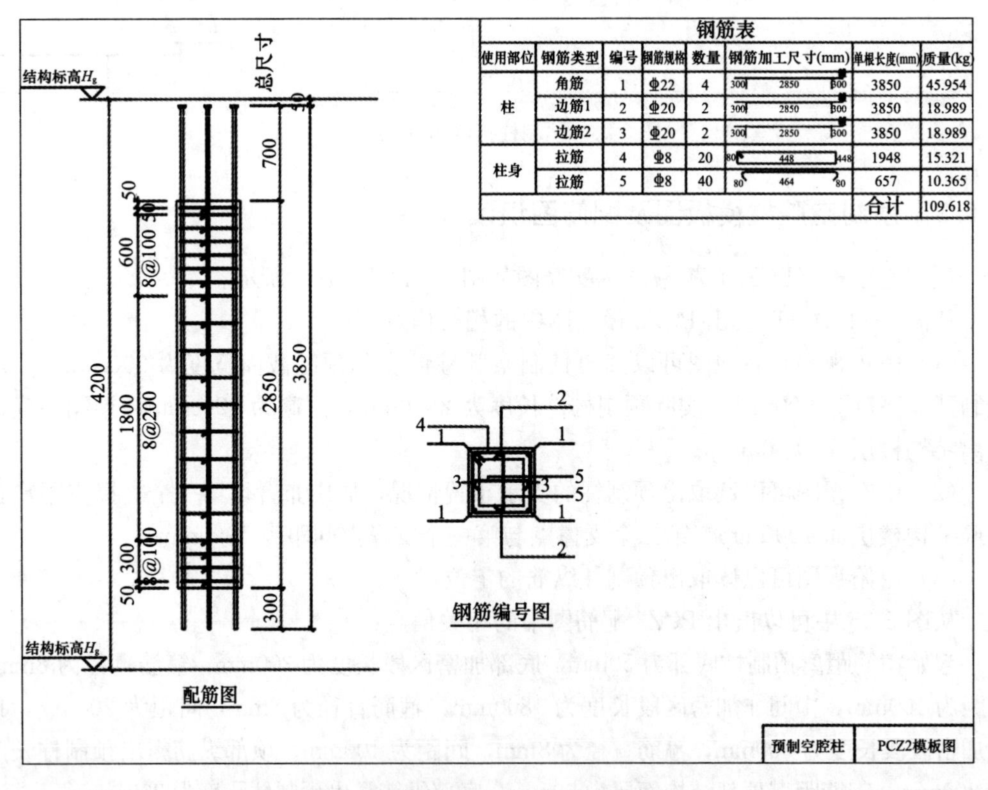

钢筋表							
使用部位	钢筋类型	编号	钢筋规格	数量	钢筋加工尺寸(mm)	单根长度(mm)	质量(kg)
柱	角筋	1	Φ22	4	300 2850 300	3850	45.954
	边筋1	2	Φ20	2	300 2850 300	3850	18.989
	边筋2	3	Φ20	2	300 2850 300	3850	18.989
柱身	拉筋	4	Φ8	20	80 448 448	1948	15.321
	拉筋	5	Φ8	40	80 464 80	657	10.365
						合计	109.618

图 5-25 预制空腔柱（PCZ2）配筋图

实例 5.2 预制柱深化设计

5.2.1 预制柱图纸绘制

1. 预制柱平面布置图

平面图应包括定位尺寸、轴线关系、预制柱编号。平面图需标明预制构件的装配方向；平面图中柱配筋可用柱平法表示，也可用柱表形式表达。

2. 预制柱构件大样图

大样图应包括模板尺寸、预留洞及预埋件位置、尺寸、预埋件编号、必要的标高；预制柱配筋图应包括纵剖面的钢筋形式、箍筋直径和间距，钢筋复杂时应有分离绘制图表，横剖面应注明构件尺寸、钢筋规格、定位、数量，顶面和底面的键槽尺寸及粗糙面要求；临时支撑、吊点定位及型号。

3. 预制柱连接及节点构造详图

预制柱之间的连接、预制柱与梁的连接，应有明确的装配式结构节点，注明钢筋位置关系，构件编号，连接材料、附加钢筋的规格、型号、数量，并应注明连接方法及其对施工安装的要求，节点现浇的应注明有关要求；应包括建筑、机电设备、精装修等专业在预制墙上的预留洞口、预埋管线，注明洞口加强措施；应预留防雷接地条件。

5.2.2 预制柱节点介绍

(1) 预制柱与现浇柱连接节点，现浇柱纵筋穿过现浇梁伸入到对应的预制柱灌浆套筒中。现浇柱的纵筋与预制柱的纵筋数量和直径如不能一一对应，现浇柱纵筋宜采用锚固板形式处理，如图 5-26 所示。

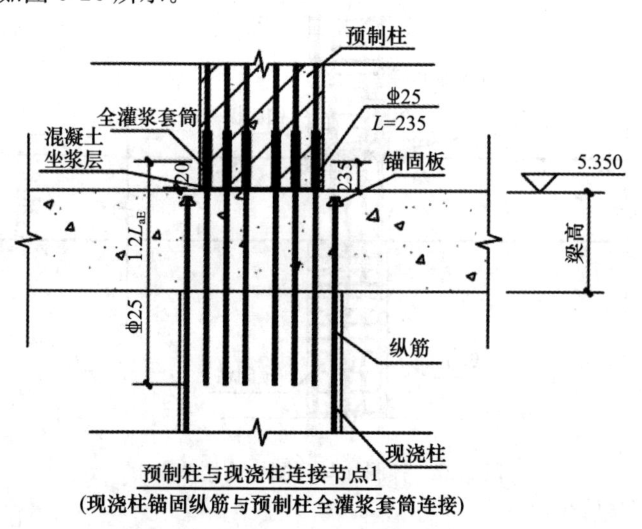

预制柱与现浇柱连接节点1
(现浇柱锚固纵筋与预制柱全灌浆套筒连接)

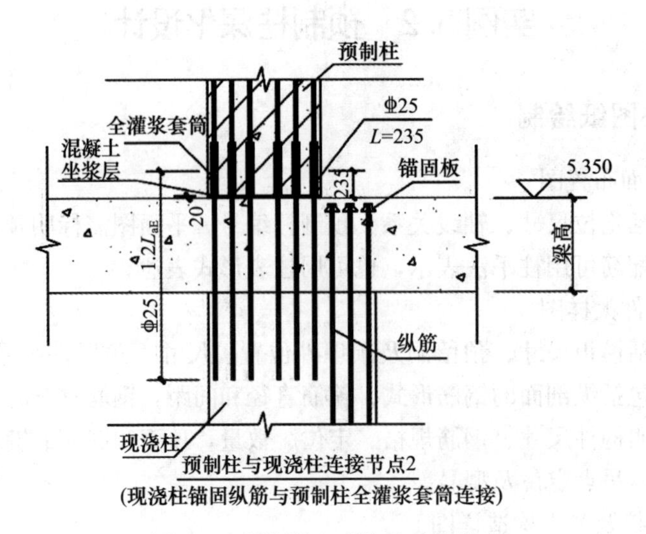

图 5-26　预制柱与现浇柱连接节点

（2）预制柱与预制柱连接节点，预制柱纵筋穿过现浇梁伸入到对应的预制柱灌浆套筒中，预制柱的纵筋与预制柱的纵筋数量有两种不能一一对应的情况：第一种情况是下层预制柱的纵筋数量比上层预制柱的纵筋数量多，宜把下层预制柱纵筋采用锚固板形式处理，如图 5-27 所示；第二种情况是上层预制柱的纵筋数量比下层预制柱的纵筋数量多，宜在下层预制柱对应位置预埋一根与上层纵筋直径相同的纵筋伸入到上层灌浆套筒中，长度满足规范要求即可，如图 5-28 所示。

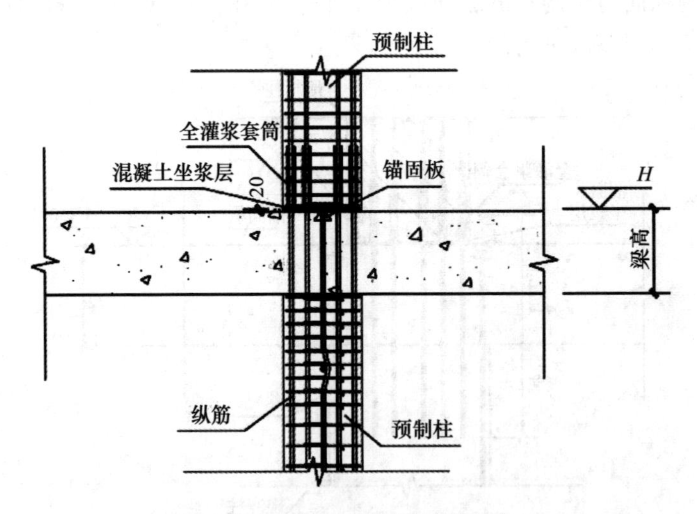

图 5-27　预制柱与预制柱连接节点 1

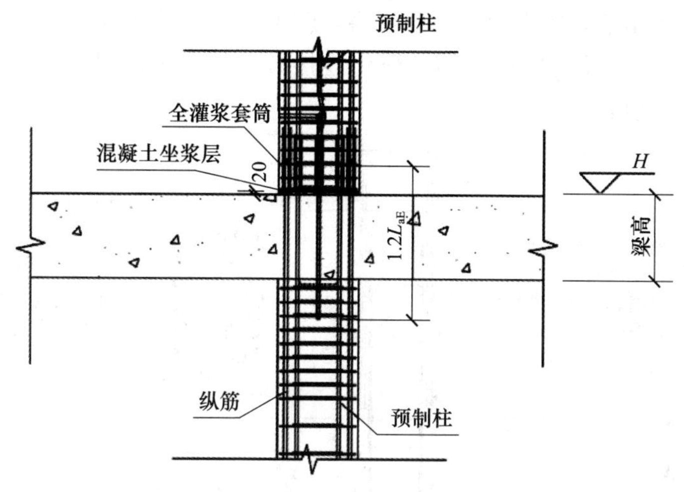

图 5-28 预制柱与预制柱连接节点 2

（3）预制柱顶层与现浇梁连接节点，预制柱顶层与现浇梁连接宜采用锚固板形式处理，如图 5-29 所示。

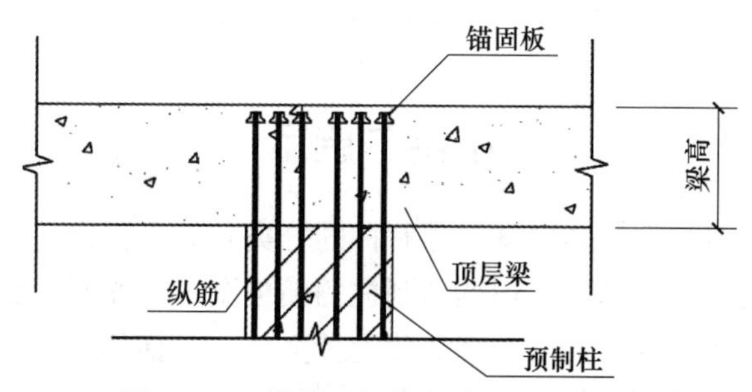

图 5-29 预制柱顶层与现浇梁连接节点

（4）SPCS 空心预制柱一般有两种出筋形式。

①构件两端出筋（图 5-30），内部圆形或方形空腔成型，下部钢筋插入基础梁及承台钢筋内进行锚固（图 5-31），计算方法和适用范围与传统现浇钢筋混凝土柱完全一致，可通用于所有地下室结构。

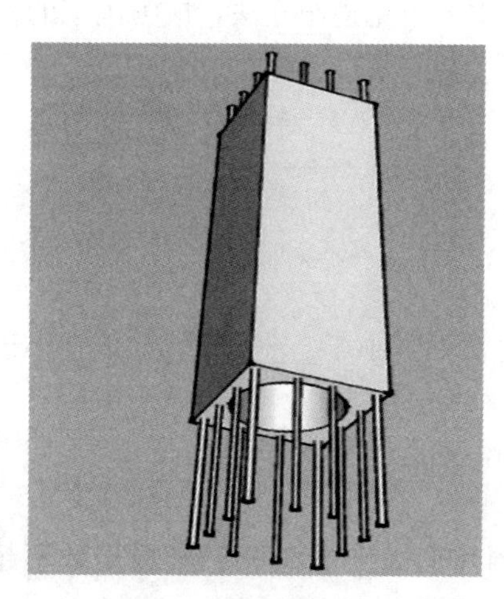

图 5-30 圆形空腔柱两端出筋示意图

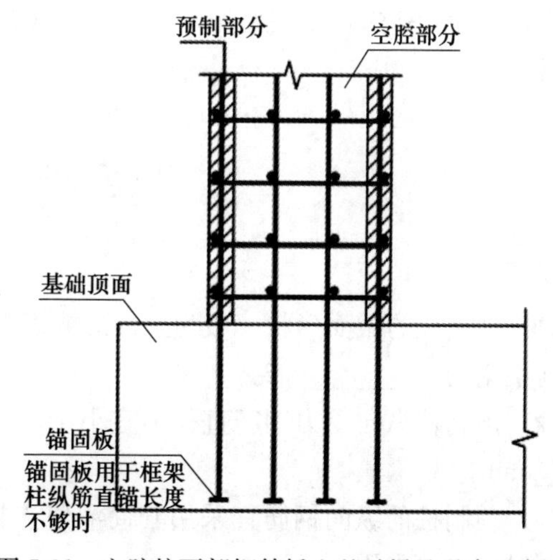

图 5-31 空腔柱下部钢筋插入基础梁及承台示意图

②构件下端不出筋，构件内部空腔成型，施工采用空腔内插钢筋连接的方式安装，如图 5-32 所示，通过优化构造措施、简化连接方式，大大降低了生产难度，提升了 SPCS 空腔柱安装速度。

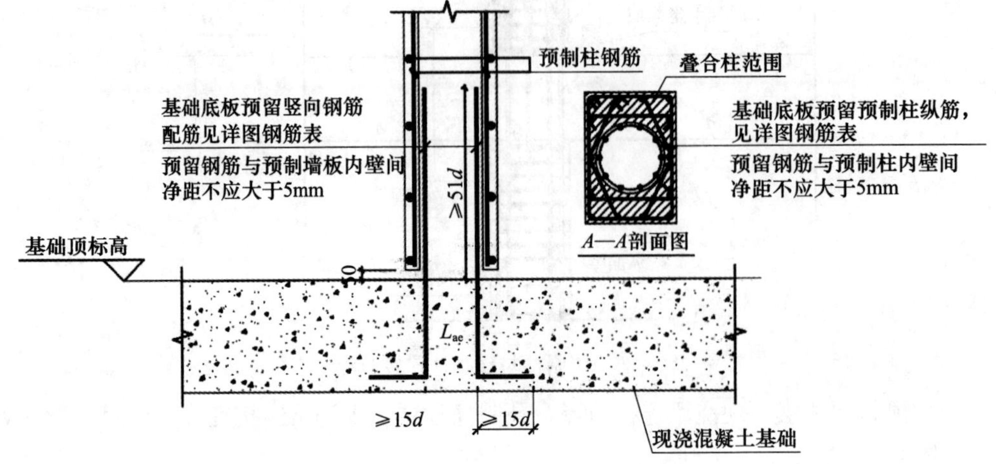

图 5-32　圆形空腔柱下端不出筋连接示意图

小结与启示

通过本部分的学习，学生需要掌握预制柱的分类和编号规定、平面布置图和剖面图的标注内容及相关规定；能够熟练识读预制柱的模板图、配筋图、钢筋明细表、预埋件表及相关构造节点详图信息；能够掌握深化设计文件所包括的内容，并且能够根据项目设计需求尝试独立完成预制构件的设计任务。

根据党的二十大精神，坚定不移走生态优先、绿色低碳的高质量发展道路，围绕碳达峰目标，加快转变城乡建设发展方式，持续推动城乡建设领域资源能源节约集约利用，不断满足人民群众对美好生活的需要，系统推进城乡建设绿色低碳高质量发展，推动城乡建设领域碳排放尽早达峰。让学生认识到，建筑设计不仅要舒适美观，而且要节能环保，装配式建筑也要安全第一，学生在成长过程中要自觉遵纪守法，成为国家的栋梁之材。

习　题

填空题

（1）预制柱的截面形状一般为正方形或矩形，边长不宜小于____ mm，且不宜小于同方向梁宽的__________倍。

（2）预制柱纵向受力钢筋直径不宜小于____ mm，间距不宜大于____ mm，不应大于____ mm。

（3）预制柱的纵向钢筋宜采用套筒灌浆连接，当房屋高度不大于 12m 或层数不超过 3 层时，也可采用__________、__________等连接方式。

（4）预制柱纵向受力钢筋在柱底采用套筒灌浆连接时，预制柱加密区长度不应小于纵向受力钢筋连接区域长度与____ mm之和；套筒上端第一道箍筋距离套筒顶部不应大于____ mm。

（5）预制柱的底部应设置键槽且宜设置粗糙面，键槽应均匀布置，键槽深度不宜小于____ mm，键槽端部斜面倾角不宜大于__________，柱顶应设置粗糙面，凹凸深度不小于____ mm。

（6）在预制柱底部中心部位需设置灌浆排气孔，排气孔的孔口应高出灌浆套筒出浆孔____ mm以上。

任务6　预制钢筋混凝土阳台板、空调板和女儿墙识图与深化设计

学习目标

知识目标：掌握预制钢筋混凝土阳台板、空调板和女儿墙及其连接节点构造；掌握《预制钢筋混凝土阳台板、空调板和女儿墙》（15G368-1）的相关规定；了解预制钢筋混凝土阳台板、空调板和女儿墙的规格、编号及选用方法；读懂预制钢筋混凝土阳台板、空调板和女儿墙构件详图及配筋详图。

能力目标：能够正确识读预制钢筋混凝土阳台板、空调板和女儿墙的模板图、配筋图、钢筋明细表及构造节点详图；能够进行预制钢筋混凝土阳台板、空调板和女儿墙的深化设计。

素质目标：培养学生的规范意识和识图能力；培养学生严格按照施工图绘制预制构件详图的意识；培养学生严谨的学习态度。

课程思政

阳台板、空调板和女儿墙虽然不是建筑的主体构件，但对整个建筑也是缺一不可的，各自起到不同的作用，保证了整个建筑的整体性和安全性，学生应在未来工作中全面发展，不能避重就轻。

实例6.1　预制钢筋混凝土阳台板、空调板和女儿墙识图

6.1.1　预制阳台板、空调板和女儿墙初步认识

1. 预制阳台板

预制阳台板即预制钢筋混凝土阳台板，属于悬挑式受力构件，采用阳台模具由工厂进行生产，现场施工时，通过后浇混凝土与主体结构进行连接，施工速度快，节点连接可靠，广泛应用于装配式混凝土住宅建筑。

选用预制阳台板时，需满足图集中规定的预制阳台板的荷载条件、脱模、吊装、运输、堆放、施工安装等相关要求，否则必须通过结构计算或验算方可采用。图6-1所示为预制阳台板选用示例。

预制阳台板分类如下：按构件型式分类，包括全预制板式阳台板（图6-2）、叠合板式阳台板（图6-3）、全预制梁式阳台板（图6-4）；按建筑做法分类，包括封闭式阳台板与开敞式阳台板。

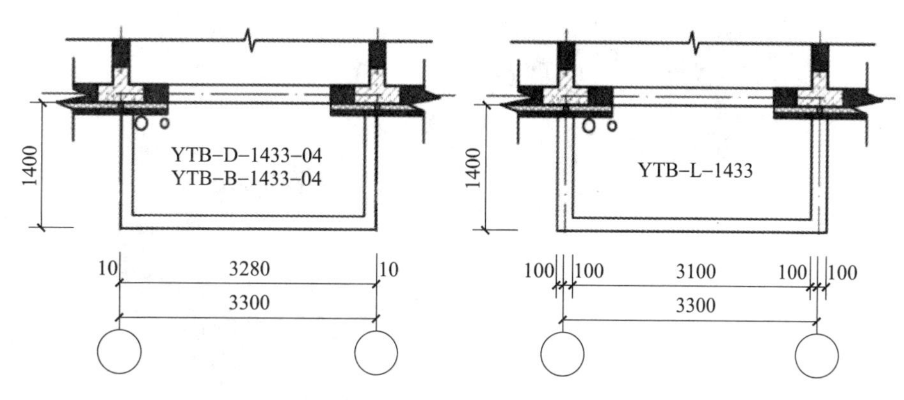

图 6-1 预制阳台板选用示例

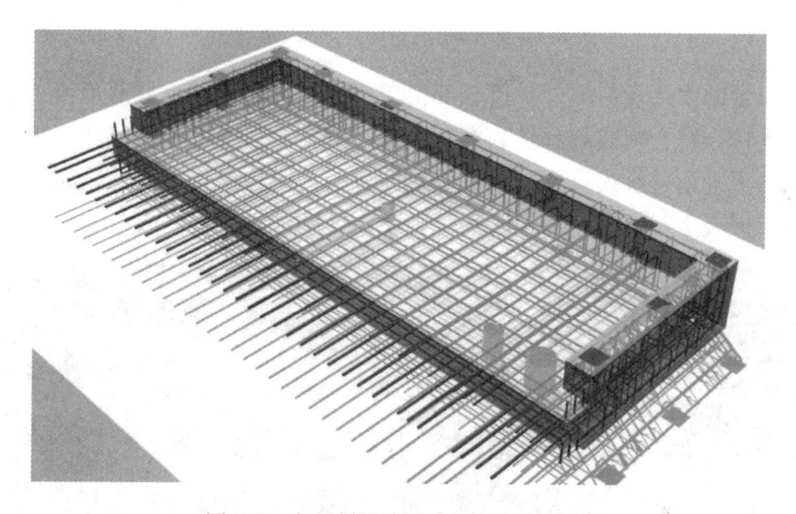

图 6-2 全预制板式阳台板三维透视图

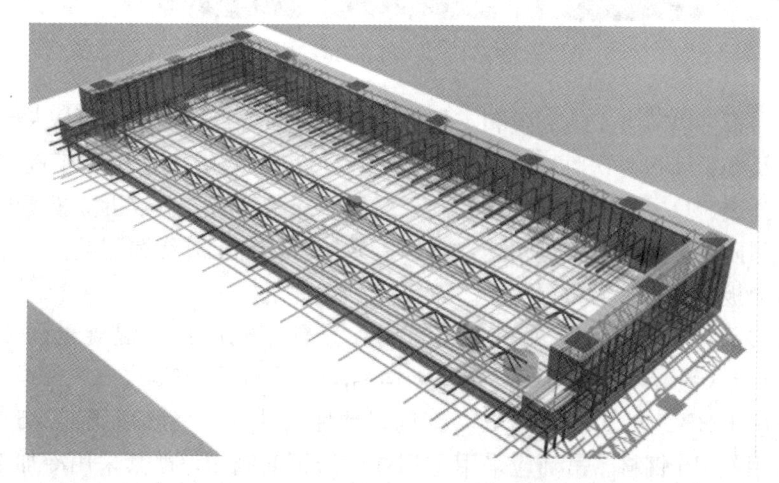

图 6-3 叠合板式阳台板三维透视图

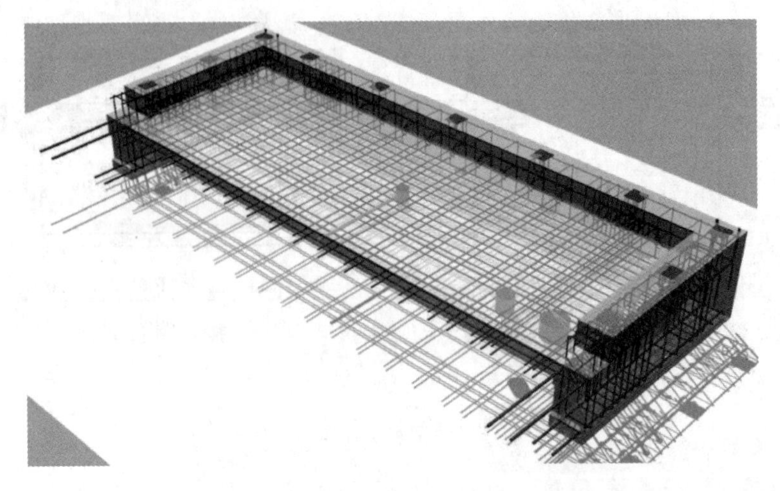

图 6-4　全预制梁式阳台板三维透视图

全预制阳台的阳台板与阳台封边全部由工厂预制生产，阳台根部预留连接钢筋与主体结构进行连接。叠合板式阳台是装配式建筑中比较常用的预制阳台板形式，如图 6-5 所示。其阳台板采用悬挑式叠合板，叠合板的底板与阳台封边由工厂预制生产，现场施工时，叠合层混凝土与主体结构同时浇筑，结构的整体性较好。

图 6-5　预制阳台板实物

预制阳台板可以节省工地制模和支承的费用。在叠合板体系中，可以将预制阳台和叠合楼板以及叠合墙板一次性浇筑成一个整体，可以有效解决传统施工高空作业支模难、空鼓、开裂、尺寸偏差的通病以及施工时工人踩踏钢筋，造成拆除模板后阳台下垂的问题。预制阳台板一般自带滴水檐，可以有效解决传统工艺渗漏问题。

预制阳台板的材料一般由混凝土、钢筋和预埋件组成。

叠合板式阳台板预制底板及其现浇部分、全预制式阳台板混凝土强度等级均为 C30；连接节点区混凝土强度等级与主体结构相同，且不低于 C30。

钢筋采用 HRB400（E）、HPB300 钢筋，预埋铁件钢板一般采用 Q235-B，内埋式吊杆一般采用 Q345 钢材。吊环应采用 HPB300 级钢筋制作，严禁采用冷加工钢筋。构件吊装采用的吊环、内埋式吊杆或其他形式吊件等应符合现行国家标准要求。

连接件和预埋件形式、材质以及防腐蚀措施由具体工程设计确定。

预制阳台板预埋件、安装用的连接件应采用碳素结构钢，也可以根据工程要求采用不锈钢材料制作，焊接采用的焊条，应符合现行国家标准《非合金钢及细晶粒钢焊条》（GB/T 5117）或《热强钢焊条》（GB/T 5118）的规定，选择的焊条型号应与主体金属力学性能相适应。

预埋件的锚筋应采用 HRB400 钢筋，抗拉强度设计值 f_y 取值不应大于 300N/mm^2，锚筋严禁采用冷加工钢筋。

金属件设计应考虑环境类别的影响，所有外露金属件（连接件、结构预埋件）应在设计时提出耐久性防腐蚀措施，明确工程应用的材质选择和防腐蚀做法，并应考虑在长期使用条件下铁件腐蚀的安全储备量。

密封材料、背衬材料等应满足国家现行有关标准的要求。

预制阳台板的栏杆、栏板高度及形式由具体工程设计确定。

预制阳台板的金属栏杆、铝合金窗应根据电气专业的设计要求设置防雷接地。

预制阳台板纵向受力钢筋宜在后浇混凝土内直线锚固，当直线锚固长度不足时可采用弯钩和机械锚固方式。弯钩和机械锚固做法详见《装配式混凝土结构连接节点构造（剪力墙）》（15G310-2）。

预制阳台板内埋设管线时，所敷设管线应放在板下层钢筋之上，板上层钢筋之下且管线应避免交叉，管线的混凝土保护层厚度应不小于 30mm。

叠合板式阳台内埋设管线时，所敷设管线应放在现浇层内，板上层钢筋之下，在桁架钢筋空档间穿过。

2. 预制空调板

预制空调板即预制钢筋混凝土空调板，附设在外墙面上外伸的混凝土板，用于安放空调室外机，一般为全预制，如图 6-6 和图 6-7 所示。

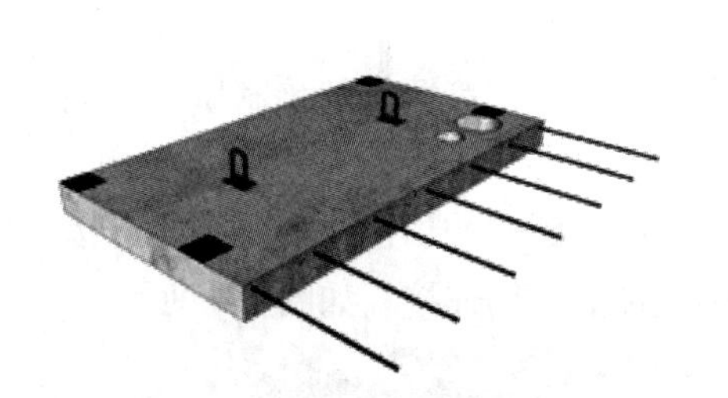

图 6-6　预制空调板三维图

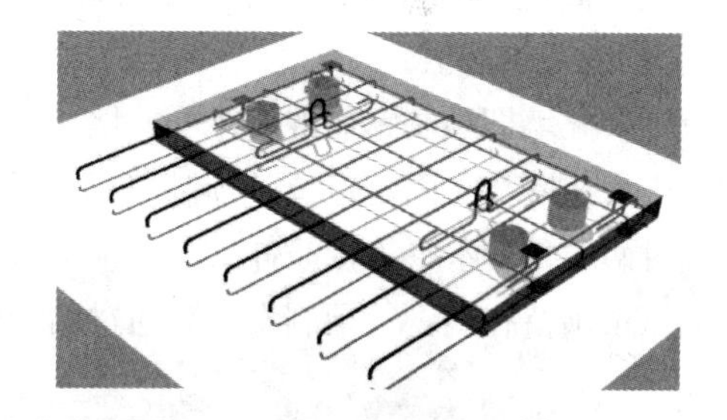

图 6-7　预制空调板三维透视图

预制空调板混凝土强度等级一般为 C30，纵向受力钢筋应采用 HRB400（E）钢筋，分布钢筋采用 HRB400（E）钢筋，当吊装采用普通吊环时，应采用 HPB300 钢筋。

预埋件锚板宜采用 Q235-B 钢材制作，同时预埋件锚板表面应做防腐处理，预制空调板密封材料等应满足国家现行有关标准的要求。

预制空调板按照板顶结构标高与楼板板顶结构标高一致进行设计，如图 6-8 和图 6-9 所示。

预制空调板构件长度（L）＝预制空调板挑出长度（L_1）＋10mm，其中，挑出长度从剪力墙外表面起计算。预制空调板厚度（h）一般为 80mm。

与预制空调板配套的夹心保温外墙板，其保温层厚度一般取 70mm，外叶墙厚度一般取 60mm。

预制空调板预留孔尺寸、位置、数量需与设备专业协调后，由具体设计确定。

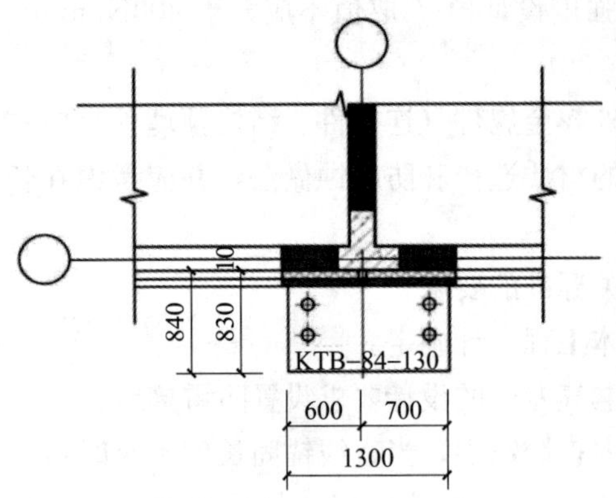

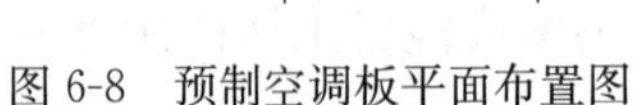

图 6-8　预制空调板平面布置图

图 6-9　预制空调板实物

3. 预制女儿墙

女儿墙又名压檐墙，是建筑物屋顶周围的矮墙，是屋面与外墙衔接处理的一种方式。除维护安全外，亦会在女儿墙底部施作防水压砖收头，以避免防水层渗水或屋顶雨水漫流。依国家建筑规范规定，上人屋面女儿墙高度一般不得低于 1.1m，最高不得大于 1.5m。

上人屋面的女儿墙主要用于保护人员的安全，并对建筑立面起装饰作用。不上人屋面的女儿墙除立面装饰作用外，还起到固定油毡或固定防水卷材的作用。有混凝土压顶时，女儿墙高度按楼板顶面算至压顶底面为准；无混凝土压顶时，女儿墙高度按楼板顶面算至女儿墙顶面为准。

预制女儿墙即预制钢筋混凝土女儿墙，通常可划分为预制墙身和预制压顶两部分，预制混凝土女儿墙身先固定定位，预制墙身下端与结构顶层剪力墙采用钢筋套筒灌浆连接；女儿墙身两端预留水平连接筋伸入结构顶层剪力墙向上延伸的后浇段通过现浇连接；预制女儿墙压顶预留孔洞，与预制女儿墙通过墙身内预埋的锚筋连接，如图 6-10 所示。

图 6-10　预制女儿墙三维透视图

预制女儿墙根据是否具有保温功能可分为夹心保温式女儿墙和非保温式女儿墙。

预制女儿墙混凝土强度等级为C30，连接节点处混凝土强度等级与主体结构相同，且不低于C30。

预制女儿墙的钢筋一般采用HRB400（E）、HPB300钢筋，预埋铁件钢板一般采用Q235-B钢材。构件吊装用吊件、临时支撑用预埋件应符合现行国家有关标准的规定。女儿墙密封材料等应满足现行国家有关标准及建筑专业的相关要求。

预制女儿墙设计高度为从屋顶结构标高算起，到女儿墙压顶的顶面为止，即其设计高度＝女儿墙墙体高度＋女儿墙压顶高度＋接缝高度，如图6-11所示。

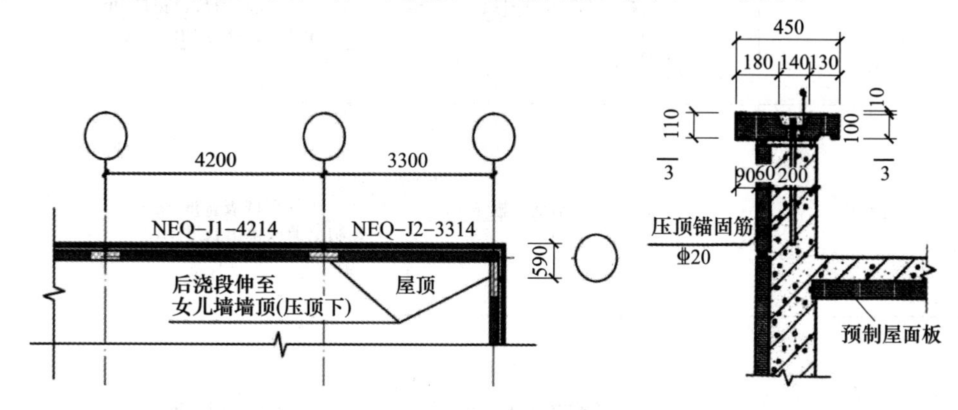

图6-11　预制女儿墙平面布置图

预制女儿墙施工阶段验算应综合考虑构件的脱模、运输、吊装等环节的最不利工况条件下的荷载组合，运输吊运时动力系数取值为1.5，脱模时动力系数取值为1.2；同条件养护的混凝土立方体试件抗压强度达到设计混凝土强度等级值的75%时，方可脱模。

预制钢筋混凝土女儿墙裂缝控制等级为三级，在使用阶段最大裂缝宽度允许值为0.2mm。

4. 预制阳台板、空调板和女儿墙类型与编号规定

（1）预制阳台板、空调板和女儿墙类型与编号规定

预制阳台板、空调板和女儿墙的编号由构件代号、序号组成，编号规则应符合表6-1的要求。

表6-1　预制阳台板、空调板和女儿墙的编号

预制构件类型	代号	序号
阳台板	YYTB	××
空调板	YKTB	××
女儿墙	YNEQ	××

注：在女儿墙编号中，如女儿墙的厚度尺寸与配筋均相同，仅墙厚与轴线关系不同，可将其编为同一墙身号，但应在图中注明与轴线的位置关系。序号可为数字或数字加字母。

例如YKTB2：表示预制空调板，编号为2。

例如YYTB3a：表示某工程有一块预制阳台板与已编号的YYTB3，除洞口位置外，其他参数均相同，为方便起见，将该预制阳台板序号编为3a。

例如YNEQ5：表示预制女儿墙，编号为5。

（2）选用标准预制阳台板、空调板和女儿墙时的类型与编号规定

当选用标准图集中的预制阳台板、空调板和女儿墙时，可选型号参见《预制钢筋混凝土阳台板、空调板及女儿墙》（15G368-1），其编号规定见表 6-2。

表 6-2　标准图集中预制阳台板、空调板和女儿墙的类型与编号

预制构件类型	编号
阳台板	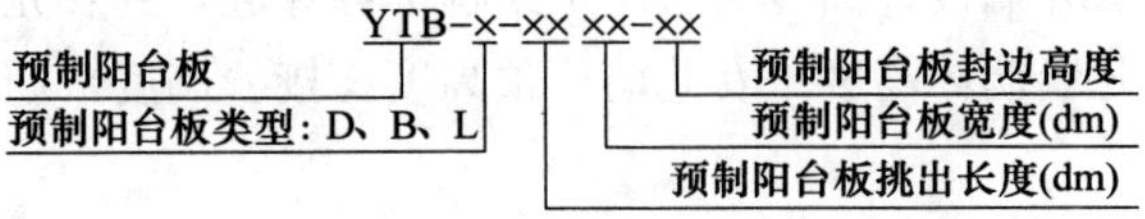 YTB-×-×× ××-×× 预制阳台板 预制阳台板类型：D、B、L 预制阳台板封边高度 预制阳台板宽度(dm) 预制阳台板挑出长度(dm)
空调板	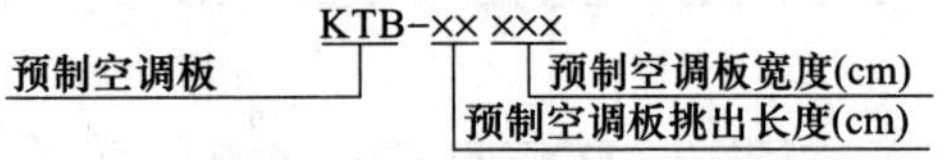 KTB-×× ××× 预制空调板 预制空调板宽度(cm) 预制空调板挑出长度(cm)
女儿墙	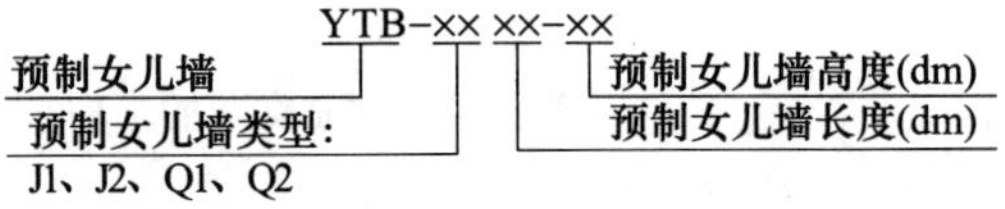 YTB-×× ××-×× 预制女儿墙 预制女儿墙类型：J1、J2、Q1、Q2 预制女儿墙高度(dm) 预制女儿墙长度(dm)

6.1.2　预制阳台板编号、模板图及配筋图识读

1. 预制阳台板编号

其编号规定见表 6-2。

（1）YTB 表示预制阳台板；

（2）YTB 后第一组为单个字母 D、B 或 L，表示预制阳台板类型。其中，D 表示叠合板式阳台，B 表示全预制板式阳台，L 表示全预制梁式阳台。

（3）YTB 后第二组四个数字，表示阳台板尺寸。其中，前两个数字表示预制阳台板挑出长度（结构尺寸 dm，相对剪力墙外表面挑出长度），后两个数字表示预制阳台板宽度对应房间开间的轴线尺寸（dm）。

（4）YTB 后第三组两个数字，表示预制阳台封边高度。04 代表阳台封边 400mm 高，08 代表阳台封边 800mm 高，12 代表阳台封边 1200mm 高。当该阳台板为全预制梁式阳台时，无封边，此项取消。

例如 YTB-B-1228-04：表示全预制板式阳台，挑出长度为 1200mm，阳台开间为 2800mm，封边高度为 400mm。

2. 预制阳台板模板图识读

（1）全预制板式阳台参数选用，如图 6-12 所示。

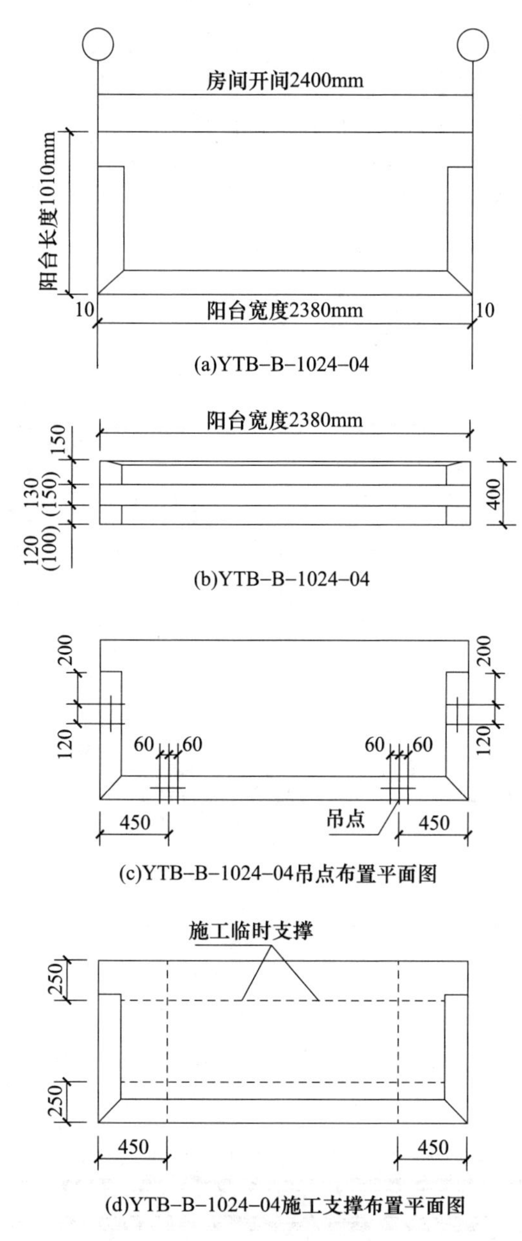

图 6-12　全预制板式阳台参数选用

注：构件脱模与吊装使用相同吊点；施工应采取可靠措施，设置临时支撑，防止构件倾覆。

从图 6-12 中可以读出全预制板式阳台的具体尺寸。阳台板长度 L=1010mm，阳台板宽度 B=2380mm，阳台板厚度 H=130mm；封边高度为 400mm，上封边高度为 150mm、厚度为 150mm，下封边高度为 400－150－130＝120（mm），顶部厚度为 150mm，底部厚度为 160mm。

（2）全预制板式阳台模板图如图 6-13 所示。

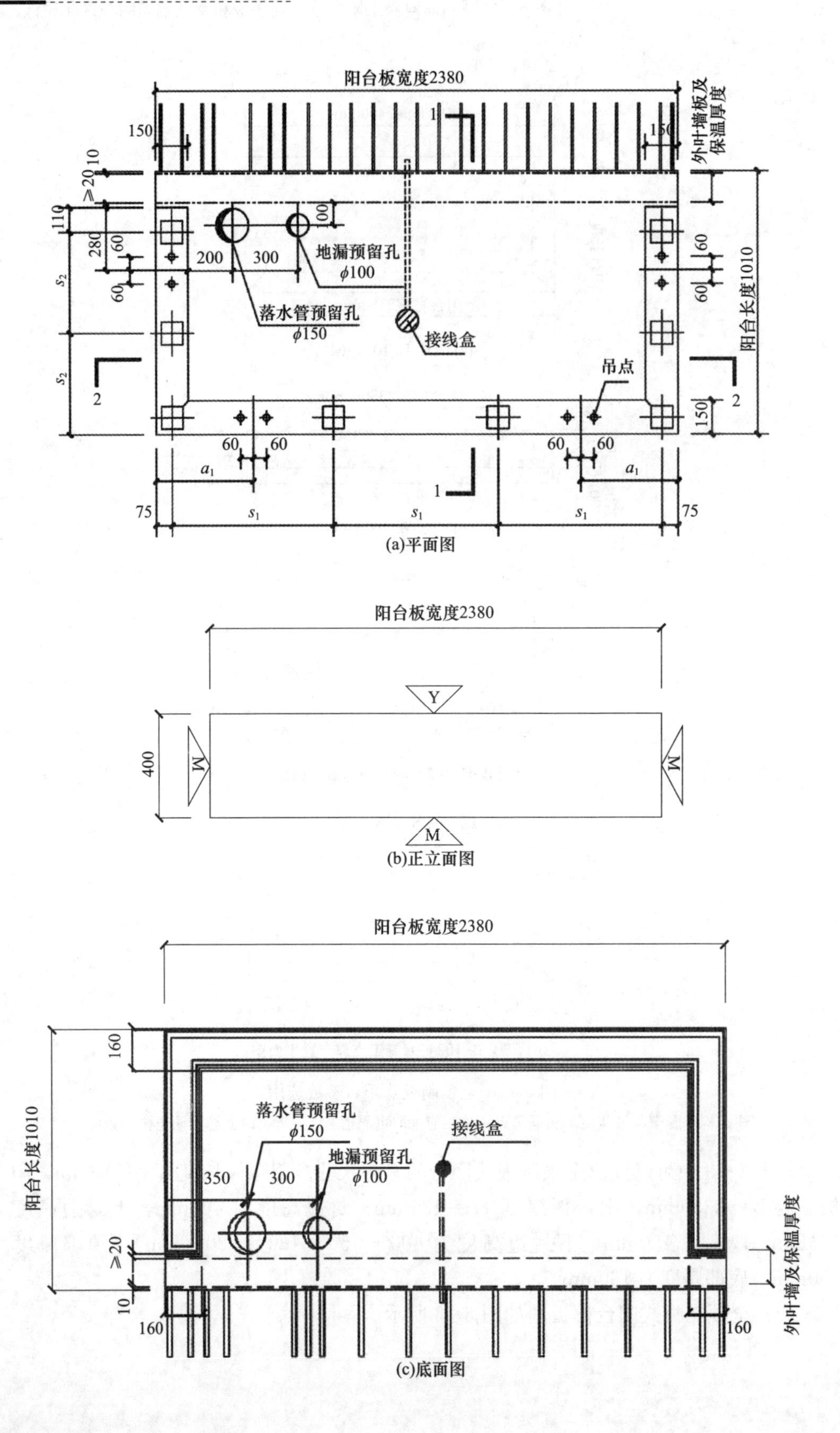

(a)平面图

(b)正立面图

(c)底面图

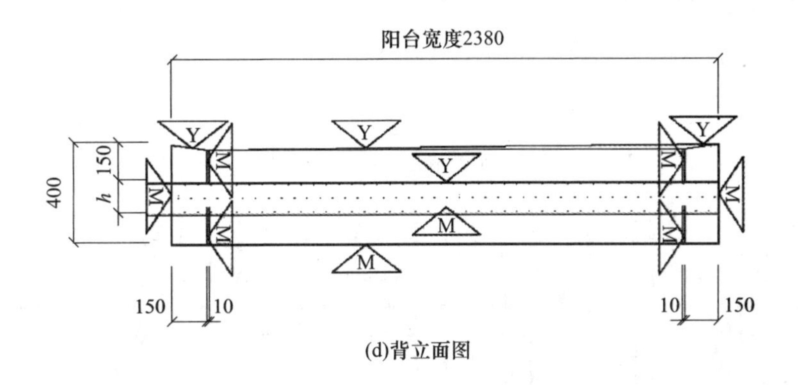

(d)背立面图

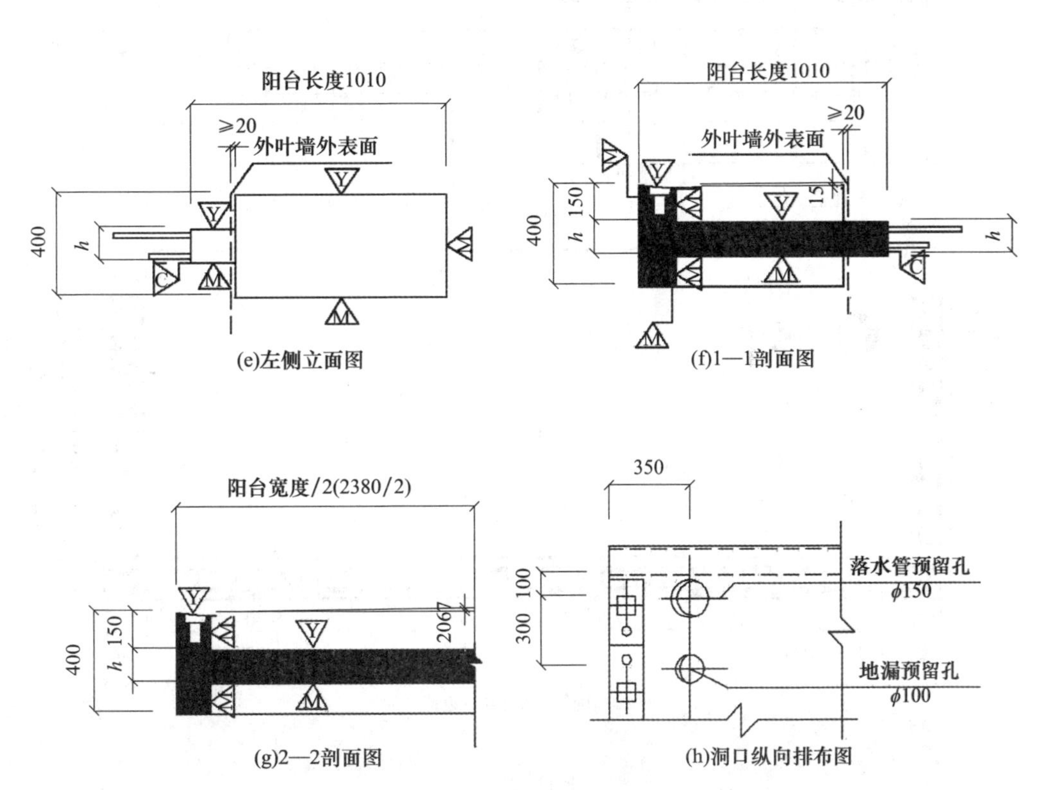

(e)左侧立面图　(f)1—1剖面图

(g)2—2剖面图　(h)洞口纵向排布图

图 6-13　全预制板式阳台模板图

注：图中预制阳台板栏杆预埋件间距 s_1、s_2 不大于 750mm 且等分布置。

①从图 6-13 中可以读出预埋件的定位尺寸。阳台板长度方向第一个预埋件距离外叶墙外表面 110＋20＝130（mm），相邻两个预埋件之间的距离为 s_2；阳台板宽度方向第一个预埋件距离阳台板边缘 75mm，相邻两个预埋件之间的距离为 s_1。

②预留孔的定位尺寸。从平面图和底面图中可以读出阳台底板预留两个孔，一个是落水管预留孔 ϕ150mm，另一个是地漏预留孔 ϕ100mm，两个孔之间的距离为 300mm，距离外叶墙外表面 100mm，落水管预留孔距离阳台边缘 350mm。

③图中符号说明：Y所指方向代表压光面，M所指方向代表模板面，C所指方向

代表粗糙面。

3. 预制阳台板配筋图识读

（1）全预制板式阳台配筋图如图 6-14 所示。

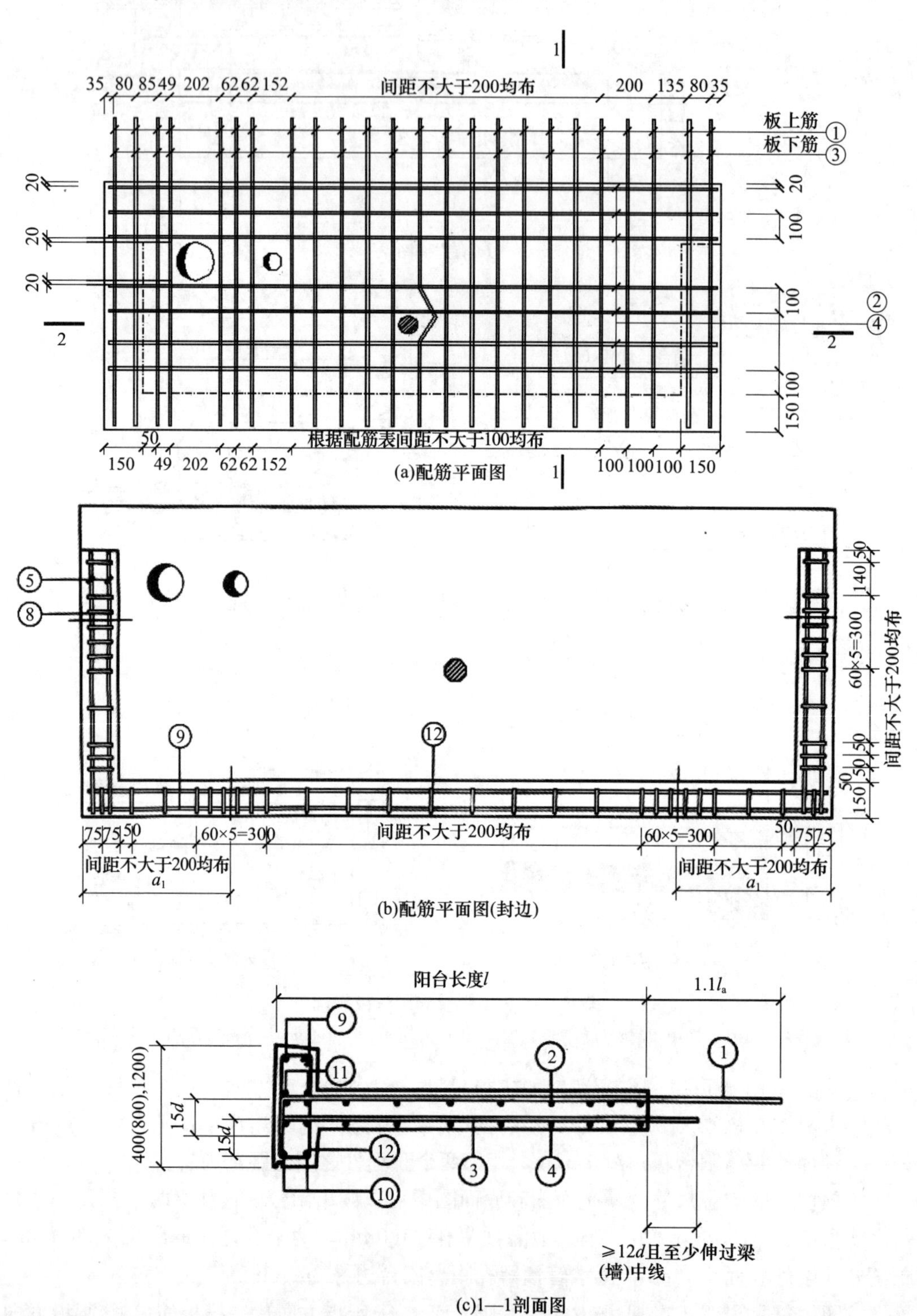

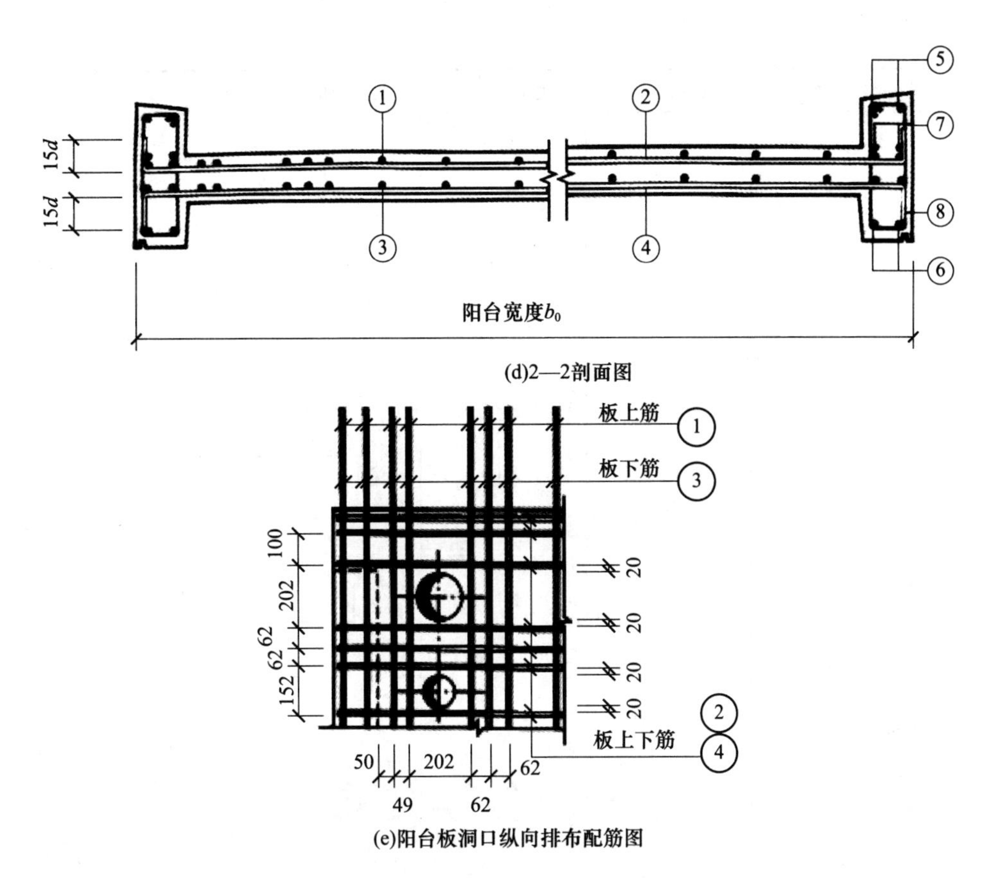

(d)2—2剖面图

(e)阳台板洞口纵向排布配筋图

图 6-14　全预制板式阳台配筋图

注：吊点位置箍筋应加密为 6Φ6@50。

（2）全预制板式阳台板配筋表见表 6-3。

表 6-3　全预制板式阳台板配筋表

构件编号	钢筋编号	规格（mm）	加工尺寸（mm）	根数（根）
YTB-B-1024-04	①	Φ8	120　1300	25
	②	Φ8	120　2330　120	8
	③	Φ8	120　1085	18
	④	Φ10	150　2330　150	8
	⑤	Φ12	180　≈800	4
	⑥	Φ12	180　≈800	4

续表

构件编号	钢筋编号	规格（mm）	加工尺寸（mm）	根数（根）
YTB-B-1024-04	⑧	Φ6	350 100	22
	⑨	Φ12	180 2330 180	2
	⑩	Φ12	180 2330 180	2
	⑫	Φ6	350 100	21

注：YTB-B-1024-04 全预制板式阳台板中没有⑦号和⑪号钢筋；因保温层厚度不确定，影响长度方向封边纵筋长度，在表中用“≈”表示约等于；封边封闭箍筋做 135°弯钩，平直段长度为 $5d$；表中数据不作为下料依据，仅供参考，实际下料时按图纸设计要求及计算规则另行计算。

6.1.3 预制空调板编号、模板图及配筋图识读

1. 预制空调板编号

其编号规定见表 6-2。

（1）KTB 表示预制空调板；

（2）KTB 后第一组两个数字，表示预制空调板挑出长度（按厘米计，挑出长度从结构承重墙外表面算起）；

（3）KTB 后第二组三个数字，表示预制空调板宽度（按厘米计）。

例如 KTB-84-130：表示预制空调板，构件长度为 840mm，宽度为 1300mm。

2. 预制空调板模板图识读

预制空调板模板图如图 6-15 所示。

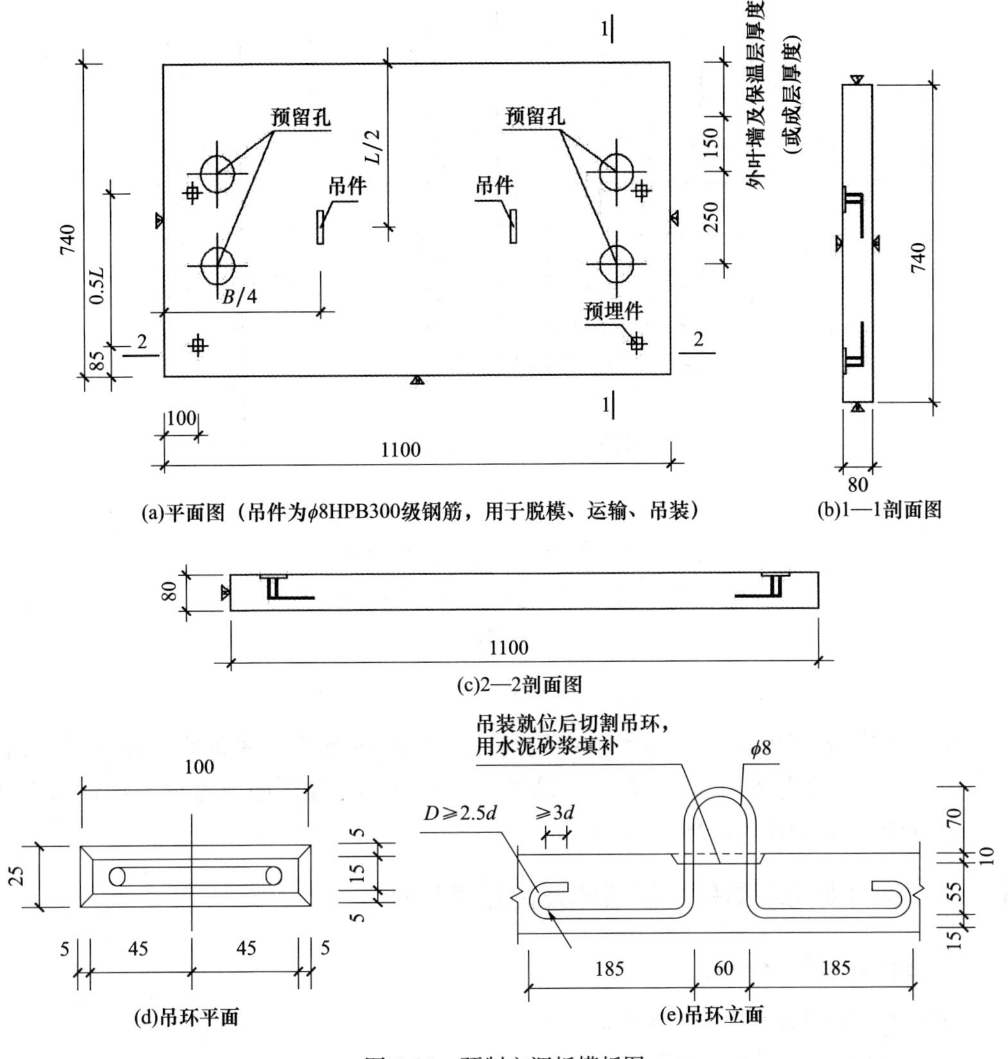

图6-15　预制空调板模板图

(1) 从图6-15中可以读出预制空调板外形尺寸。空调板长度L=740mm，宽度B=1100mm，板厚度H=80mm。

(2) 预埋件和吊点的定位尺寸。预埋件共4个，空调板长度方向第一个预埋件距离空调板外表面85mm，相邻两个预埋件之间的距离为0.5L；空调板宽度方向外侧一排的预埋件距离两外边缘100mm，内侧一排的预埋件距离两外边缘100mm。吊环共2个，左、右两个吊环距离左、右外边缘B/4，距离后侧边缘L/2，吊环为直径8mm的HPB300钢筋，细部尺寸如图6-15（d）所示。

(3) 预留孔的定位尺寸。预留孔4个，预留孔尺寸均为ϕ100mm，两个孔之间的距离为250mm，距离外叶墙外表面150mm。

3. 预制空调板配筋图识读

预制空调板配筋图如图6-16所示。

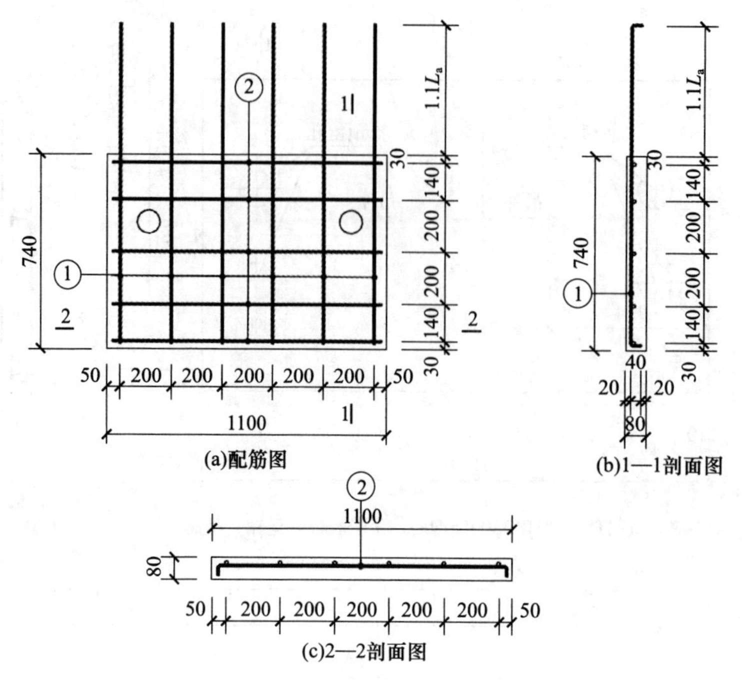

图 6-16　预制空调板配筋图

从图 6-16 中可以读出两种类型的钢筋：①号钢筋为长度方向的直径为 8mm 的 HRB400 钢筋，向支座锚固 1.1L_a，两端弯锚 40mm；②号钢筋为宽度方向的直径为 6mm 的 HRB400 钢筋，两端弯锚 40mm。

6.1.4　预制女儿墙编号、模板图及配筋图识读

1. 预制女儿墙编号

预制女儿墙的编号规定见表 6-2。

（1）NEQ 表示预制女儿墙。

（2）NEQ 后第一组两个数字表示预制女儿墙类型，分别为 J1、J2、Q1 和 Q2 型。其中，J1 型代表夹心保温式女儿墙（直板）、J2 型代表夹心保温式女儿墙（转角板）、Q1 型代表非保温式女儿墙（直板）、Q2 型代表非保温式女儿墙（转角板）。

（3）NEQ 后第二组四个数字表示预制女儿墙尺寸。其中，前两个数字表示预制女儿墙长度（按分米计），后两个数字表示预制女儿墙宽度（按分米计）。

例如 NEQ-J1-3614：表示夹心保温式女儿墙，高度为 1400mm，长度为 3600mm。

2. 预制女儿墙模板图及配筋图识读

预制女儿墙模板图、配筋图（直板）如图 6-17 所示。

（1）从图 6-17 中可以读出预制女儿墙的外形尺寸，长度尺寸 L=4180mm，高度尺寸 B=1210mm，厚度尺寸 H=390mm，保温板厚度为 70mm；预埋件有 3 种，即 M1、M2、M3，详情见预埋件表，螺纹盲孔 2 个，长度尺寸为 160mm，直径大小为 24mm，索引节点 1 中有压槽大样尺寸，索引节点 2 中有企口大样尺寸。

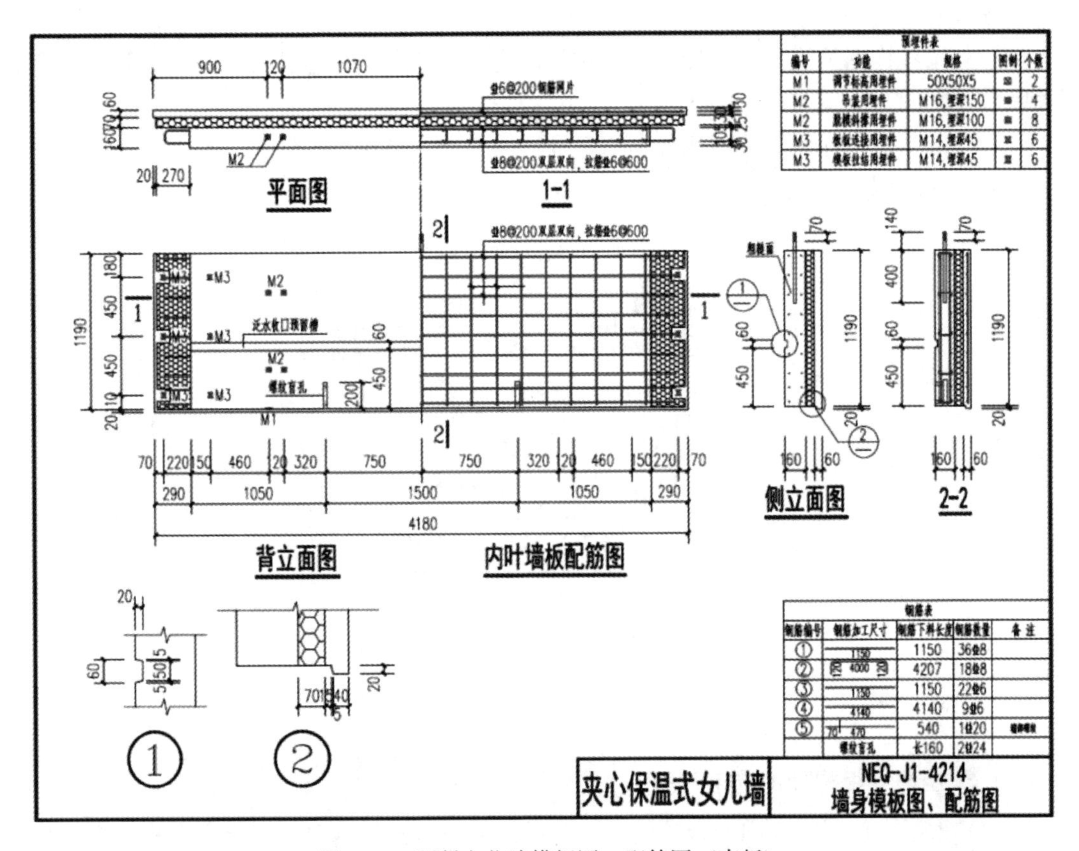

图6-17　预制女儿墙模板图、配筋图（直板）

（2）从图6-17中可读出5种钢筋信息：①号钢筋为直径8mm的HRB400钢筋，长度1150mm，数量36根；②号钢筋为直径8mm的HRB400钢筋，长度4204mm，两端弯锚120mm，数量18根；③号钢筋为直径8mm的HRB400钢筋，长度1150mm，数量22根；④号钢筋为直径6mm的HRB400钢筋，长度4140mm，数量9根；⑤号钢筋为直径20mm的HRB400钢筋，长度540mm，数量1根，上部露出女儿墙边缘140mm，下部预埋在女儿墙里面400mm。

实例6.2　预制钢筋混凝土阳台板、空调板和女儿墙深化设计

6.2.1　预制阳台板、空调板和女儿墙平面注写示例

1. 预制阳台板构件平面注写主要内容

（1）预制构件编号。

（2）选用标准图集的构件编号，自行设计构件可不写。

（3）板厚（mm），叠合式还需注写预制底板厚度，表示方法为×××（××）。

（4）构件质量。

（5）构件数量。

（6）所在层号。

（7）构件详图页码：选用标准图集构件需注写图集号和相应页码，自行设计构件需注写施工图图号。

（8）备注中可标明该预制构件是“标准构件”或“自行设计”。

其注写示例如图 6-18 所示。

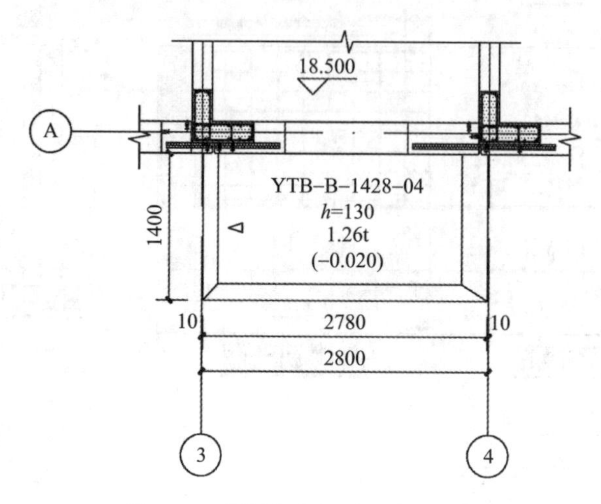

图 6-18　预制阳台板平面注写示例

2. 预制阳台板构件的选用步骤

（1）预制钢筋混凝土阳台板建筑、结构各参数与《预制钢筋混凝土阳台板、空调板及女儿墙》（15G368-1）标准图集选用范围要求保持一致，可按照标准图集中预制钢筋混凝土阳台板相应的规格表、配筋表直接选用。

（2）预制阳台板混凝土强度等级、建筑面层厚度、保温层厚度设计应在施工图中统一说明。

（3）核对预制阳台板的荷载取值不大于标准图集设计取值。

（4）根据建筑平、立面图的阳台尺寸确定预制阳台板编号。

（5）根据具体工程实际设置或增加其他预埋件。

（6）根据图集中预制阳台板模板图及预制构件选用表中已标明的吊点位置及吊重要求，设计人员应与生产、施工单位协调吊件形式，以满足规范要求。

（7）如需补充预制阳台板预留设备孔洞的位置及大小，需要结合设备图纸补充。

（8）补充预制阳台板相关制作及施工要求。

3. 预制空调板构件平面注写主要内容

（1）预制构件编号。

（2）选用标准图集的构件编号，自行设计构件可不写。

（3）板厚（mm），叠合式还需注写预制底板厚度，表示方法为×××（××）。

（4）构件质量。

（5）构件数量。

（6）所在层号。

（7）构件详图页码：选用标准图集构件需注写图集号和相应页码，自行设计构件需注写施工图图号。

（8）备注中可标明该预制构件是“标准构件”或“自行设计”。

其注写示例如图6-19所示。

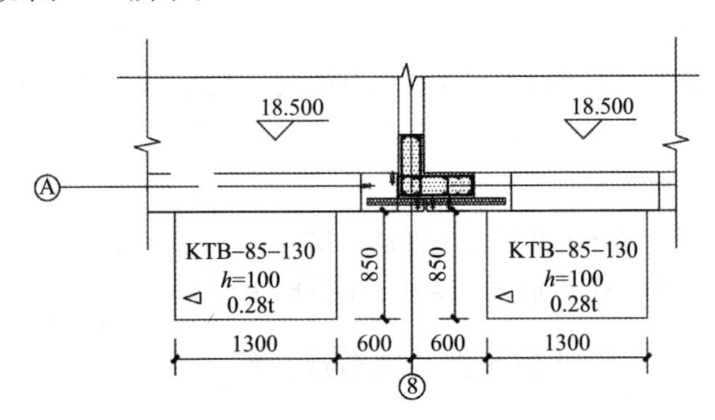

图6-19　预制空调板平面注写示例

4. 预制空调板构件的选用步骤

（1）确定各参数与标准图集选用范围要求保持一致。

（2）核对预制空调板的荷载是否符合标准图集规定。

（3）根据所在地区、外围护结构形式、构件尺寸确定预制空调板编号。

（4）根据标准图集的做法选择预埋件和吊件，也可根据相关规范和标准另行设计。

（5）根据设备专业设计确定预留孔的尺寸、位置和数量。

5. 预制女儿墙构件平面注写主要内容

（1）平面图中的编号。

（2）选用标准图集的构件编号，自行设计构件可不写。

（3）所在层号和轴线号，轴号标注方法与外墙板相同。

（4）内叶墙厚。

（5）构件质量。

（6）构件数量。

（7）构件详图页码：选用标准图集构件需注写图集号和相应页码，自行设计构件需注写施工图图号。

（8）如果女儿墙内叶墙板与标准图集中的一致，外叶墙板有区别，可对外叶墙板调整后选用。

（9）备注中可标明该预制构件是“标准构件”或“自行设计”。

6. 预制女儿墙构件的选用步骤

（1）确定各参数与标准图集选用范围保持一致。

（2）核对预制女儿墙的荷载条件，并明确女儿墙的支座为结构顶层剪力墙后浇段向上延伸段。

（3）根据建筑顶层预制外墙板的布置、建筑轴线尺寸和后浇段尺寸，确定预制女儿墙编号。

(4) 根据标准图集预埋件规格和工程实际选用预埋件，并根据工程具体情况增加其他预埋件。

(5) 根据图集中给出的质量及吊点位置，结合构件生产单位、施工安装要求选用预制女儿墙吊件类型及尺寸。

(6) 如需补充预制女儿墙预留设备孔洞及管线，需结合设备图纸补充。

(7) 内外叶板拉结件布置图由设计人员补充设计。

7. 其他说明

预制阳台板、空调板及女儿墙施工图应包括按标准层绘制的平面布置图、构件选用表。平面布置图中需要标注预制构件编号、定位尺寸及连接做法。

6.2.2 预制阳台板、空调板和女儿墙节点介绍

1. 预制阳台板节点

叠合板式阳台板与主体结构连接节点图如图 6-20 所示。

叠合板式阳台板的预制底板搭在外墙板上，现浇层中沿阳台长度方向的上部钢筋向主体结构内延伸 $1.1l_a$，下部钢筋延伸≥12d 且至少伸过梁（墙）中线，桁架钢筋按设计要求布置，阳台板内边缘伸过内叶墙板外边缘 10mm，封边内边缘距离外叶墙板外边缘 20mm；阳台宽度方向的两外边缘距离两端轴线 10mm；阳台板长度方向封边尺寸＝阳台长度－10mm－保温层厚度－外叶墙板厚度－20mm。

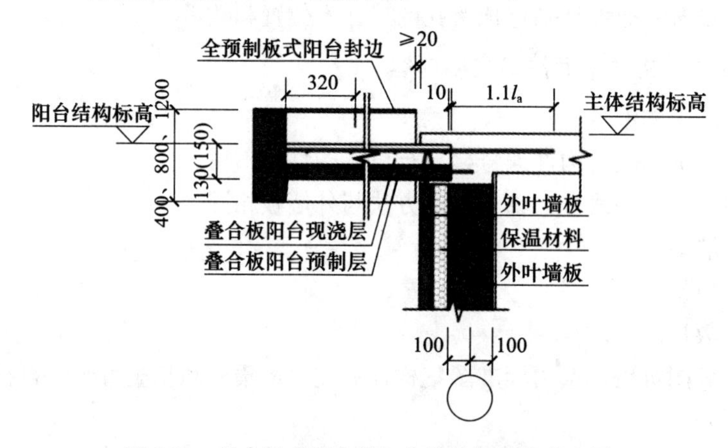

图 6-20 叠合板式阳台板与主体结构连接节点图

全预制板式阳台与主体结构连接节点图如图 6-21 所示。

全预制板式阳台板沿阳台长度方向的上部钢筋向主体结构内延伸 $1.1l_a$，下部钢筋延伸≥12d 且至少伸过梁（墙）中线，阳台板内边缘伸过内叶墙板外边缘 10mm，封边内边缘距离外叶墙板外边缘 20mm；阳台宽度方向的两外边缘距离两端轴线 10mm；阳台板长度方向封边尺寸＝阳台长度－10mm－保温层厚度－外叶墙板厚度－20mm。

全预制梁式阳台与主体结构连接节点图如图 6-22 所示。

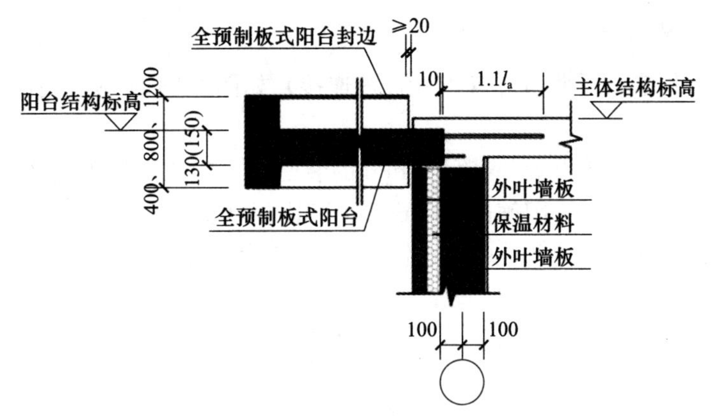

图6-21　全预制板式阳台与主体结构连接节点图

全预制梁式阳台板沿阳台长度方向的上部钢筋向主体结构内延伸1.1l_a，下部钢筋延伸≥15d且至少伸过梁（墙）中线，阳台板内边缘伸过内叶墙板外边缘10mm，封边内边缘距离外叶墙板外边缘20mm；阳台宽度方向的两外边缘距离两端轴线10mm；阳台板长度方向封边尺寸＝阳台长度－10mm－保温层厚度－外叶墙板厚度－20mm。

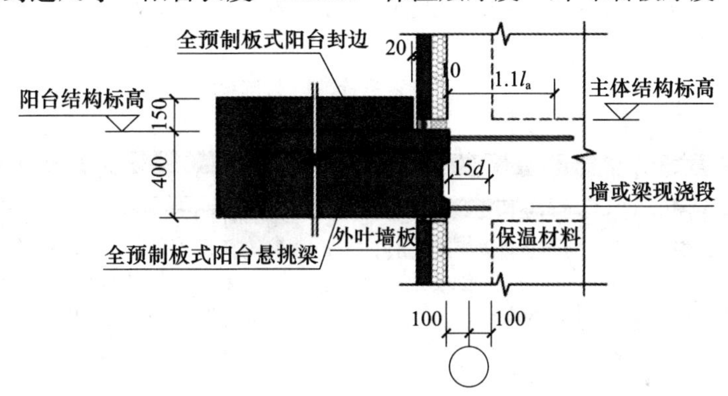

图6-22　全预制梁式阳台与主体结构连接节点图

2. 预制空调板节点

预制空调板连接节点图如图6-23所示。

空调板边缘与内叶墙板边缘宽度10mm，钢筋伸入主体结构锚固长度需≥1.1l_a，空调板与外叶墙板之间填塞密封胶、背衬材料，保温层外采用A级保温材料。

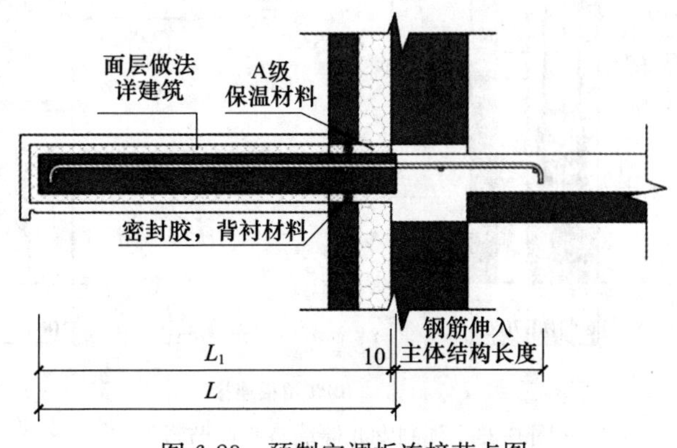

图6-23　预制空调板连接节点图

3. 预制女儿墙节点

（1）预制女儿墙压顶平面节点图（直板连接）如图 6-24 所示；预制女儿墙墙身平面节点图如图 6-25 所示。

两块压顶面板之间需设置一道宽 20mm 的装配缝，压顶面板距边 290mm 范围内预留 2 个孔洞，后期与压顶锚固筋连接后封堵。两块预制女儿墙之间需设置一道宽 20mm 的温度收缩缝，端部距边预留 290mm 的后浇段，后浇段伸出箍筋与压顶锚固筋连接。

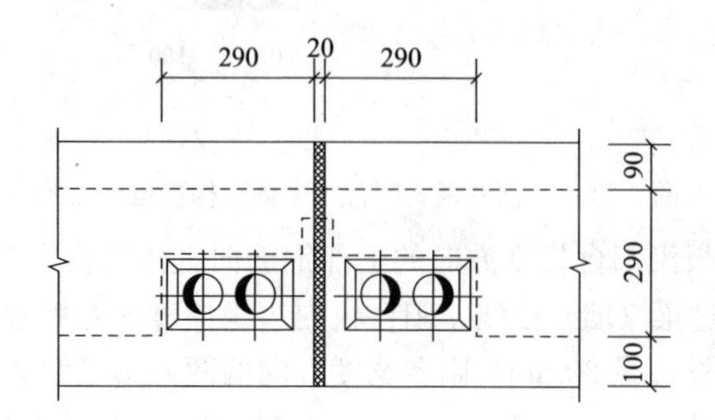

图 6-24　预制女儿墙压顶平面节点图（直板连接）

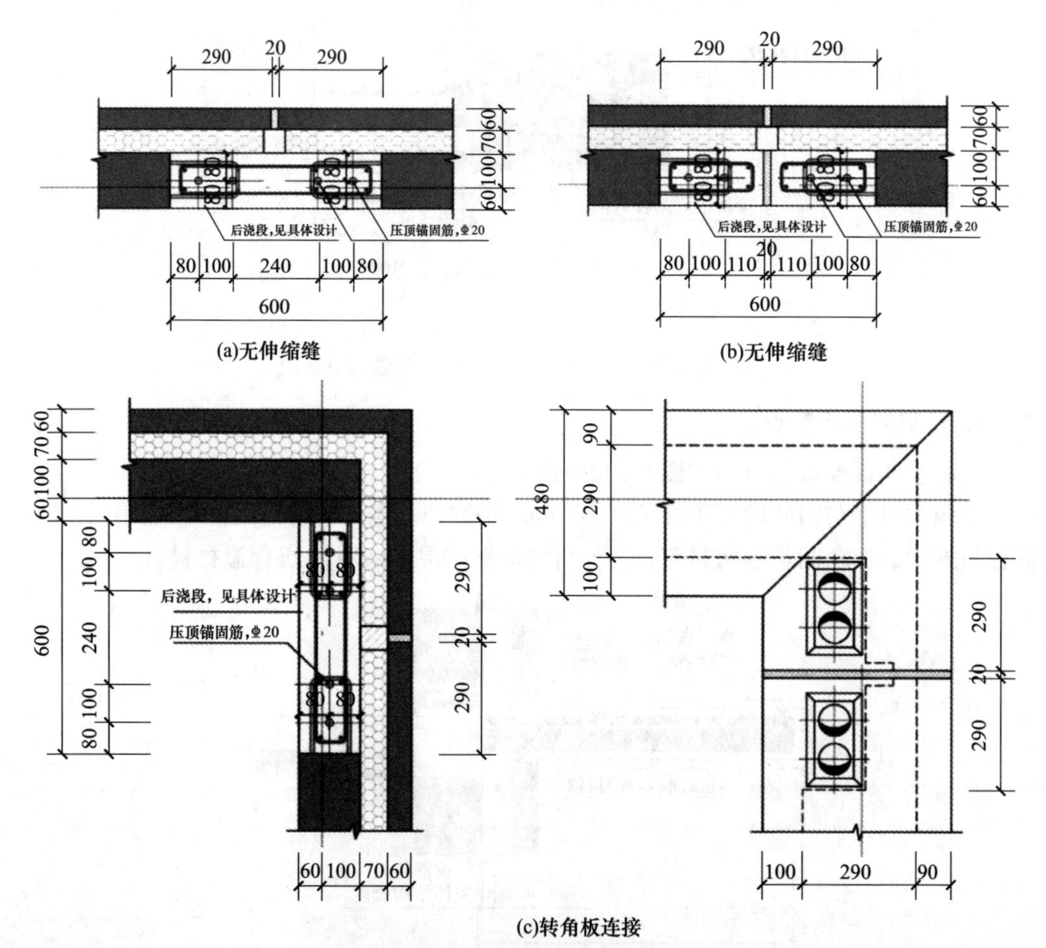

图 6-25　预制女儿墙墙身平面节点图

(2) 预制女儿墙连接示意图如图6-26所示。

预制女儿墙两侧墙边预埋板板连接埋件，吊装完成后用金属件连接，预制女儿墙墙顶预埋压顶锚固筋，与压顶面板预留孔连接，吊装完成后封堵，预制女儿墙下端预埋螺纹盲孔，与下层预留钢筋连接，吊装后灌注灌浆料封堵。预制女儿墙内侧在要求的泛水高度处做凹槽，后期做防水处理。

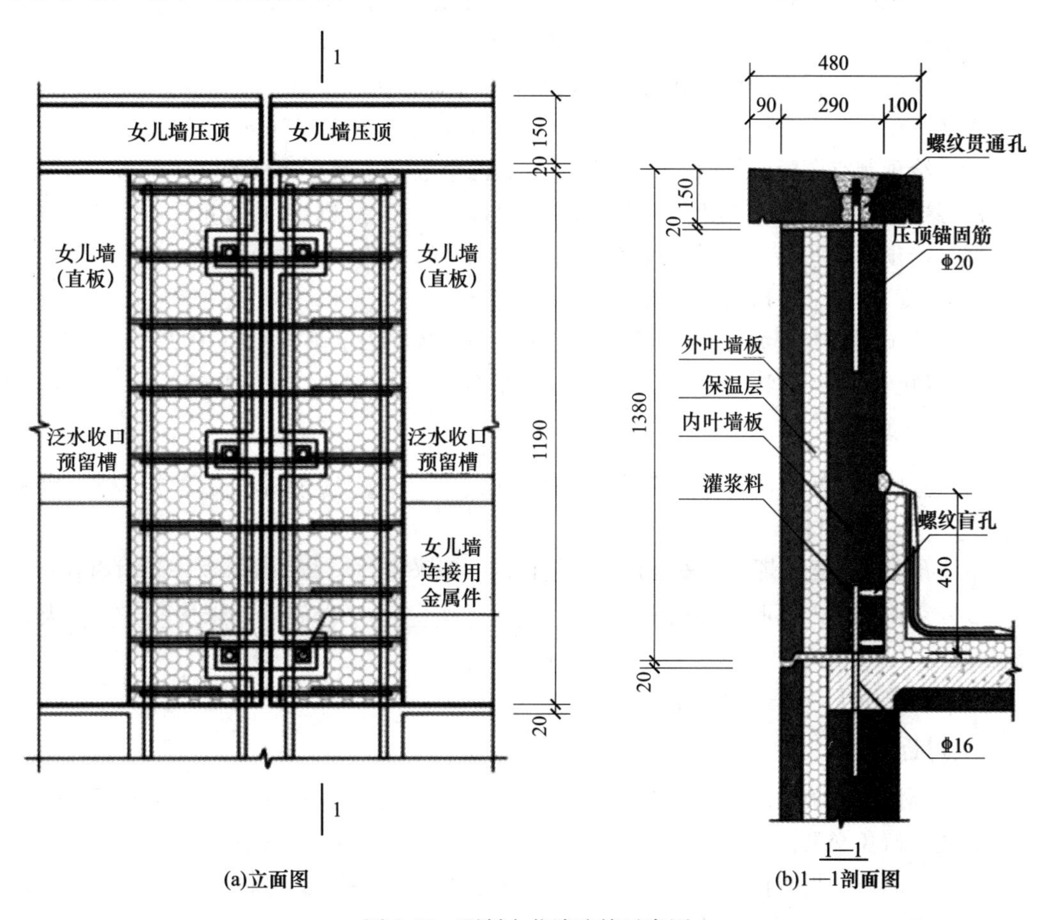

图6-26 预制女儿墙连接示意图

小结与启示

通过本部分的学习，学生需要掌握预制阳台板、空调板和女儿墙的分类和编号规定、平面布置图和剖面图的标注内容及相关规定；能够熟练读取预制阳台板、空调板和女儿墙的模板图、配筋图、钢筋明细表、预埋件表及相关构造节点详图信息；能够掌握深化设计文件所包括的内容，并且能够根据项目设计需求尝试独立完成预制构件的设计任务。

装配式建筑是建造方式的重大变革，是践行新的发展理念的必然要求，在推进装配式建筑发展的同时也要保证装配式建筑高质量发展，预制阳台板、空调板、女儿墙处于外围护位置，安全事故时有发生。加强对装配式建筑行业规范的认识，养成科学施工、精益求精的职业精神，是学生未来职业发展的必然要求。

习　题

1. 选择题

（1）全预制阳台板侧板边缘与预制墙板外叶板边缘间缝隙宽度一般为（　　）。

A. 10mm　　B. 20mm　　C. 50mm　　D. 100mm

（2）预制阳台板内埋设管线时，管线的混凝土保护层厚度应不小于（　　）。

A. 20mm　　B. 25mm　　C. 30mm　　D. 50mm

（3）给预制空调板编号时，YTB 后第一组两个数字表示空调板的（　　）。

A. 悬挑长度　　B. 宽度　　C. 厚度　　D. 封边高度

（4）给预制女儿墙编号时，NEQ 后第一组两个数字表示预制女儿墙的（　　）。

A. 长度　　B. 宽度　　C. 高度　　D. 类型

（5）给预制阳台板编号时，YTB 后第三组两个数字表示阳台板的（　　）。

A. 悬挑长度　　B. 宽度　　C. 厚度　　D. 封边高度

2. 填空题

（1）预制阳台板中，预埋铁件钢板一般采用__________级钢材，内埋式吊杆一般采用__________级钢材。

（2）预制阳台板预埋件、安装用的连接件应一般采用________或________材料制作。

（3）空调板与外墙叶板之间填塞________、________，保温层外采用________级保温材料。

（4）符号 KTB 表示的含义是__________。

3. 判断题

（1）预制阳台板内埋设管线时，所敷设管线应放在板下层钢筋之上、板上层钢筋之下且管线应避免交叉。

（2）预制阳台板纵向受力钢筋在后浇混凝土内只能采用直线锚固。

（3）施工应采取可靠措施，对预制阳台板设置临时支撑，防止构件倾覆。

（4）预制阳台板预埋件的锚筋采用 HRB400 钢筋，可采用冷加工钢。

（5）预制阳台板构件脱模不可与吊装使用相同吊点。

（6）空调板预埋件的锚板表面无须做防腐处理。

（7）给预制阳台板编号时，YTB 后第二组四个数字的前两个数字表示阳台板宽度（按分米计），后两个数字表示阳台板悬挑长度（按分米计，从结构承重墙外表面算起）。

3. 问答题

（1）预制女儿墙中编号 J1、J2、Q1、Q2 表示的含义分别是什么？

（2）代号 YTB 后的第一组单个字母 D、B 或 L 对应的含义分别是什么？